ÉLÉMENTS
DE GÉOMÉTRIE

THÉORIQUE ET PRATIQUE

Cours de mathématiques théorique et pratique
ÉLÉMENTS D'ARITHMÉTIQUE

Contenant un grand nombre d'exercices ou problèmes d'une application usuelle, à l'usage des institutions, des écoles normales, des aspirants au brevet de capacité, des instituteurs des écoles primaires supérieures et des écoles professionnelles et commerciales; par M. Félix FRAICHE, professeur de mathématiques. 1 vol. in-12, cart. — 1 fr. 60 c.

— *Le même*, contenant les solutions des problèmes à l'usage des maîtres. 1 vol. in-12, br. — 2 fr. 50 c.

Petite Arithmétique des écoles primaires, par le même. In-18, cart. 60 c.

Une longue expérience de l'enseignement nous ayant fait remarquer la difficulté qu'ont la plupart des élèves à distinguer la règle pratique de la démonstration raisonnée de cette règle, et la difficulté d'enseigner les deux à la fois, nous avons complétement, et pour chaque règle, séparé ces deux parties. Dans la **théorie pratique**, l'élève trouve et apprend la manière d'opérer, les cas divers et les difficultés qui peuvent se présenter; dans la **théorie raisonnée**, qui vient immédiatement après, il reprend, un à un, les règles, les cas exceptionnels, qu'il a appris, dont il connaît bien le mécanisme, et il voit alors la démonstration raisonnée, c'est-à-dire le pourquoi de chacun d'eux. Dans les nombreux exercices (1,000 et plus), également répartis à la fin de chaque chapitre, la même distinction a été faite; après les **exercices pratiques**, exemples d'opérations et problèmes, viennent les **exercices raisonnés**. Ceux-ci ont un double but; les questions qui les composent, destinées, soit à des devoirs écrits, soit à des interrogations verbales, forceront l'élève à raisonner par lui-même, à combiner les idées acquises pour en déduire des résultats nouveaux; mais, de plus, comme dans un ouvrage, quelque complet qu'il soit, on ne peut tout dire, sous peine de grossir démesurément le volume, il y a toujours un grand nombre de cas exceptionnels, de particularités embarrassantes, que l'on ne peut élucider; tous ces cas particuliers font, dans nos **exercices raisonnés**, l'objet de une ou plusieurs questions.

Dans le **volume du maître**, rédigé spécialement en vue de lui faciliter la pratique de l'enseignement, et de lui éviter l'embarras d'un second livre, en outre des **solutions des exercices et problèmes pratiques**, nous avons eu soin de détailler clairement les réponses aux exercices raisonnés, de manière à en faire un complément aux théories auxquelles ils font suite. Enfin, la rédaction de quelques théories, que, dans le volume de l'élève, on a dû simplifier et restreindre, sont dans le volume du maître présentées dans tout leur développement et leur généralité, de manière à répondre à toutes les objections possibles.

Après la connaissance des règles d'opérations, la partie qui offre le plus d'importance est celle qui traite des méthodes de résolution des problèmes; aussi avons-nous porté tous nos soins à cette partie; en détaillant avant tout les méthodes générales par les proportions et la réduction à l'unité, puis les appliquant simultanément aux diverses règles, de trois, de société, etc. Sous le titre de **Méthode de Synthèse**, nous avons donné, en outre, à la règle de fausse position un développement inusité. Enfin nous avons traité, dans un chapitre spécial, quelques considérations sur la manière d'opérer et sur les approximations.

Cet ouvrage devant convenir aux instituteurs et aux aspirants au brevet de capacité, nous avons eu soin, dans l'**Appendice aux quatre règles** et dans quelques autres parties, de traiter, soit les diverses méthodes pour faire une même opération, soit certaines questions souvent posées aux examens, et que jusqu'ici on ne trouve point dans les autres traités d'arithmétique.

ÉLÉMENTS
DE GÉOMÉTRIE

THÉORIQUE ET PRATIQUE

AVEC DE NOMBREUX EXERCICES, PROBLÈMES ET APPLICATIONS PRATIQUES

A L'USAGE

Des écoles normales, des écoles des arts et métiers; des établissements
d'instruction primaire supérieure, secondaire et professionnelle;

SUIVIS

D'UN APPENDICE COMPLÉMENTAIRE

QUI LES REND CONFORMES AUX PROGRAMMES UNIVERSITAIRES;

PAR M. FÉLIX FRAICHE
Professeur de mathématiques.

PARIS

LIBRAIRIE CLASSIQUE D'EUGÈNE BELIN

RUE DE VAUGIRARD, N° 52.

1865

Tout exemplaire de cet ouvrage non revêtu de ma griffe sera réputé contrefait.

PRÉFACE

Il est, je crois pouvoir le dire sans exagération, peu de professeurs de mathématiques qui n'aient éprouvé dans l'enseignement des éléments de géométrie des difficultés bien autrement grandes que dans celui des autres branches des sciences exactes. Le mode spécial au raisonnement géométrique n'est pourtant point trop abstrait, ni son enchaînement trop laborieux. Matérialisé en quelque sorte par les figures, il ne sort point, du moins dans les éléments, d'un ordre d'idées et d'objets qui nous sont familiers, et depuis longtemps certaines démonstrations trop compliquées ont pu être ramenées à une heureuse simplicité. Pourtant combien d'élèves, après avoir franchi sans trop de peine certains défilés pénibles de l'arithmétique et de l'algèbre, se rebutent dès les premiers pas lorsqu'ils abordent la géométrie, ou, après un labeur courageux et constant, combien se trouvent incapables de toute application théorique ou pratique, impuissants à résoudre un problème, à démontrer un théorème nouveau.

Cela tient à ce que, seule peut-être entre toutes les sciences mathématiques, la géométrie, surtout dans la partie élémentaire, la plus difficile et la plus importante pour l'élève, manque absolument de cet ordre logique qui, en même temps qu'il aide et féconde la mémoire, encourage l'esprit, en lui donnant sans cesse conscience du chemin parcouru, sans lui laisser perdre de vue le but à atteindre.

Depuis Euclide, en effet, malgré de nombreux et importants perfectionnements apportés dans quelques parties, on peut dire que la géométrie est restée la même; le seul ordre qui règle la série des propositions, c'est leur subordination mutuelle pour l'enchaînement des démonstrations; tel théorème est avant tel autre, non pas parce que la propriété qu'il énonce est plus élémentaire, mais parce que pour démontrer le second il faut l'appui du premier. De là un désordre dont l'élève ne saisit pas la cause, mais qui l'abandonne aux seules ressources de sa mémoire, déjà suffisamment surchargée par la complication des figures et les artifices des démonstrations; de là aussi, l'existence d'un grand nombre de propositions purement auxiliaires, sans utilité réelle par elles-mêmes, venant apporter à la mémoire un surcroît de travail, et dérouter l'élève à chaque pas.

Prenons, en effet, le premier venu des nombreux traités de géométrie aujourd'hui en usage : il débute par quelques théorèmes sur les perpendiculaires et les obliques, se hâte de les quitter pour effleurer les triangles; revient aux perpendiculaires et aux obliques, et reprend ensuite les triangles. Les parallèles, c'est-à-dire une combinaison des lignes deux à deux, que l'ordre logique place avant les combinaisons de trois lignes, ne viennent que bien après, pour faire place de nouveau aux propriétés des angles et des triangles. Même mélange, même désordre dans le livre de la circonférence, dans les théories des lignes proportionnelles, etc. A peine si dans la géométrie dans l'espace la suite des idées l'emporte enfin quelquefois sur le désordre des propositions subordonnées. A ce défaut, capital selon moi, s'en joint un autre, conséquence du premier : c'est la dissemblance fréquente des procédés démonstratifs, alors qu'il s'agit de propositions analogues et sur un même sujet; dissemblance dont le résultat est de surcharger encore la mémoire, sans faciliter pour cela le raisonnement.

En présence de ces deux défauts, la difficulté à vaincre était grande pour qui tenterait d'y porter remède. Changer l'ordre habituel des propositions, c'était bouleverser leur enchaînement, et exiger pour le plus grand nombre des théorèmes des démonstrations nouvelles. Or un travail de ce genre ne pouvait être raisonnablement entrepris qu'autant qu'il en résultait une grande et évidente simplification, sans entraîner pourtant, pour l'élève, le danger d'apprendre une géométrie en complet désaccord avec les programmes en usage et les démonstrations connues, et, pour le maître, la rude nécessité d'oublier une science déjà parfaitement acquise pour l'apprendre à nouveau.

Cette difficulté, j'espère l'avoir vaincue; ce double danger, je crois l'avoir évité.

Mon traité de géométrie ne présente plus la division par livres ou par leçons, mais bien par théories successives et distinctes, dont chacune est un tout parfaitement délimité, ne donnant que les propriétés de figures de même espèce, et ne renfermant qu'un même ordre d'idées. Ainsi la première théorie traite des propriétés relatives à la combinaison de deux lignes droites qui se coupent, perpendiculaires et obliques. Elle contient comme proposition nouvelle une démonstration directe du *postulatum d'Euclide*. La théorie suivante renferme les propositions relatives aux lignes parallèles démontrées sans le secours des cas d'égalité des triangles. La théorie des lignes combinées par trois, c'est-à-dire des triangles, vient ensuite, et précède celles des quadrilatères, des polygones, etc.

Chaque théorie est précédée des définitions qui sont spécialement nécessaires à son étude, de sorte qu'à chaque pas l'élève n'apprend que ce qu'il a besoin de savoir pour le moment actuel, et ne quitte un ordre d'idées pour passer à un autre que lorsque le premier est complétement épuisé.

Tout en restant sévèrement fidèle au plan que je m'étais tracé, j'ai conservé autant que possible les démonstrations connues et adoptées jusqu'ici, ne me permettant de les modifier que dans le cas d'absolue nécessité, ou lorsqu'il pouvait en résulter une simplification importante. Telle est la raison des démonstrations nouvelles que l'on rencontrera dans les propositions relatives aux surfaces équivalentes, aux lignes perpendiculaires et obliques aux plans ; etc.

Comme résultat définitif, le traité de géométrie que je livre aujourd'hui au public, outre sa division rationnelle en théories distinctes et progressives, présente, quoique aussi complet que possible, et conforme aux programmes les plus étendus de l'instruction secondaire, une grande diminution dans le nombre total des propositions, surtout en ce qui concerne la géométrie plane ; une grande simplification dans les procédés démonstratifs, et par suite une bien plus grande facilité d'étude, puisque sans augmenter la part d'efforts exigés du raisonnement, j'ai diminué beaucoup celle de la mémoire.

Je n'ajouterai plus qu'un mot sur les nombreux exercices théoriques et pratiques qui suivent chaque théorie. Destinés à exciter dès les premiers pas l'initiative de l'élève, ils sont choisis de telle sorte que, trouvant tous leurs moyens de solution dans la théorie à laquelle ils font suite, l'élève peut toujours les résoudre lui-même, sans errer à l'aventure dans un dédale de théorèmes où rien ne le guide, et sans employer de ces artifices de construction dont une longue pratique, souvent même insuffisante, peut seule donner le secret.

Rendre plus aisée et plus profitable l'étude de la géométrie, tel a été mon but en entreprenant cette refonte de la vieille science d'Archimède et d'Euclide; ai-je atteint ce but? Je crois pouvoir l'espérer. Elève à peu près de moi-même, et depuis longtemps professeur, j'ai pu apprécier sous leurs deux faces toutes les difficultés de l'enseignement de la géométrie, et profiter ainsi pour les vaincre de ma double expérience. C'est maintenant au public des professeurs et des élèves à me juger. Ma récompense sera bien suffisante si j'ai pu réussir à faciliter leur tâche mutuelle.

F. Fraiche.

ÉLÉMENTS
DE GÉOMÉTRIE

DÉFINITIONS GÉNÉRALES.

L'espace a trois dimensions, c'est-à-dire s'étend à l'infini dans trois sens, *longueur*, *largeur* et *hauteur*.

Tout corps occupe une certaine portion de l'espace, laquelle, abstraction faite du corps, prend le nom de *volume*, et possède les trois dimensions.

La limite qui sépare un corps de l'espace environnant s'appelle *surface*.

La surface n'a que deux dimensions, la longueur et la largeur.

La géométrie a pour but la *mesure* des volumes et des surfaces. L'arithmétique donne, il est vrai, les moyens de mesurer les longueurs à l'aide du mètre, les poids à l'aide du gramme, etc.; mais, pour les surfaces et les volumes, elle ne fait connaître que les unités, mètre carré et mètre cube, sans donner de procédés pour trouver combien une surface contient de mètres carrés, combien un volume contient de mètres cubes; c'est à la géométrie qu'appartient la recherche de ces procédés.

Si deux surfaces se coupent, le lieu de leur rencontre n'a plus qu'une seule dimension, la longueur; on le nomme *ligne*.

Si deux lignes se coupent, leur lieu d'intersection n'a plus aucune dimension; on le nomme *point*.

La *ligne droite* (*fig.* 1) est le plus court chemin d'un point à un autre.

La *ligne brisée* (*fig.* 2) est formée de lignes droites mises bout à bout, mais non dans la même direction.

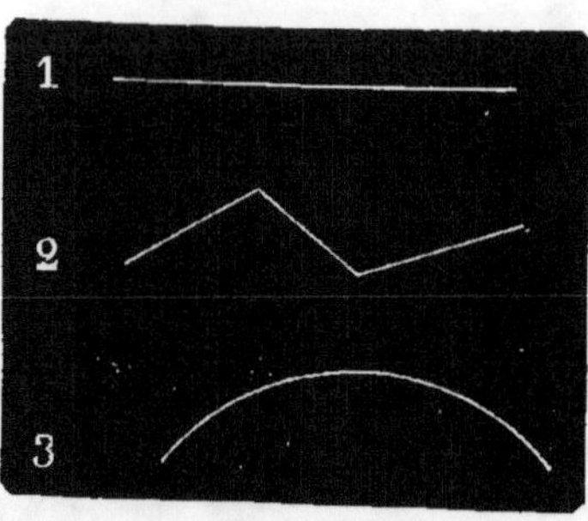

La *ligne courbe* (*fig*. 3) n'est ni droite ni brisée, et peut être considérée comme formée d'éléments rectilignes infiniment petits, c'est-à-dire comme une ligne brisée dont les parties droites seraient extrêmement petites.

Il suit de la définition de la ligne droite :

1° *Qu'entre deux points on ne peut tracer qu'une seule ligne droite*, car il ne peut y avoir entre deux points qu'un seul plus court chemin.

2° *Que si l'on applique deux points d'une ligne droite sur une autre ligne droite, ces deux lignes se superposent exactement dans toute leur étendue*, puisque entre ces deux points communs on ne peut tracer qu'une seule ligne droite.

Le *plan* ou *surface plane* est une surface telle qu'une ligne droite s'y applique exactement dans tous les sens.

Une *figure plane* est une portion de plan circonscrite, c'est-à-dire terminée de toutes parts par des lignes.

Deux figures planes sont dites *égales* quand elles peuvent se superposer exactement ; on dit alors qu'elles *coïncident*.

L'étude des figures planes, de leurs propriétés, de leur mesure constitue la *géométrie plane.* Dans le cours de cette partie il faut donc se souvenir que toutes les lignes d'une figure sont toujours dans le même plan. De plus, quoique dans le dessin des figures on semble limiter les lignes ou les surfaces, il faut toujours se rappeler qu'on peut les concevoir prolongées à l'infini.

La géométrie arrive à son but définitif, la mesure des surfaces et des volumes, par l'étude des propriétés des figures. Chacune de ces propriétés forme une *proposition*, qui ne peut être admise sans démonstration. L'ensemble de l'énoncé d'une de ces propositions et de sa démonstration constitue un *théorème*.

L'ensemble des théorèmes forme une chaîne non interrompue de vérités qui, assez disparates de prime abord, s'appuient cependant l'une sur l'autre, de telle sorte que le déplacement ou la suppression d'une d'entre elles entraîne inévitablement l'impossibilité de démontrer les suivantes.

L'ordre dans lequel elles se succèdent n'est donc point arbitraire, et veut être respecté dans l'étude de la géométrie et dans ses applications.

Un *corollaire* est une vérité résultant comme conséquence d'une démonstration précédente.

Un *problème* est, ou une vérité dont il faut trouver la démonstration, ou une application à faire de certains théorèmes connus.

THÉORIE

DES LIGNES QUI SE COUPENT, DES PERPENDICULAIRES ET DES OBLIQUES.

DÉFINITIONS.

Dans la représentation graphique des figures, on nomme les lignes au moyen de deux lettres placées à leurs extré-

mités. Ainsi la ligne joignant les points A et B se nommera la ligne AB. S'il n'y a point plusieurs lignes différentes commençant à un même point, on peut nommer la ligne par une seule lettre.

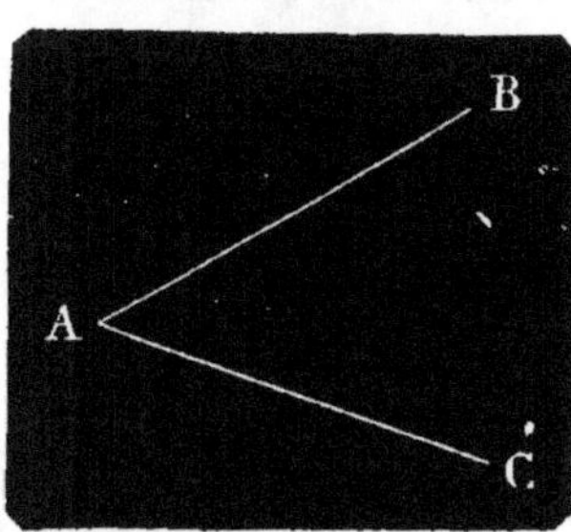

Un *angle* est l'espace compris entre deux lignes qui, partant d'un même point, se dirigent en deux sens différents. Les deux lignes forment les deux *côtés* de l'angle, et leur point de rencontre en est le *sommet*. Un angle se nomme à l'aide de trois lettres, placées, une au sommet, les deux autres aux extrémités des côtés, en ayant soin, en énonçant ces trois lettres, de placer toujours celle du sommet au milieu. Ainsi l'angle de la figure se nommera indifféremment BAC ou CAB. La lettre du sommet énoncée seule suffit aussi pour désigner un angle s'il n'y en a point d'autre ayant son sommet au même point.

Les lignes devant toujours être considérées comme prolongées à l'infini, la grandeur d'un angle dépend seulement de l'écartement des lignes qui le forment et non de la longueur de celles-ci.

Deux angles sont dits *adjacents* lorsqu'ils ont le même sommet et un côté commun. *Ex.* (*fig.* 1) les deux angles BAC et CAD, qui ont leur sommet au point A, et ont le côté AC commun.

Si par le point D d'une ligne AB (*fig.* 2) on mène une autre ligne DC, supposée d'abord couchée sur DB, puis qu'on la fasse tourner autour du point D comme charnière, elle forme avec AB deux angles adjacents, dont l'un C'DB va croissant, l'autre C'DA va en diminuant; on arrive ainsi à une certaine position, celle de la ligne CD, où les deux angles sont égaux; alors la ligne CD est dite *perpendiculaire* à AB, et les deux angles adjacents sont dits *droits*. On reconnaît que les deux angles adjacents sont égaux lorsque, pliant la figure suivant CD, le côté AD vient se superposer sur DB, alors CD est perpendiculaire à AB et AB à CD; et les angles CDA, CDB sont droits.

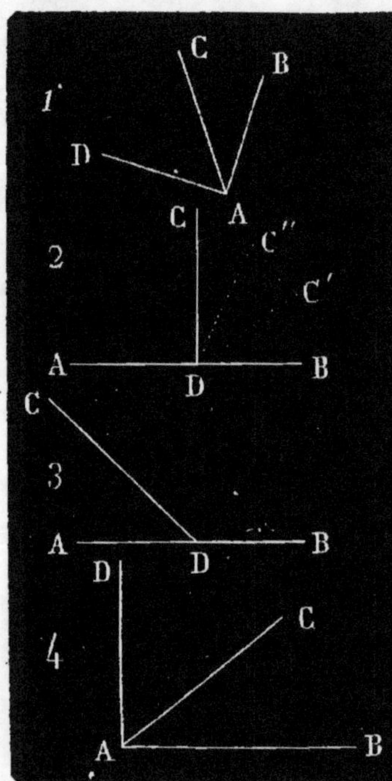

Deux lignes sont dites *obliques* dans toutes les positions où, l'une tournant autour d'un point de l'autre, les angles adjacents formés sont inégaux. *Ex.* (*fig.* 3) les lignes AB,

CD, formant les angles adjacents inégaux CDA, CDB.

Deux angles sont dits *supplémentaires* lorsque leur somme est égale à *deux* angles droits. *Ex.* (*fig.* 3) CDA, CDB, dont la somme est égale à deux angles droits, comme cela sera démontré plus loin.

Deux angles sont dits *complémentaires* lorsque leur somme est égale à *un* angle droit. *Ex.* (*fig.* 4) les deux angles BAC, CAD, dont la somme forme l'angle droit BAD.

PROPOSITION I.

(THÉORÈME 1.) *Par un point pris sur une ligne droite, on peut toujours mener une perpendiculaire à cette ligne, et l'on n'en peut mener qu'une.*

Je dis que par le point D de la ligne AB on peut toujours lui mener une perpendiculaire.

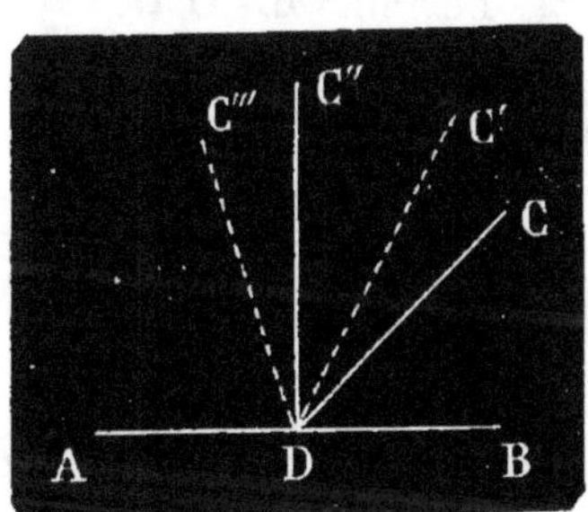

En effet, menons par le point D une ligne quelconque DC, puis supposons qu'on la fasse tourner autour du point D comme pivot. Il est évident que dans la position DC', par exemple, l'angle CDB, devenu C'DB, a augmenté, tout en restant plus petit que l'angle CDA, qui est devenu C'DA, c'est-à-dire a diminué. La ligne étant arrivée dans la position C'''D, l'angle C'DB, devenu C'''DB, est maintenant plus grand que l'angle C'DA devenu C'''DA. La ligne CD a dû, entre les deux positions C'D et C'''D, en occuper une, C''D, dans laquelle les deux angles adjacents étaient égaux. Dans cette position la ligne CD était perpendiculaire à AB. On peut donc au point D élever une perpendiculaire à AB.

Je dis ensuite qu'on ne peut en élever qu'une.

En effet, immédiatement avant et immédiatement après la position C''D, la ligne CD fait avec AB des angles adjacents dont l'un est plus grand que l'autre ; c'est donc dans la seule position C''D que la ligne CD est perpendiculaire à AB.

PROPOSITION II.

(THÉORÈME **2.**) *Les angles droits formés par deux lignes perpendiculaires sont égaux aux angles droits formés par deux autres lignes quelconques aussi perpendiculaires entre elles.*

Soient les angles droits formés par les lignes A B, C D, je dis qu'ils sont égaux aux angles droits formés par les deux autres lignes E F, G H.

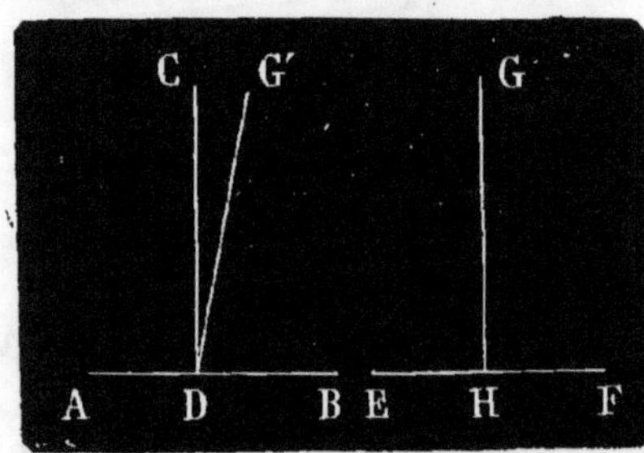

En effet, superposons la seconde figure à la première, de manière que le point H tombe sur le point D et que la ligne EF coïncide avec AB. La ligne GH coïncidera aussi avec CD, et ne saurait tomber suivant G'D, car les deux lignes EF et AB n'en faisant plus qu'une, du même point D pris sur cette ligne on ne peut élever qu'une seule perpendiculaire (*Prop. I*).

PROPOSITION III.

(THÉORÈME **5.**) *Toute ligne qui en rencontre une autre, forme avec celle-ci deux angles adjacents dont la somme est égale à deux angles droits.*

Soit la ligne A B, que rencontre la ligne C D, je dis que la somme des deux angles adjacents CDB, CDA est égale à deux angles droits.

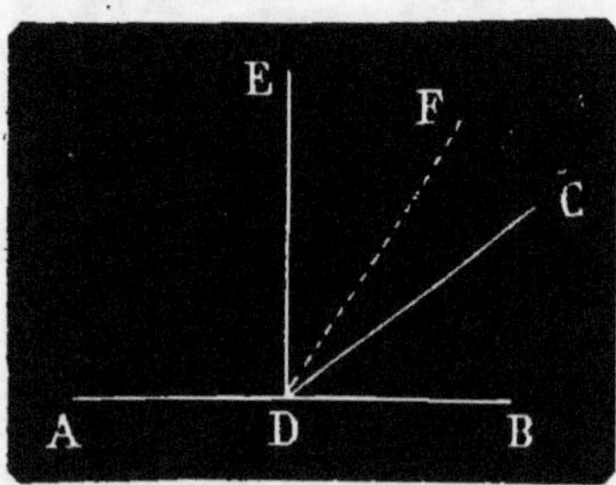

En effet, au point D j'élève la perpendiculaire DE, pour laquelle EDA $+$ EDB valent deux angles droits. Si je la fais tourner autour du point D, jusqu'en F, par exemple, on voit que l'angle EDB, devenu FDB, a diminué de l'angle FDE, tandis que l'angle EDA, devenu FDA, s'est augmenté du même angle

FDE; ainsi la somme de ces deux angles n'a point changé, et est restée égale à deux angles droits. Il en sera encore de même si l'on fait tourner la perpendiculaire jusqu'en C.

(*Corollaire.*) La somme de tous les angles adjacents que l'on peut former autour d'un point est égale à quatre angles droits.

PROPOSITION IV.

(THÉORÈME 4.) *Si la somme de deux angles adjacents vaut deux angles droits, les côtés extérieurs sont en ligne droite.*

Soient les deux angles adjacents CDA, CDB, dont la somme est égale à deux angles droits, je dis que les côtés extérieurs AD, DB sont en ligne droite, c'est-à-dire que DB est le prolongement de AD.

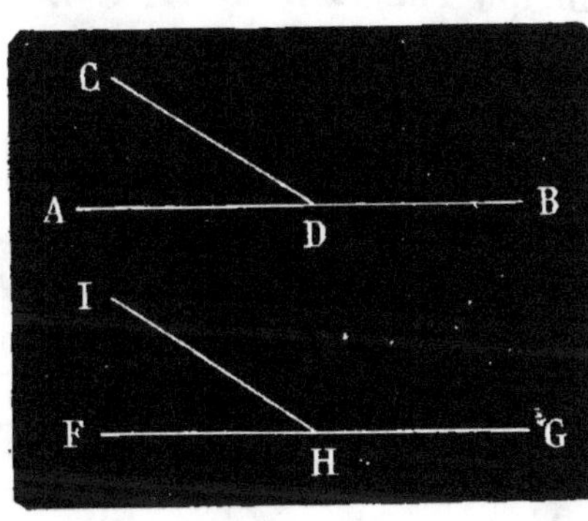

En effet, menons une ligne droite FG, et par un point H de cette droite menons une droite HI qui forme un angle IHF égal à l'angle CDA, puis portons cette figure sur la première, de manière que, le point H tombant sur le point D, la ligne FH coïncide avec AD.

Les angles IHF, CDA étant égaux, la ligne HI coïncide avec DC; mais comme les deux sommes d'angles CDA + CDB, IHF + IHG valent chacune deux angles droits, il s'ensuit que CDB = IHG; ainsi le côté DB coïncidera avec HG et sera le prolongement de AD.

PROPOSITION V.

(THÉORÈME 5.) *Deux lignes droites qui se coupent, forment des angles opposés par le sommet qui sont égaux.*

Soient les deux lignes AB, CD qui se coupent au point O, je dis que les angles opposés par le sommet

AOC, BOD sont égaux, ainsi que les angles AOD, COB.

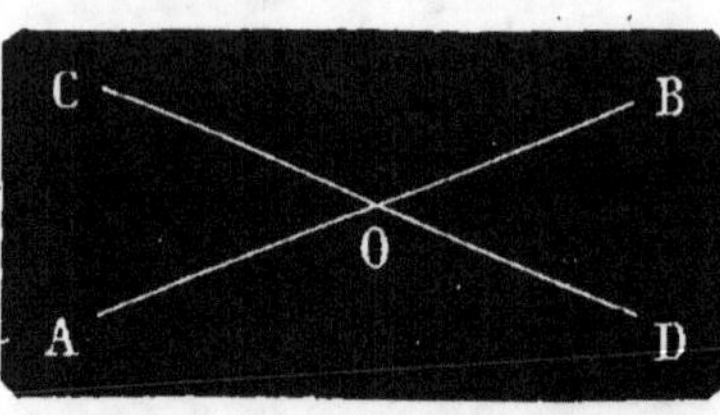

En effet, les deux lignes CD, BO se rencontrant en O, on a :

$$DOB + BOC = 2 \text{ droits}$$

(*Prop. III*).

De même, les deux lignes AB, CO se rencontrant en O, on a :

$$AOC + COB = 2 \text{ droits}.$$

Et par suite :

$$DOB + BOC = AOC + COB.$$

Retranchant de part et d'autre l'angle commun COB, il vient :

$$DOB = AOC.$$

On démontrerait de même que l'angle COB = AOD.

PROPOSITION VI.

(THÉORÈME **6**.) *Si sur un même point d'une ligne droite deux lignes forment deux angles opposés par le sommet égaux, ces deux lignes sont dans le prolongement l'une de l'autre.*

Soit la ligne AB, au point O de laquelle les deux lignes OD, OC forment les angles opposés par le sommet AOC et DOB, égaux, je dis que OD est le prolongement de OC.

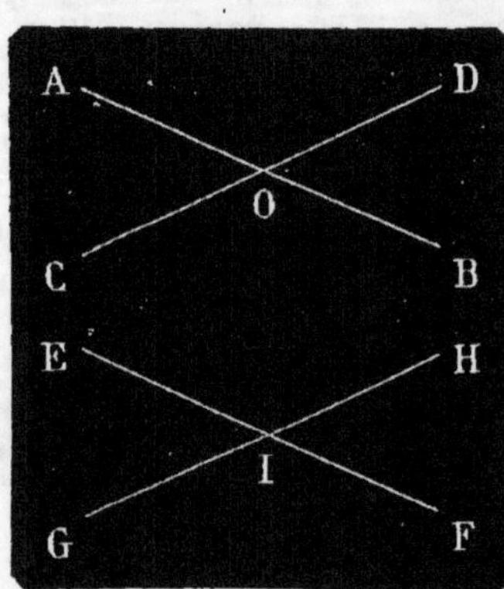

En effet, menons une ligne EF, puis une seconde ligne GH qui, coupant la première au point I, fasse l'angle HIF égal à DOB et, par suite, l'angle EIG égal à AOC. Portons la seconde figure sur la première, de telle sorte que, le point I tombant sur le point O, la ligne EF coïncide avec AB. Par suite des angles égaux HIF et DOB, IH coïncidera avec OD; à cause des angles égaux EIG et AOC, IG coïncidera avec OC, et comme GH est une ligne droite, CD en est une aussi.

PROPOSITION VII.

(Théorème **7**.) *D'un point pris hors d'une droite on peut abaisser une perpendiculaire sur cette droite, et on n'en peut abaisser qu'une.*

Soient la droite A B et le point C pris hors de cette droite, je dis, 1°, que de ce point on peut abaisser une perpendiculaire sur A B.

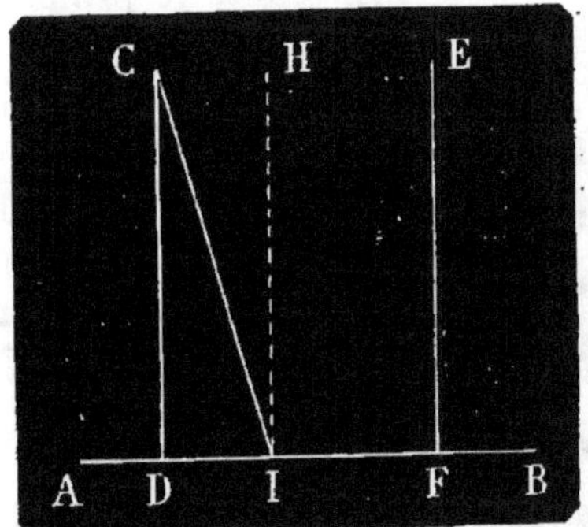

En effet, d'un point quelconque F, j'élève une perpendiculaire, ce qui est toujours possible (*Prop. I*), puis je la fais glisser sur AB en la conservant toujours perpendiculaire, jusqu'à ce qu'elle passe par le point C; elle deviendra alors CD qui sera la perpendiculaire demandée.

Je dis, 2°, que par le point C on ne peut abaisser qu'une perpendiculaire; c'est-à-dire que toute autre ligne, C I, par exemple, ne sera pas perpendiculaire à A B.

En effet, faisons glisser E F jusqu'en I. Cette perpendiculaire ne passera pas par le point C, car il faut pour cela qu'elle occupe la position C D; elle prendra, par exemple, la position H I, mais alors on voit que les angles H I A, H I B étant égaux comme droits, l'angle C I A, qui est égal à H I A — H I C, ne saurait être égal à son adjacent C I B, lequel est égal à H I C + H I B; donc la ligne C I n'est pas perpendiculaire.

(*Remarque.*) L'angle C I A, qui est égal à H I A — H I C, est plus petit qu'un angle droit; si donc on abaisse sur une droite A B, d'un même point C, une perpendiculaire C D et une oblique C I, la perpendiculaire se trouvera dans celui des deux angles adjacents plus petit qu'un angle droit.

PROPOSITION VIII.

(Théorème **8**.) *Si d'un point pris hors d'une droite on mène à cette droite une perpendiculaire et diverses obliques :*

1° *La perpendiculaire est plus courte que toute oblique ;*

2° *Deux obliques s'écartant également du pied de la perpendiculaire sont égales ;*

3° *De deux obliques, celle qui s'écarte le plus du pied de la perpendiculaire est la plus grande.*

Soient la ligne AB, la perpendiculaire CD, et diverses obliques ; je dis, 1°, que CD est plus courte que CE.

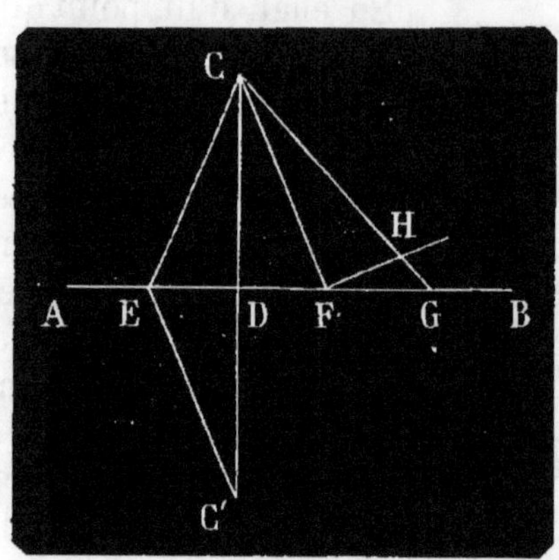

En effet, je prolonge CD d'une quantité DC' égale à DC, et je joins EC'. Le plus court chemin de C à C' est la ligne droite CC', plus courte par conséquent que la ligne brisée CEC'; or CE est égale à EC', car si je plie la figure suivant AB, à cause des angles droits égaux CDA et ADC', DC tombera sur DC', et puisque CD=DC', le point C tombera en C'; EC coïncidant avec EC' lui est égal ; donc la moitié de CC' ou CD est plus courte que la moitié de CEC', ou que CE.

Je dis, 2°, que les deux obliques CE et CF qui s'écartent du pied de la perpendiculaire de deux quantités égales DE et DF sont égales.

En effet, si je plie la figure suivant CD, à cause des angles droits égaux CDE et CDF, DE tombera sur DF, et puisque DE=DF, le point E tombera sur le point F; ainsi la ligne CE coïncide avec CF et lui est égale.

Je dis, 3°, que l'oblique CG, qui s'écarte de la perpendiculaire d'une quantité DG plus grande que DF, est plus grande que l'oblique CF.

En effet, si au point F je mène FH perpendiculaire à CF, il suit, d'après la remarque (*Prop. VII*), de ce que la perpendiculaire CD est du côté de l'angle CFD, que celui-ci est plus petit qu'un angle droit; donc son adjacent CFB est plus grand qu'un angle droit, et la perpendiculaire FH doit alors se diriger au-dessus de AB. Cela posé, il devient évident que CH, qui est plus petite que CG et oblique par rapport à CF, est plus grande que CF; donc, *à fortiori*, CG est plus grande que CF.

PROPOSITION IX.

(Théorème **9**.) *Tout point de la perpendiculaire élevée sur le milieu d'une droite est également distant des deux extrémités de cette droite; et tout point pris hors de cette perpendiculaire est inégalement distant de ces deux extrémités.*

Soit la ligne CD, perpendiculaire sur le milieu de AB, je dis, 1°, qu'un point quelconque C de cette perpendiculaire est également distant des points A et B, c'est-à-dire que CA = CB.

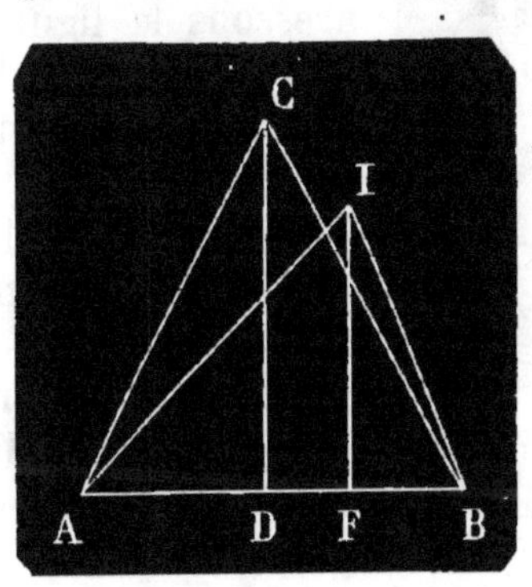

En effet, ces deux lignes se trouvent dans le cas de deux obliques s'écartant également du pied de la perpendiculaire (*Prop. VIII*), elles sont donc égales.

Je dis, 2°, que tout point, I, par exemple, pris hors de la perpendiculaire CD est inégalement distant de A et de B, c'est-à-dire que IA n'est pas égale à IB.

En effet, si l'on abaisse la perpendiculaire IF, laquelle ne tombera pas en D (*Prop. I*), les deux lignes IA, IB sont dans le cas de deux obliques inégalement distantes du pied de la perpendiculaire, elles sont donc inégales.

(*Corollaire* **1**.) La plus courte ligne que l'on puisse mener d'un point à une droite est la perpendiculaire, et entre un point et une droite on ne saurait mener plus de deux lignes égales.

(*Corollaire* **2**.) Toutes les fois qu'une ligne droite a deux de ses points équidistants des extrémités d'une droite, elle est perpendiculaire sur le milieu de celle-ci; car si on élevait une perpendiculaire sur le milieu de la seconde droite, elle devrait passer par les deux points appartenant à la première, et par suite coïncider avec elle.

PROPOSITION X.

(THÉORÈME 10.) *Si par deux points pris sur une droite, on lui mène une perpendiculaire et une oblique, l'oblique suffisamment prolongée rencontrera toujours la perpendiculaire.*

Soient sur la ligne AB, la perpendiculaire CD et l'oblique EF, je dis que EF doit rencontrer CD.

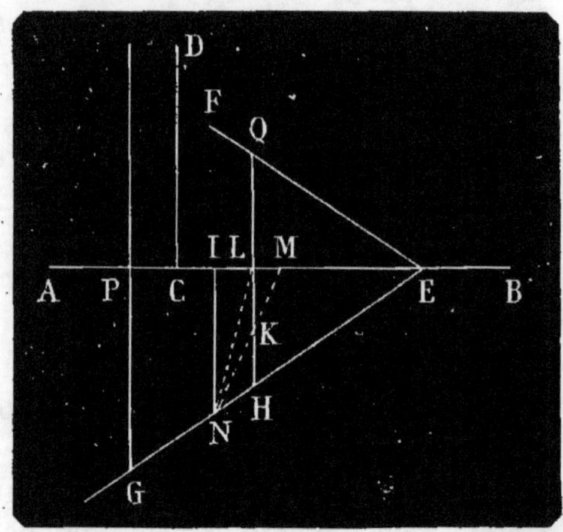

En effet, plions la figure suivant AB, et marquons la nouvelle direction EG que prend l'oblique EF, puis redressons la figure. Si d'un point H de EG nous abaissons sur AB une perpendiculaire HL, l'oblique EF doit rencontrer le prolongement LQ de cette perpendiculaire ; car si l'on plie de nouveau la figure suivant AB, EG prend la direction EF, HL prend la direction LQ à cause des angles droits égaux, et le point H devant se trouver à la fois sur EF et sur LQ il faut nécessairement que ces deux lignes se rencontrent. Il en sera de même pour toute autre perpendiculaire menée d'un point de EG sur AB. Si donc on abaisse successivement des perpendiculaires par tous les points de EG au delà du point H vers G, leurs pieds devront tomber successivement au delà du point L vers A, car une perpendiculaire menée du point N, par exemple, ne peut tomber, ni suivant NM (du point K on ne peut abaisser deux perpendiculaires à AB), ni suivant NL (au point L on ne peut élever deux perpendiculaires à AB) ; donc les pieds des perpendiculaires successives finiront par atteindre et dépasser le point C. Dès lors, si l'oblique EF doit rencontrer une perpendiculaire GP, par exemple, située au delà de CD, elle doit aussi rencontrer CD.

Exercices.

1. Démontrer que si une ligne est perpendiculaire à une autre, la seconde est aussi perpendiculaire à la première.

2. Étant donnés deux angles adjacents supplémentaires, on mène deux lignes qui les partagent chacun en deux angles égaux ; on demande ce que ces deux lignes sont l'une par rapport à l'autre ?

3. Quel est le maximum de la somme des angles que l'on peut former autour d'un point ?

4. Comment trouver sans règle la direction du prolongement d'un côté d'un angle au delà du sommet ?

5. Deux angles égaux se touchent par leur sommet, on mène deux lignes qui les partagent chacun en deux angles égaux, et l'on remarque que ces deux lignes sont dans le prolongement l'une de l'autre ; démontrer qu'il en est de même pour les côtés des angles.

6. Trouver sur une ligne donnée un point qui soit également distant de deux points donnés.

7. Trouver quel chemin on doit suivre pour rester toujours à des distances égales deux à deux par rapport à deux points donnés.

8. De différents points du plan on mène aux deux extrémités d'une ligne des couples de lignes qui se trouvent être égales deux à deux, quelle est la nature de la ligne qui joindrait tous ces points ?

9. Trouver le plus court chemin d'un point à un autre en touchant une ligne donnée.

10. On a quatre baguettes rectilignes égales, comment faire pour élever avec elles seules une perpendiculaire sur un point donné d'une ligne ?

11. Comment, avec une corde indéfinie et une règle, pourrait-on tracer sur le terrain un carré parfait (c'est-à-dire une figure ayant quatre côtés rectilignes égaux et les quatre angles droits) ?

12. Comment ferait-on pour, avec deux baguettes rectilignes égales et suffisamment longues, abaisser d'un point donné une perpendiculaire sur une ligne donnée ?

THÉORIE

DES PARALLÈLES.

DÉFINITIONS.

Deux lignes parallèles sont deux lignes qui, situées dans le même plan, ne se rencontrent jamais, quelque loin qu'on les prolonge l'une et l'autre.

NOTA. — Néanmoins, dans la pratique, on considère comme parallèles des lignes qui ne se rencontrent qu'à des distances tellement grandes par rapport à nous qu'on peut les considérer comme infinies.

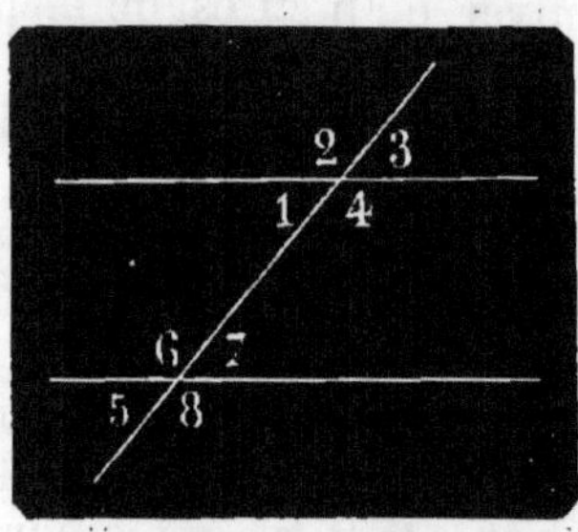

Lorsqu'une ligne coupe deux parallèles, elle prend le nom de *transversale*.

Deux parallèles coupées par une transversale donnent naissance à huit angles qui, considérés deux à deux, prennent les noms suivants :

1° *Angles alternes internes* : 1 et 7 ; 4 et 6 ;
2° *Angles alternes externes* : 2 et 8 ; 3 et 5 ;
3° *Angles correspondants* : 1 et 5 ; 4 et 8 ; 2 et 6 ; 3 et 7.

PROPOSITION XI.

(THÉORÈME 1.) *Deux lignes perpendiculaires à une troisième sont parallèles.*

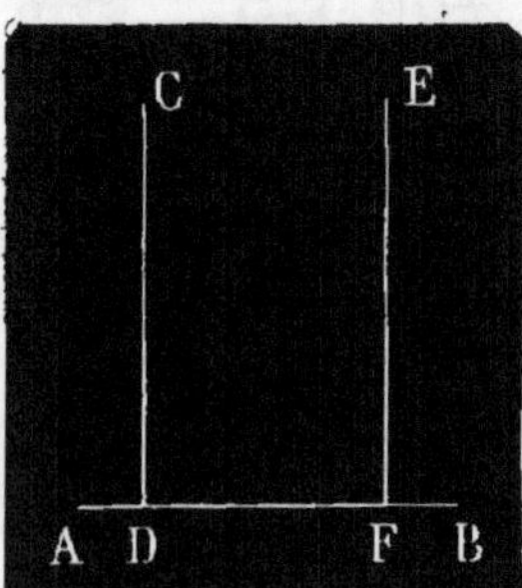

Soient les deux lignes CD, EF, perpendiculaires toutes deux à AB, je dis que ces lignes sont parallèles.

En effet, les lignes CD, EF ne peuvent se rencontrer, car il n'y a aucun point du plan d'où l'on puisse mener deux perpendiculaires sur AB (*Prop. VII*).

PROPOSITION XII.

(Théorème **2**.) *D'un point pris hors d'une droite on peut mener une parallèle à cette droite, et on n'en peut mener qu'une.*

Soient la droite AB et le point C; je dis, 1°, que de ce point on peut mener une parallèle à AB.

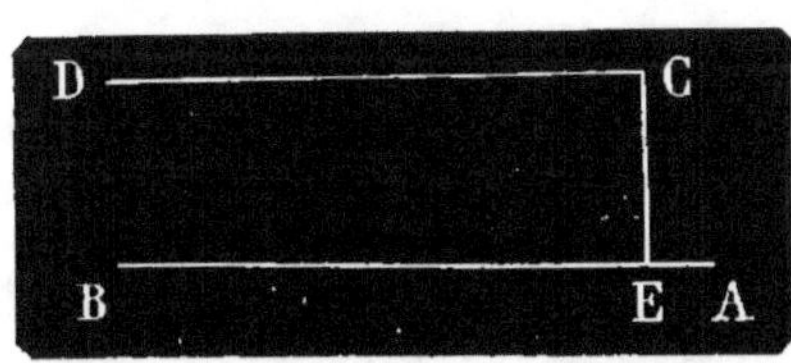

En effet, du point C j'abaisse CE perpendiculaire sur AB, et au point C j'élève CD perpendiculaire sur CE; CD et AB étant perpendiculaires à la même ligne CE, sont parallèles entre elles (*Prop. XI*).

Je dis, 2°, que par le point C on ne peut mener qu'une parallèle à AB. En effet, toute autre ligne qui, passant par le point C, ne serait pas la perpendiculaire CD, serait oblique, par conséquent rencontrerait la perpendiculaire AB (*Prop. X*) et ne lui serait pas parallèle.

PROPOSITION XIII.

(Théorème **3**.) *Deux lignes étant parallèles, toute ligne perpendiculaire à l'une d'elles l'est aussi à l'autre.*

Soient AB et CD, deux lignes parallèles, et EF une perpendiculaire à AB, je dis que EF est aussi perpendiculaire à CD.

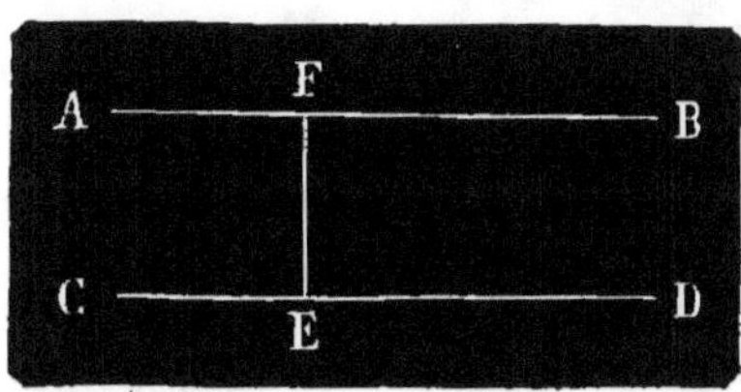

En effet, si d'un point quelconque de CD on abaisse une perpendiculaire sur EF, cette perpendiculaire devant être parallèle à AB, devra coïncider avec CD, car d'un point on ne peut mener qu'une parallèle à une ligne (*Prop. XI et XII*); ainsi CD est perpendiculaire à EF, réciproquement EF est perpendiculaire à CD.

PROPOSITION XIV.

(THÉORÈME **4**.) *Deux droites parallèles à une troisième sont parallèles.*

En effet, deux parallèles à une même droite ne peuvent se rencontrer, car il n'existe aucun point du plan par lequel on puisse mener deux parallèles à une même ligne droite.

PROPOSITION XV.

(THÉORÈME **5**.) *Deux parallèles sont partout également distantes; c'est-à-dire que les portions des perpendiculaires communes comprises entre deux parallèles sont égales.*

Soient les deux parallèles A B, C D et les deux perpendiculaires communes E F, G H, je dis que ces deux perpendiculaires sont égales.

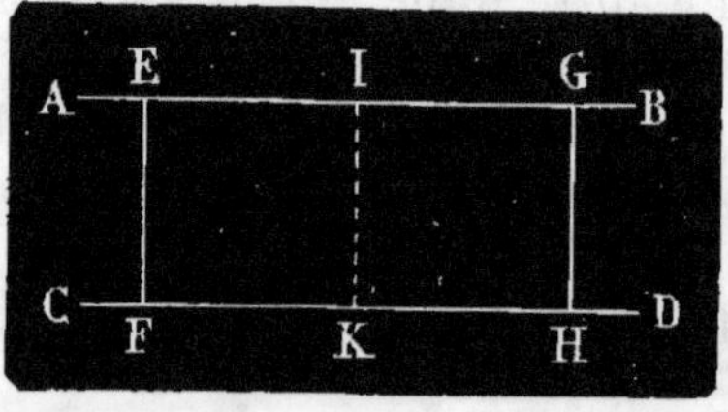

En effet, par le point I, milieu de EG, je mène la perpendiculaire commune IK, puis je plie la figure suivant IK. A cause des angles droits égaux, IB prendra la direction de IA, et KD la direction de KC; comme IG $=$ IE, le point G tombera sur le point E, et G H prendra la direction de EF; le point H devant se trouver à la fois sur K C et sur E F, tombera à leur point de rencontre F, et G H coïncidant avec EF lui est par conséquent égale.

PROPOSITION XVI.

(THÉORÈME **6**.) *Deux lignes parallèles étant coupées par une transversale, les angles alternes internes, alternes externes et correspondants sont égaux deux à deux.*

Soient les parallèles XX' et YY', coupées par la transversale NM, je dis, 1°, que les angles alternes internes GAM BN sont égaux.

En effet, par le point A je mène la perpendiculaire commune AC, par son milieu D la parallèle commune DF

(*Prop. XIV*); par le point E, où elle coupe la transversale,
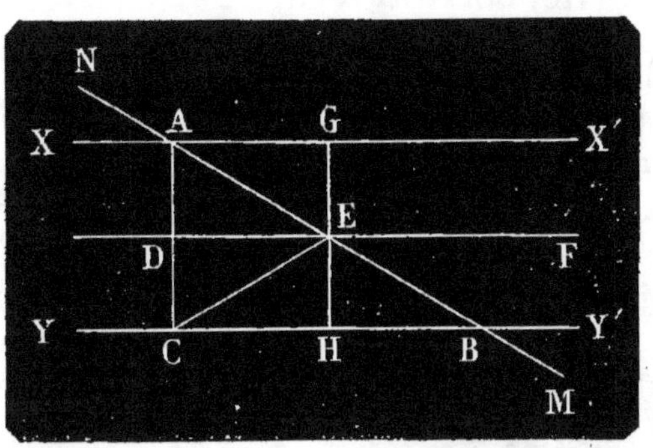
je mène la perpen-
diculaire commune
G H, puis je joins
EC. Si je plie la fi-
gure AGHC suivant
la ligne DE, à cause
des angles droits ad-
jacents, et le point
D étant le milieu
de AC, la ligne DA
tombera sur DC et
le point A en C; de même EG coïncidera avec EH et AG avec
CH; par suite, le point E n'ayant point changé de place, la
ligne EA coïncidera avec EC. Ainsi l'angle GAE est égal à
l'angle ECH, et l'angle AED à l'angle DEC. Si maintenant
je fais tourner la figure DEHC sur la ligne HE et si je la
rabats sur la figure FEHY', à cause des angles droits égaux,
DE prendra la direction EF, CH celle HY' et EC devra
prendre la direction de EB, et le point C tomber en B, car
l'angle DEC prendra par rapport à AED la position
d'opposé par le sommet; or, lui étant égal, et deux côtés,
ED et EF, étant dans le prolongement l'un de l'autre,
les deux autres côtés EC, AE devront aussi être en ligne
droite (*Prop. VI*); donc EC tombant sur EB, et le point C
en B, l'angle EBH est égal à l'angle ECH, et par suite à
son égal GAE, ou en définitive, GAM = HBN. Les deux
autres angles alternes internes XAB et Y'BA sont aussi
égaux entre eux, comme supplémentaires des premiers.

Je dis, 2°, que les angles alternes externes NAX et Y'BM
sont égaux.

En effet, ils sont opposés par le sommet et par suite égaux
aux angles alternes internes GAM, HBN.

Je dis, 3°, que les angles correspondants GAM, Y'BM
sont égaux.

En effet, Y'BM est égal comme opposé par le sommet à
l'angle HBN qui est égal à l'angle GAM.

PROPOSITION XVII.

(Théorème **7**.) *Si deux lignes font avec une transversale des angles alternes internes, alternes externes, correspondants égaux, ces deux lignes sont parallèles.*

Soient les deux lignes AB, CD, coupées par la transversale EF, et telles que les angles alternes internes AFE, FED, etc. sont égaux, je dis que ces deux lignes sont parallèles.

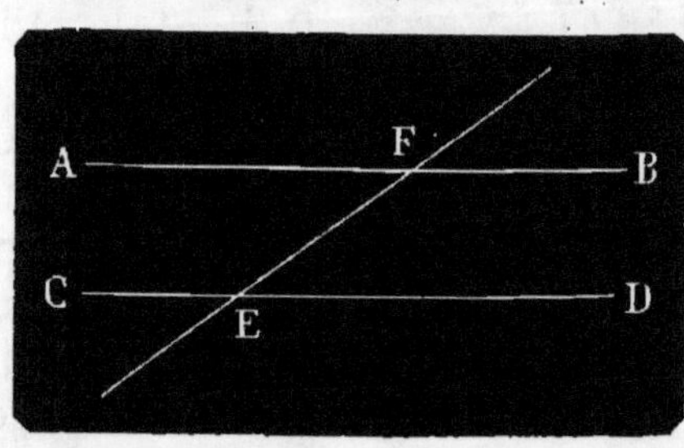

En effet, si par le point F on mène une parallèle à CD, devant faire avec FE un angle alterne interne égal à FED, cette ligne coïncidera avec FA. Le même raisonnement suffira pour la démonstration dans le cas où l'on considérerait les autres angles.

PROPOSITION XVIII.

(Théorème **8**.) *Les portions de parallèles comprises entre parallèles sont égales.*

Soient les deux parallèles AB, CD, comprenant les deux autres parallèles EF, GH, je dis que EF = GH.

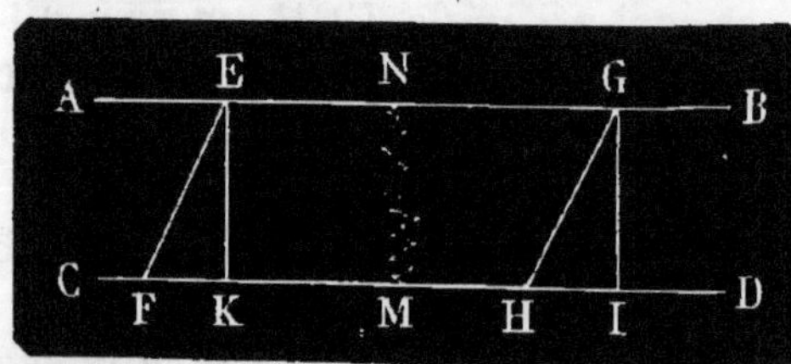

En effet, des points E et G menons les deux perpendiculaires communes EK, GI, puis supposant la figure coupée vers son milieu, portons la partie de gauche sur la partie de droite, de telle sorte que la perpendiculaire EK tombe sur son égale GI (*Prop. XV*). A cause des angles droits égaux, les lignes AN, NB, CM, MD se superposeront; l'angle AEF étant égal à l'angle NGH comme correspondants formés par les parallèles EF, GH et la transversale AB, la ligne EF prendra la direction de GH, et le point F devant se trouver à la fois sur la ligne MD et sur la ligne GH tombera sur leur point de rencontre H. Ainsi EF coïncide avec GH et lui est égale.

Exercices.

1. Démontrer que les angles internes d'un même côté de la transversale sont supplémentaires.

2. Mener à une ligne une parallèle qui en soit distante d'une quantité donnée.

3. Étant données deux lignes parallèles, et un point sur chacune, trouver sur ces deux parallèles deux autres points tels que leur distance soit égale à celle des deux premiers, et tels que la ligne qui les joint passe par un point donné.

4. On donne une ligne et une portion de sa parallèle arrêtée par un obstacle, prolonger celle-ci au delà de l'obstacle.

5. Étant données une ligne et une oblique à cette ligne, mener par un point donné une seconde oblique qui fasse avec la ligne donnée le même angle que la première oblique.

6. Deux lignes sont coupées par une transversale; les bissectrices des deux angles internes, d'un même côté de la transversale, sont perpendiculaires entre elles; démontrer que les deux lignes sont parallèles.

7. Deux parallèles étant données, démontrer que la parallèle commune menée par le milieu d'une transversale passe par le milieu de toute autre transversale.

8. Trois lignes parallèles étant données, une transversale coupe les deux premières; mener par un point donné une seconde transversale qui coupe les deux autres sous la même inclinaison que la première.

9. Par un point extérieur à deux parallèles mener une ligne qui les coupe, et telle que la partie comprise ait une longueur donnée. Quelle est de plus la plus petite valeur de ce segment de ligne?

10. Étant données trois parallèles, sur celle intermédiaire on prend trois points équidistants l'un de l'autre; par le point du milieu on mène une transversale quelconque, on en joint les deux extrémités aux deux points extrêmes; démontrer que les deux angles ainsi formés, qui touchent les deux parallèles extérieures, sont égaux.

11. Démontrer que deux obliques égales, également distantes du pied de deux perpendiculaires à une même ligne, et du même côté de ces perpendiculaires, sont parallèles.

12. On a un angle en bois, comment pourrait-on, avec cet angle et une règle, mener à une ligne une parallèle par un point donné.

THÉORIE

DES ANGLES, DES TRIANGLES ET DE LEURS CAS D'ÉGALITÉ.

DÉFINITIONS.

On désigne en général sous le nom de *polygone* toute figure plane formée par des lignes qui, par leur intersection deux à deux, limitent complétement une portion de surface.

Le *périmètre* d'un polygone est l'ensemble des lignes droites qui le forment.

Un polygone est dit *convexe* lorsqu'une transversale quelconque ne peut rencontrer le périmètre en plus de deux points. Il est dit *concave* dans le cas contraire. Nous n'étudierons que les premiers.

Le *triangle*, le plus simple des polygones, est formé par trois lignes qui se coupent deux à deux.

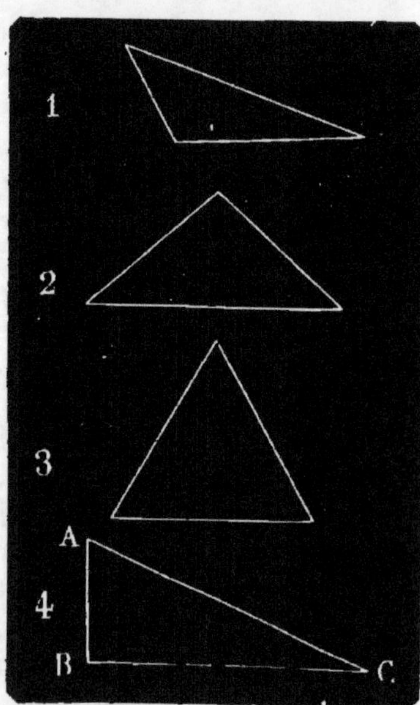

Dans tout triangle il y a trois côtés et trois angles, dont les conditions relatives de grandeur variable ou d'égalité forment :

1° Le triangle *scalène*, qui a les trois côtés inégaux (*fig.* 1).

2° Le triangle *isocèle*, qui a deux côtés égaux (*fig.* 2).

3° Le triangle *équilatéral*, qui a les trois côtés égaux (*fig.* 3).

4° Le triangle *rectangle*, dont un des angles est droit; *ex.*, ABC (*fig.* 4), dans lequel les côtés AB et BC sont perpendiculaires l'un à l'autre. Dans un triangle rectangle, le côté AC opposé à l'angle droit prend le nom d'*hypoténuse*.

5° Le triangle *équiangle*, qui a les trois angles égaux. On verra ci-dessous qu'il est en même temps équilatéral.

Dans un triangle on prend, soit arbitrairement, soit suivant le besoin, un des angles pour *sommet;* dans ce cas, le côté opposé se nomme *base.*

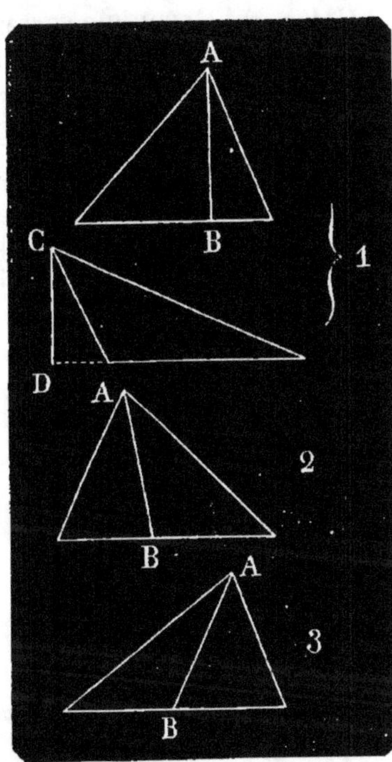

La *hauteur* d'un triangle est la perpendiculaire abaissée du sommet sur la base, ou sur son prolongement, ex. (*fig.* 1) AB, et CD dans les deux triangles.

La *bissectrice* d'un triangle est la ligne qui partage un des angles en deux angles égaux, ex. (*fig.* 2) AB.

La *médiane* d'un triangle est la ligne qui va d'un des sommets au milieu du côté opposé, ex. (*fig.* 3) AB.

Lorsque deux triangles ont leurs côtés ou leurs angles respectivement égaux, de telle sorte que chaque côté ou chaque angle de l'un trouve son égal dans le côté ou l'angle semblablement placé de l'autre, on dit que ces deux triangles ont les côtés ou les angles égaux *chacun à chacun.*

PROPOSITION XIX.

(THÉORÈME 1.) *Deux angles qui ont les côtés respectivement parallèles sont égaux ou supplémentaires. Ils sont égaux s'ils ont les côtés dirigés dans le même sens, ou en sens inverse par rapport aux sommets; et supplémentaires si deux côtés sont dans le même sens et les deux autres en sens inverse.*

Soient les deux angles DAM, CBE, qui ont les côtés

respectivement parallèles et dirigés dans le même sens, je dis qu'ils sont égaux.

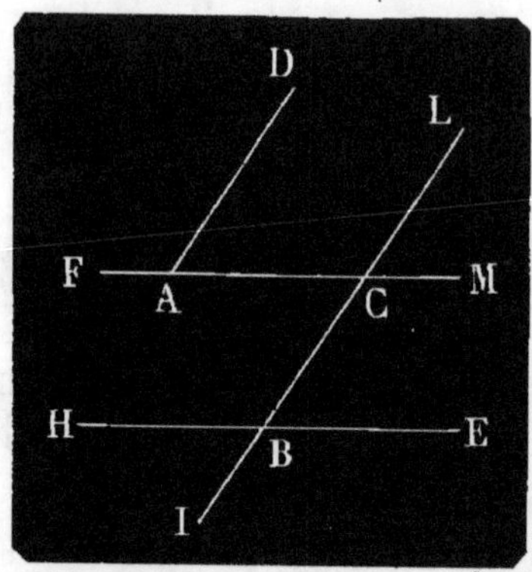

En effet, je prolonge CB en L; l'angle CBE=LCM comme correspondants formés par les parallèles FM, HE et la transversale LI; de même LCM = DAC, comme correspondants formés par les parallèles DA, LI; et la transversale FM, donc CBE = DAC. Il en sera de même pour les angles HBI et DAC qui ont les côtés parallèles mais en sens contraire, car HBI=CBE comme opposés par le sommet, et CBE=DAC, ainsi HBI = DAC.

Soient maintenant les deux angles DAF, CBE, qui ont les côtés parallèles, mais les uns dans le même sens, les autres en sens contraire, je dis qu'ils sont supplémentaires.

En effet, DAF est le supplémentaire de DAC, lequel est égal à CBE, ainsi DAF est supplémentaire de CBE.

PROPOSITION XX.

(THÉORÈME **2**.) *Deux angles qui ont les côtés perpendiculaires chacun à chacun sont égaux ou supplémentaires. Ils sont égaux si l'on peut les tourner de telle sorte que les côtés soient dans le même sens, et supplémentaires si deux côtés sont dans le même sens et les deux autres en sens inverse.*

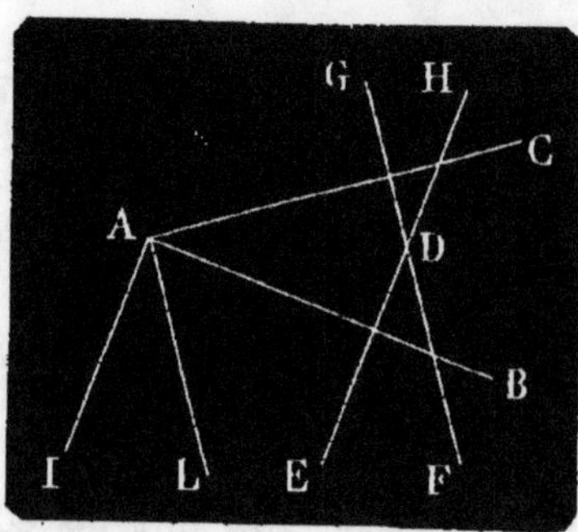

Soient les deux angles CAB, EDF, tels que ED est perpendiculaire à AB et FD à AC, je dis que ces angles sont égaux.

En effet, au point A je mène AI, AL, respectivement parallèles à DE et DF; l'angle EDF=IAL comme ayant les côtés parallèles

(*Prop. XIX*). Or, l'angle CAL, droit, est égal à l'angle BAI, droit aussi, car étant parallèles à DE et DF, les lignes AI et AL sont aussi perpendiculaires à BA et CA (*Prop. XIII*); si l'on retranche de part et d'autre l'angle commun BAL, les restes sont égaux; donc IAL = CAB, et par suite EDF = CAB.

On démontrera aisément que l'angle GDE, qui, si l'on plaçait un de ses côtés parallèlement à un de ceux de l'angle CAB, aurait l'autre en sens inverse, lui est supplémentaire, puisqu'il est le supplémentaire de son égal EDF.

PROPOSITION XXI.

(THÉORÈME 5.) *Tout point pris sur la bissectrice d'un angle est également distant des deux côtés de l'angle, et tout point pris hors de la bissectrice en est inégalement distant.*

Soient l'angle A et sa bissectrice AC, je dis qu'un point quelconque B de cette bissectrice est également distant des deux côtés AD et AE, c'est-à-dire que les perpendiculaires BD et BE qui mesurent ces distances sont égales.

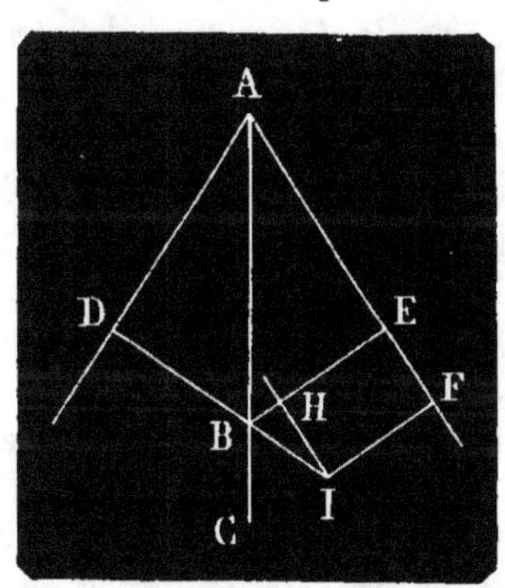

En effet, si l'on replie la figure suivant AC, à cause de l'angle DAB=BAE, la ligne AD prendra la direction de AE, et comme le point B n'a point changé de place, la perpendiculaire BD tombera sur BE et le point D sur le point E, car du point B on ne peut abaisser qu'une perpendiculaire sur AE.

Je dis secondement qu'un point quelconque I hors de la bissectrice est inégalement distant des deux côtés AD et AF, autrement dit que la perpendiculaire ID n'est pas égale à IF.

En effet, si je mène BE perpendiculaire sur AF, le point B étant sur la bissectrice, on a BD = BE; menant IH parallèle à AF, on a IF = HE; or HE étant plus petite que BE, IF est aussi plus petite que BE, et à plus forte raison plus petite que IB + BE ou IB + BD ou que ID.

PROPOSITION XXII.

(Théorème **4**.) *Dans tout triangle un côté quelconque est plus petit que la somme des deux autres, et plus grand que leur différence.*

Soit le triangle ABC; je dis, 1°, que BC est plus petit que AB $+$ AC.

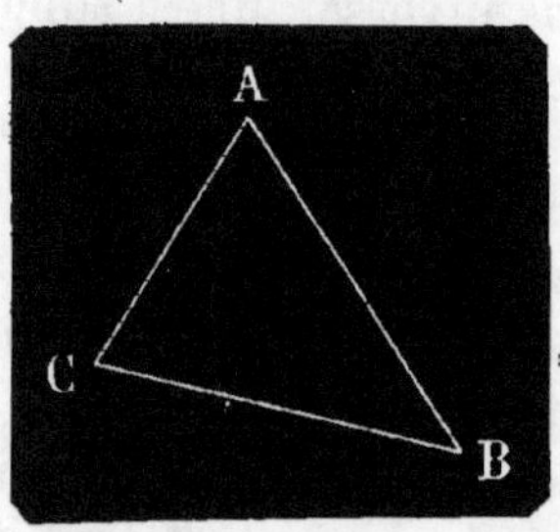

En effet, le plus court chemin possible du point B au point C est la ligne droite BC.

Je dis, 2°, que BC est plus grand que AB $-$ AC.

En effet, si de l'expression BC $+$ AC $>$ AB, nous retranchons de part et d'autre AC, il vient BC $>$ AB $-$ AC.

PROPOSITION XXIII.

(Théorème **5**.) *Dans tout triangle la somme des trois angles est égale à deux angles droits.*

Soit le triangle ABC. Je prolonge BC en E, et je mène CD parallèle à AB. A cause des deux parallèles AB, CD et de la transversale AC, l'angle BAC $=$ ACD comme alternes internes; à cause des deux mêmes parallèles et de la transversale BE, on a l'angle ABC $=$ DCE comme correspondants; ainsi les trois angles formés autour du point C sont les trois angles du triangle, et leur somme est égale à deux angles droits.

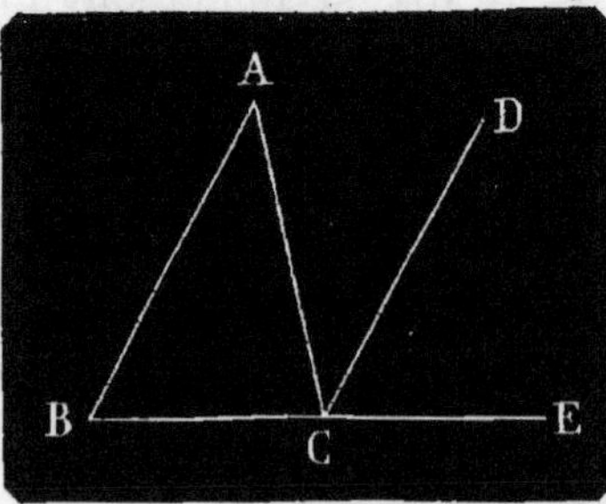

(*Corollaire* **1**.) Si deux triangles ont deux angles égaux chacun à chacun, les troisièmes le sont aussi.

(*Corollaire* **2**.) Si dans un triangle on prolonge un des côtés, BE, par exemple, l'angle ACE extérieur ainsi formé est égal à la somme des deux angles non adjacents CAB $+$ ABC.

PROPOSITION XXIV.

(THÉORÈME **6.**) *Dans un triangle isocèle les angles opposés aux côtés égaux sont égaux.*

Soit le triangle isocèle ABC, dans lequel AB = AC, je dis que les angles ABC, ACB, opposés aux côtés égaux, sont égaux.

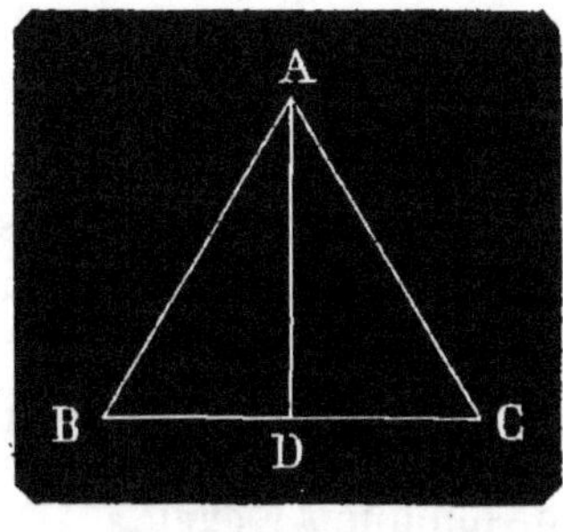

Je mène AD perpendiculaire sur BC; les obliques AB, AC étant égales, s'écartent également du pied de la perpendiculaire AD, et BD = DC; si donc on plie la figure suivant AD, DB coïncidera avec DC; par suite, le point A n'ayant point changé, la ligne AB coïncidera avec AC, donc l'angle ABD = ACD.

(*Corollaire* **1.**) Dans un triangle isocèle la perpendiculaire menée du sommet sur la base est à la fois hauteur, médiane et bissectrice, car il résulte de la démonstration ci-dessus que l'angle BAD = DAC.

(*Corollaire* **2.**) Tout triangle équilatéral est en même temps équiangle, et réciproquement.

(*Corollaire* **3.**) Si deux triangles isocèles ont l'angle au sommet égal, les angles à la base le sont aussi.

PROPOSITION XXV.

(THÉORÈME **7.**) *Si dans un triangle deux angles sont égaux, les côtés opposés le sont aussi, et le triangle est isocèle.*

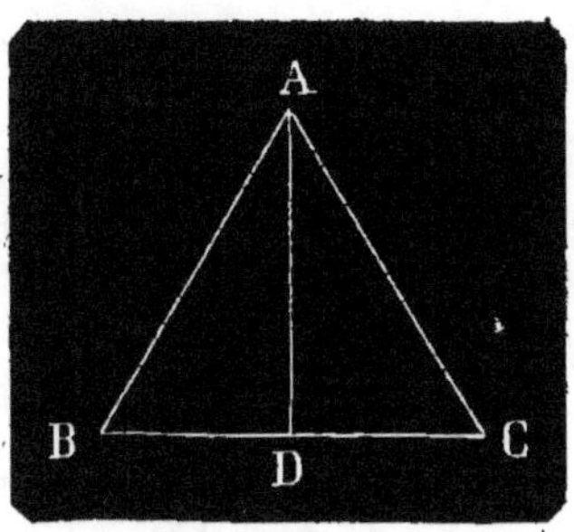

Soit le triangle ABC, dans lequel on a l'angle ABC = ACB, je dis que l'on aura le côté AB = AC.

En effet, je mène la perpendiculaire AD; les deux triangles rectangles ADB, ADC, ayant l'angle droit égal, et l'angle ABD = ACD ont aussi le troisième angle égal (*Prop. XXIII, corol.* **1**). Si donc on replie la figure suivant AD, la ligne AB prendra la direction de AC, et comme le côté DB aura dû de même prendre la direction de DC, le point B devant tomber à la fois sur AC et sur DC, tombera sur leur point de rencontre C; donc AB = AC.

PROPOSITION XXVI.

(Théorème 8.) *Dans tout triangle, au plus grand angle est opposé le plus grand côté.*

Soit le triangle ABC, dans lequel l'angle ABC est plus grand que l'angle ACB, je dis que le côté AC opposé au premier est plus grand que AB opposé au second.

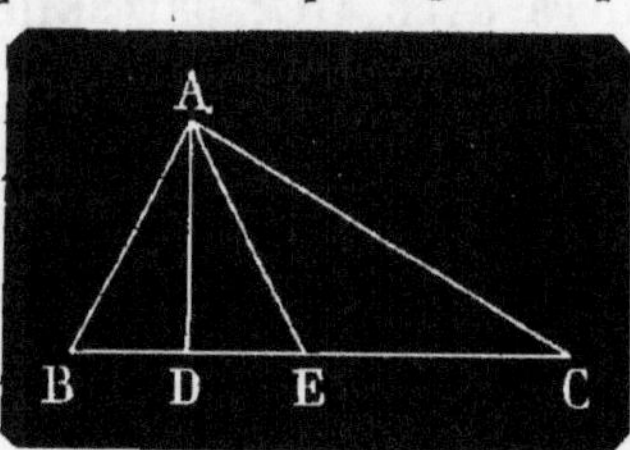

En effet, je mène la perpendiculaire AD, et je fais de l'autre côté une oblique AE égale à AB. Cette oblique tombera entre C et D, car en comparant les deux triangles rectangles ABD, ADC, qui ont l'angle en D droit, comme, par hypothèse, l'angle ABD est plus grand que ACB, il faut que le troisième angle BAD du premier soit plus petit que DAC, troisième angle du second; or BAD=DAE, le pied de AE tombera donc entre C et D; ainsi l'oblique AC est plus grande que AE (*Prop. VIII, 3°*) ou que son égale AB.

Si la perpendiculaire tombait en dehors du triangle, comme dans le triangle AEC, il serait alors évident que AC est plus grand que AE.

PROPOSITION XXVII.

(Théorème 9.) *Deux triangles sont égaux lorsqu'ils ont un angle égal compris entre deux côtés égaux chacun à chacun.*

Soient les deux triangles ABC, DEF, qui ont l'angle BAC = EDF, et les côtés AB = DE et AC = DF, je dis que ces deux triangles sont égaux.

En effet, je porte ABC sur DEF, de sorte que AB coïncide avec son égal DE. L'angle A étant égal à l'angle D, le

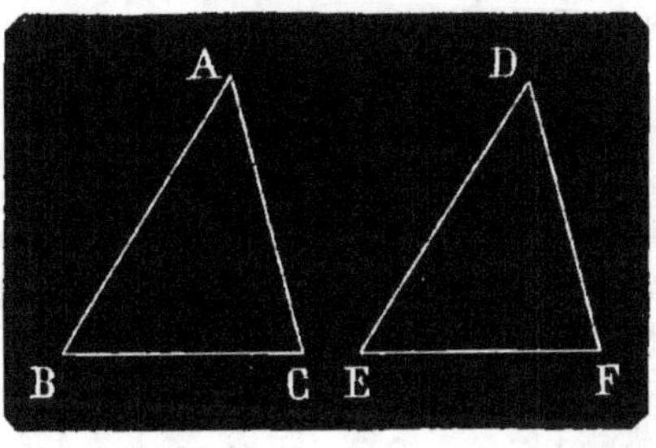

côté AC prendra la direction de DF, et comme il lui est égal, le point C tombera sur le point F; dès lors le côté BC coïncidera avec le côté EF. Les deux triangles coïncidant dans toutes leurs parties sont égaux.

PROPOSITION XXVIII.

(Théorème **10**.) *Deux triangles sont égaux lorsqu'ils ont un côté égal adjacent à deux angles égaux chacun à chacun.*

Soient les deux triangles ABC, DEF, dans lesquels au côté BC = EF sont adjacents les angles ABC et ACB, égaux respectivement aux angles DEF et DFE; je dis que ces deux triangles sont égaux.

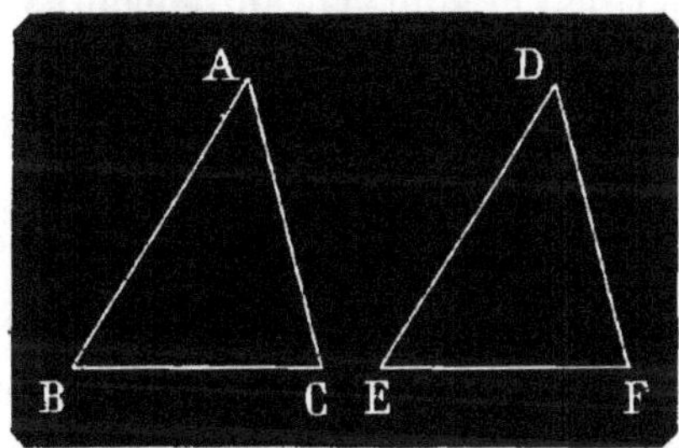

En effet, je porte ABC sur DEF de sorte que le côté BC coïncide avec son égal EF. Les angles ABC et DEF étant égaux, le côté BA prendra la direction de ED, et le point A tombera quelque part sur ED; de même, les angles ACB et DFE étant égaux, le côté CA prendra la direction de FD, et le point A tombera quelque part sur FD; mais le point A devant tomber à la fois sur ED et sur FD devra tomber à leur point d'intersection D. Les deux triangles coïncidant dans toutes leurs parties sont égaux.

PROPOSITION XXIX.

(Théorème **11**.) *Deux triangles sont égaux lorsqu'ils ont les trois côtés égaux chacun à chacun.*

Soient les deux triangles ABC, DEF, qui ont les trois

côtés égaux chacun à chacun, je dis qu'ils sont égaux, c'est-à-dire que superposés ils doivent coïncider.

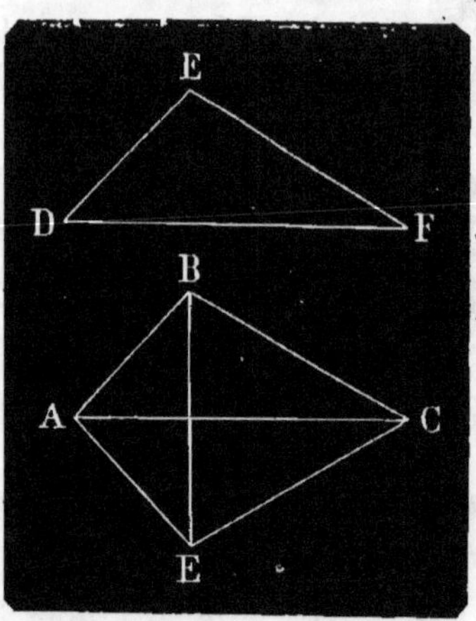

En effet, je porte DEF sur ABC, de sorte que le côté DF coïncide avec son égal AC, puis je fais tourner le triangle DEF autour de AC comme charnière, et je forme ainsi la figure à quatre côtés ABCE. Je joins BE; chacun des deux points A et C est équidistant des extrémités de BE, puisque EC = FE = BC, et que AE = DE = AB; donc AC est perpendiculaire sur le milieu de BE (*Prop. IX, cor.* 2). Dès lors, si je replie la figure suivant AC, il est évident que, les deux parties de BE se repliant l'une sur l'autre, le point B tombe en E. Les deux triangles coïncident dans toutes leurs parties, et sont par suite égaux.

PROPOSITION XXX.

(THÉORÈME 12.) *Deux triangles rectangles sont égaux lorsqu'ils ont l'hypoténuse égale et un côté égal.*

Soient les deux triangles rectangles ABC, DEF, qui ont l'hypoténuse AC = DF et le côté BC = EF, je dis que ces deux triangles sont égaux.

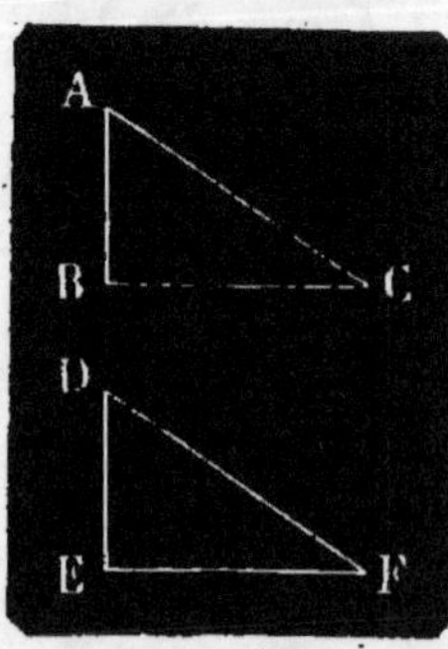

En effet, je porte DEF sur ABC, de sorte que le côté EF coïncide avec son égal BC. A cause de l'angle droit, ED prendra la direction de BA, et le point D tombera sur le point A, car DF se trouvera par rapport à la perpendiculaire CB dans la position d'une oblique égale à CA; elle aura donc son pied au même point A. Les deux triangles coïncidant dans toutes leurs parties sont égaux.

PROPOSITION XXXI.

(Théorème **15**.) *Deux triangles rectangles sont égaux lorsqu'ils ont l'hypoténuse égale et un angle égal.*

En effet, ayant déjà outre les angles droits un autre angle égal chacun à chacun, leurs troisièmes angles sont aussi égaux entre eux (*Prop. XXIII*); ils retombent donc dans le cas de deux triangles ayant un côté égal adjacent à deux angles égaux chacun à chacun, et ils sont égaux.

Exercices.

1. Trouver un point qui soit distant d'une quantité donnée de deux lignes données.

2. Tracer une ligne qui passe par le point de rencontre de deux droites interrompues avant ce point, et que l'on ne peut prolonger.

3. Construire un triangle, connaissant les deux angles à la base et le périmètre.

4. Construire un triangle rectangle isocèle, connaissant la somme ou la différence de l'hypoténuse et du côté.

5. Construire un triangle isocèle, connaissant le périmètre et la hauteur.

6. Construire un triangle, connaissant un angle à la base, la médiane et la hauteur correspondante à cette base.

7. Démontrer que si deux triangles ont deux côtés égaux chacun à chacun, et les deux autres inégaux, au plus grand côté est opposé le plus grand angle.

8. Démontrer que les perpendiculaires menées des extrémités de la base d'un triangle isocèle sur les côtés opposés sont égales.

9. Démontrer que les trois perpendiculaires élevées sur les milieux des côtés d'un triangle se rencontrent en un même point.

10. Démontrer que les trois bissectrices d'un triangle se rencontrent en un même point.

11. Quelle est la valeur des angles extérieurs formés en prolongeant dans un même sens les côtés d'un triangle?

12. Démontrer que les trois hauteurs d'un triangle équilatéral sont égales et se rencontrent en un même point.

13. Démontrer que si la bissectrice d'un triangle est aussi la médiane, elle en est la hauteur et que le triangle est isocèle.

14. Par les trois sommets d'un triangle on mène des parallèles aux trois côtés, et on les prolonge jusqu'à leur rencontre; elles forment ainsi un nouveau triangle; quel est le rapport entre le triangle intérieur et le triangle enveloppant, et quel est le rapport des côtés?

THÉORIE

DES PROPRIÉTÉS DES QUADRILATÈRES ET DES POLYGONES.

DÉFINITIONS.

On désigne sous le nom de *quadrilatère* tout polygone formé de quatre lignes droites qui se coupent deux à deux.

On en distingue diverses espèces, qui sont :

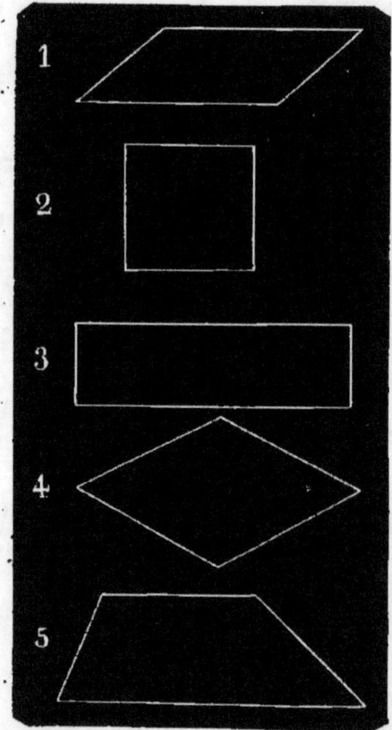

1° Le *parallélogramme* (*fig.* 1), qui a les côtés opposés parallèles, et par suite égaux;

2° Le *rectangle* (*fig.* 3), qui a les quatre angles droits;

3° Le *carré* (*fig.* 2), qui a les quatre côtés égaux et les quatre angles droits;

4° Le *losange* (*fig.* 4), qui a les quatre côtés égaux;

5° Le *trapèze* (*fig.* 5), qui a deux côtés parallèles.

On entend par *diagonale* d'un quadrilatère la ligne qui joint les sommets de deux angles opposés.

La *hauteur* d'un quadrilatère est la perpendiculaire abaissée d'un point quelconque d'un côté sur le côté parallèle opposé, qui prend alors le nom de *base*.

Les figures planes formées de plus de quatre lignes droites prennent le nom général de *polygones;* néanmoins on désigne aussi sous les noms de *pentagone* celui de cinq côtés, d'*hexagone* celui de six, etc.

Un *polygone régulier* est celui dont les côtés et les angles sont tous égaux entre eux.

PROPOSITION XXXII.

(THÉORÈME **1.**) *Si dans un quadrilatère les côtés opposés sont égaux, les côtés sont aussi parallèles et la figure est un parallélogramme.*

Soit le quadrilatère ABDC, dans lequel AB = CD et AC = BD, je dis que la figure est un parallélogramme.

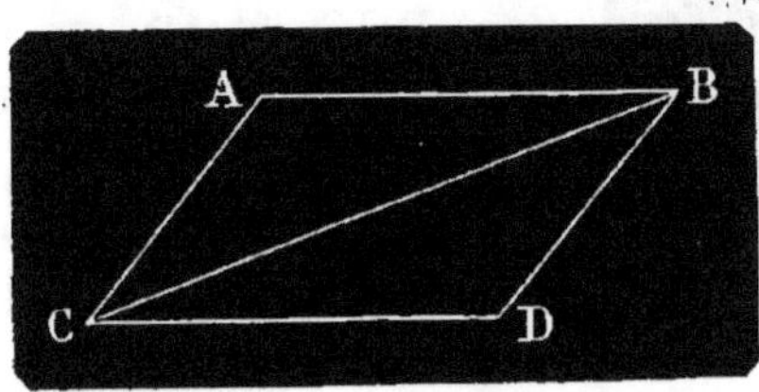

En effet, si je mène la diagonale CB, les deux triangles ainsi formés ACB, BCD, sont égaux comme ayant les trois côtés égaux (*Prop. XXIX*) chacun à chacun, donc l'angle DBC = BCA ; mais ces deux angles ont, par rapport aux lignes BD, AC et CB, la position d'angles alternes internes ; ainsi BD et AC sont parallèles. De même, AB est parallèle à CD, et la figure est un parallélogramme.

PROPOSITION XXXIII.

(THÉORÈME **2.**) *Si dans un quadrilatère deux côtés sont égaux et parallèles, les deux autres le sont aussi, et la figure est un parallélogramme.*

Soit le quadrilatère ABDC, dans lequel le côté AB est égal et parallèle à DC, je dis que BD est aussi égal et parallèle à AC, et que la figure est un parallélogramme.

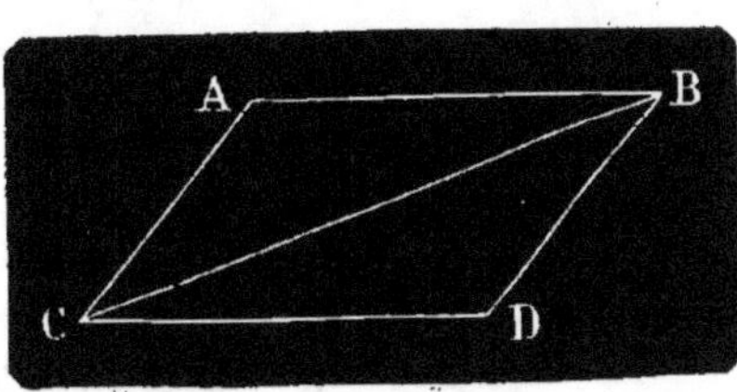

En effet, je mène la diagonale BC. Les deux triangles ABC, DBC sont égaux, comme ayant l'angle DCB = CBA comme alternes internes par rapport aux parallèles AB et CD coupées par la transversale CB ; de même, DBC = BCA.

Or ces deux angles ont aussi, par rapport aux deux lignes AC et BD, la position d'alternes internes ; ces deux lignes sont donc parallèles, et la figure est un parallélogramme.

PROPOSITION XXXIV.

(THÉORÈME 3.) *Les deux diagonales d'un parallélogramme se coupent mutuellement en leurs milieux.*

Soit le parallélogramme ABCD, je dis que le point O où se coupent ses deux diagonales est le milieu de chacune d'elles.

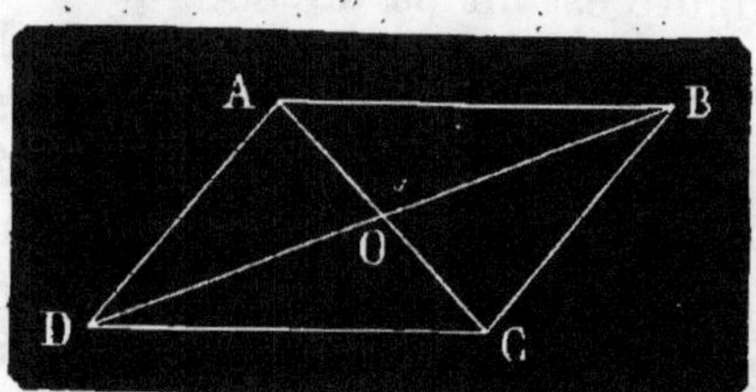

En effet, les deux triangles BOC, AOD sont égaux comme ayant les côtés égaux BC et AD, adjacents aux angles égaux OBC = ODA et OCB = OAD comme alternes internes, puisque la figure est un parallélogramme ; ainsi OB = OD et OC = OA.

(*Corollaire.*) Dans le losange et le carré les diagonales sont perpendiculaires entre elles, car chacune d'elles partage le losange ou le carré en deux triangles isocèles, dont l'autre diagonale est la médiane et la hauteur ; de plus dans le carré les diagonales sont égales entre elles.

PROPOSITION XXXV.

(THÉORÈME 4.) *Dans tout trapèze la ligne qui joint les milieux des côtés non parallèles est égale à la demi-somme des côtés parallèles.*

Soit le trapèze ABDC, je dis que la ligne EF, qui joint les milieux des côtés non parallèles AC et BD, est égale à $\dfrac{AB + CD}{2}$.

En effet, je mène BH et FI parallèles à AC ; les deux triangles BLF et FID sont égaux, car BF = FD par construction, et les angles BLF, FID sont égaux, comme ayant les côtés parallèles et dirigés dans le même sens (*Prop. XIX*).

De même les angles LBF et IFD sont égaux comme cor-

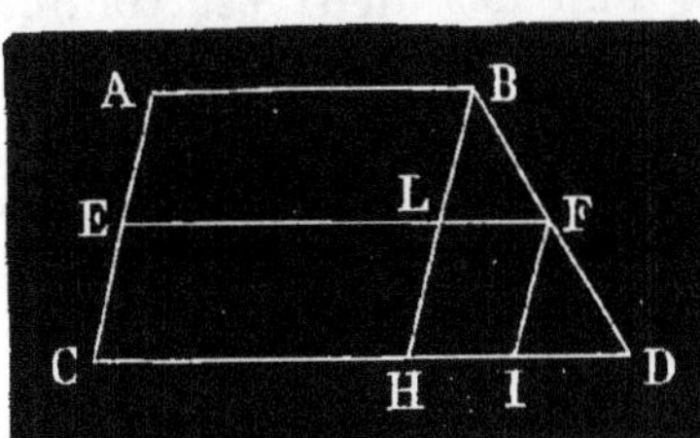

respondants, les lignes BH et FI étant parallèles; donc ID=LF; de plus, EF=CI, EL = AB = CH, et LF = HI comme parallèles comprises entre parallèles; or,

$$AB + CD = AB + CH + HI + ID = 2CH + 2HI = 2EF$$

donc
$$EF = \frac{AB + CD}{2}$$

PROPOSITION XXXVI.

(Théorème 5.) *La somme des angles intérieurs d'un polygone est égale à autant de fois deux angles droits qu'il y a de côtés moins deux.*

Soit le polygone ABCDE, qui a cinq côtés, je dis qu'il contient un nombre de fois deux angles droits marqué par 5—2 ou 3, ou qu'il contient six angles droits.

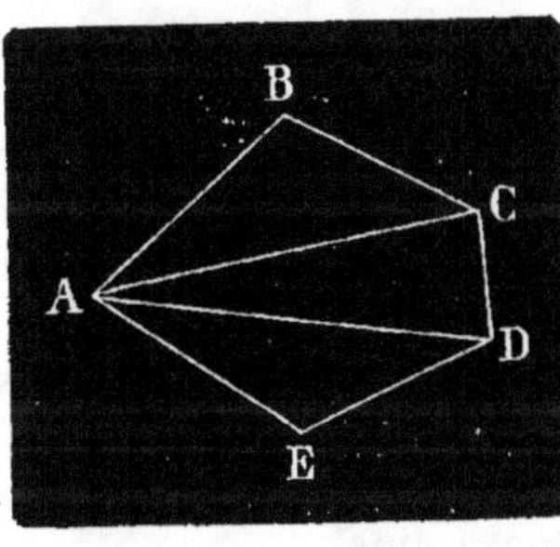

En effet, si je mène les diagonales AC, AD, partant d'un même sommet A, je forme autant de triangles qu'il y a de côtés moins deux, ou 3 triangles; or la somme des angles de chaque triangle est de deux droits, et leur ensemble comprend tous les angles du polygone; donc la somme de tous les angles est égale à autant de fois deux droits qu'il y a de triangles, ou de côtés moins deux, c'est-à-dire à 5 — 3, ou 3 fois deux angles droits, ou enfin 6 angles droits.

(*Remarque.*) Si donc n est le nombre des côtés, la somme S des angles intérieurs serait donnée par la formule $S = 2 (n — 2)$.

Si le polygone est régulier, c'est-à-dire s'il a les côtés et les angles égaux, on aurait pour la valeur a de l'un des angles,
$$a = \frac{S}{n} \text{ ou } a = \frac{2\,(n-2)}{n}; \text{ formule qui peut servir à}$$

trouver n ou a, suivant que l'un des deux est connu.

PROPOSITION XXXVII.

(Théorème 6.) *La somme des angles extérieurs obtenus en prolongeant dans le même sens tous les côtés d'un polygone est égale à quatre angles droits.*

En effet, à chaque sommet on a deux angles adjacents valant deux angles droits ; si donc il y a n sommets, la somme totale des angles intérieurs et extérieurs sera $2\,n$ angles droits ; or la somme des angles intérieurs est égale à $2\,(n-2)$ angles droits, ou $2\,n-4$ angles droits, donc la somme des angles extérieurs sera $2\,n-(2\,n-4)$ ou $2\,n-2\,n+4$, ou 4 angles droits.

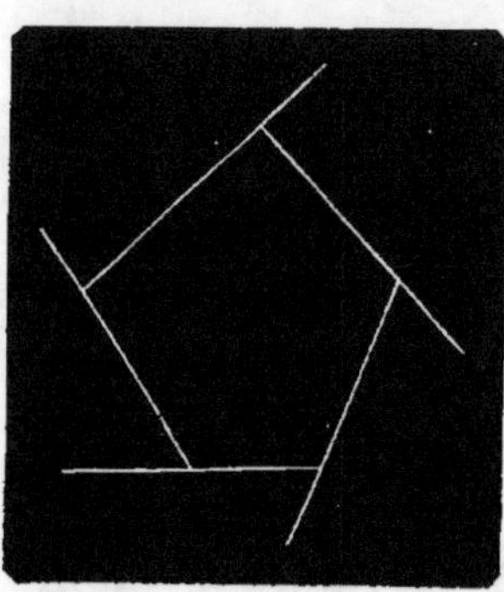

Exercices.

1. Démontrer que si l'on joint deux à deux les milieux des côtés d'un parallélogramme, la figure ainsi formée est un parallélogramme.

2. Démontrer que si deux lignes se coupent en leurs milieux, la figure formée en joignant leurs extrémités deux à deux est un parallélogramme.

3. Démontrer que si dans un quadrilatère les angles opposés sont égaux, la figure est un parallélogramme.

4. Démontrer que le point de section des deux diagonales d'un parallélogramme est le milieu de toutes les lignes menées dans le parallélogramme et passant par ce point.

5. Démontrer que si dans un parallélogramme on en inscrit un autre, les quatre diagonales se coupent en un même point.

6. Démontrer que si par les sommets d'un quadrilatère on mène des parallèles à ses diagonales, la figure formée par la rencontre de ces lignes est un parallélogramme double du quadrilatère.

7. Combien faut-il de côtés pour que la somme des angles d'un polygone soit 136 angles droits ?

8. Combien de côtés a un polygone régulier dont chaque angle est égal à $\frac{63}{32}$ d'un angle droit?

9. Quelle est la figure déterminée par l'intersection des quatre bissectrices des angles d'un parallélogramme?

10. Construire un trapèze, connaissant un des angles, la distance des deux bases parallèles et la valeur de leur somme.

11. Construire un carré, connaissant la somme ou la différence de la diagonale et du côté.

12. Démontrer que si dans un quadrilatère les bissectrices des angles opposés sont en ligne droite, la figure est un losange.

13. Construire un parallélogramme, connaissant une diagonale, l'angle qu'elle fait avec l'autre et la distance de deux côtés.

14. Démontrer que la somme des perpendiculaires menées d'un point intérieur quelconque sur les trois côtés d'un triangle équilatéral est constante.

THÉORIE

DE LA CIRCONFÉRENCE, DES DIAMÈTRES, DES CORDES, ET DES TANGENTES.

DÉFINITIONS.

La *circonférence* est une ligne courbe dont tous les points sont également distants d'un point intérieur O, que l'on appelle *centre*. La surface limitée par la circonférence se nomme *cercle*.

Un *arc* est une portion de la circonférence, *ex.* AFB.

Un *rayon* est une ligne allant du centre à la circonférence, *ex.* OE. Il suit de la définition de la circonférence que tous les rayons sont égaux entre eux.

Un *diamètre* est une ligne qui, passant par le centre, se termine de part et d'autre à la circonférence, *ex.* CD. Il résulte aussi de la définition de la circonférence que tous les diamètres sont égaux entre eux et égaux à deux rayons.

Une *corde* est la ligne qui joint les deux extrémités d'un arc, on dit qu'elle sous-tend l'arc; *ex.* la ligne EF est la corde qui sous-tend les deux arcs EMF, EILF.

Une *sécante* est une ligne qui coupe la circonférence en deux points, *ex.* CD.

Une *tangente* est une ligne qui n'a qu'un point commun avec la circonférence, *ex.* AB.

Un *segment* est la portion de cercle comprise entre l'arc et la corde, *ex.* la surface FME.

Un *secteur* est la portion de cercle comprise entre l'arc et les deux rayons menés à ses deux extrémités, *ex.* la surface IOL.

PROPOSITION XXXVIII.

(Théorème **1**.) *Une ligne droite ne peut couper une circonférence en plus de deux points.*

En effet, si prenant trois points de la circonférence on les joint au centre, on aura trois rayons, c'est-à-dire trois droites égales; or d'un point pris hors d'une droite on ne peut mener à cette droite que deux lignes égales, donc une ligne droite ne saurait passer par les trois points de la circonférence choisis, et comme il en serait de même pour trois autres points quelconques, une droite ne peut rencontrer une circonférence en plus de deux points.

PROPOSITION XXXIX.

(Théorème **2**.) *Tout diamètre partage le cercle et la circonférence en deux parties égales.*

Soient un cercle O et un diamètre AB, je dis que AB partage le cercle et la circonférence en deux parties égales.

En effet, si l'on plie la figure suivant ce diamètre, la demi-

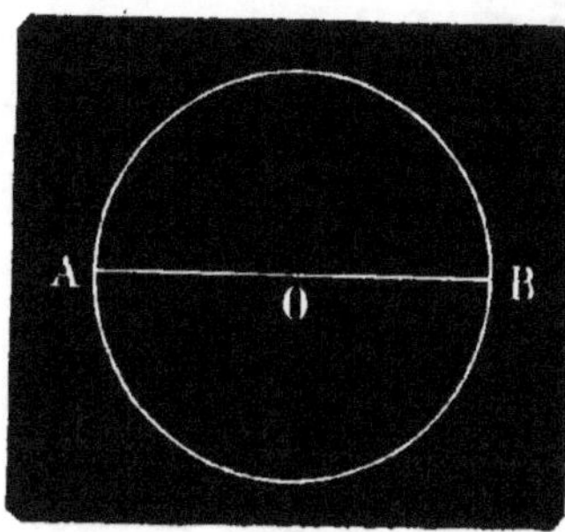

circonférence inférieure coïncidera avec la supérieure, puisque tous leurs points sont à des distances égales du centre, de telle sorte que l'extrémité d'un rayon quelconque tombera sur l'extrémité du rayon qui ferait le même angle avec le diamètre.

PROPOSITION XL.

(THÉORÈME 5.) *Toute corde est plus petite qu'un diamètre.*

Soient la corde AC et le diamètre AB passant par une de ses extrémités, je dis que la corde AC est plus petite que AB, et que tout autre diamètre, puisqu'ils sont tous égaux entre eux.

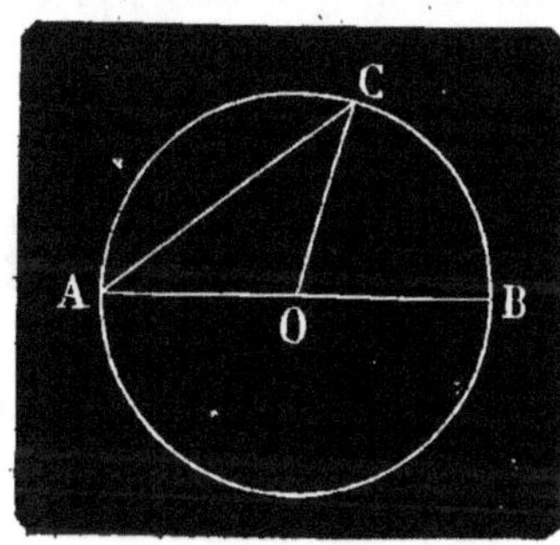

En effet, si l'on joint OC, le côté AC du triangle AOC est plus petit que la somme des deux autres $AO + OC$; mais, AO et OC étant des rayons, $AO + OC = AB$; la corde AC est donc plus petite que le diamètre AB.

PROPOSITION XLI.

(THÉORÈME 4.) *Dans un même cercle ou dans des cercles égaux, les arcs égaux moindres qu'une demi-circonférence sont sous-tendus par des cordes égales, et, réciproquement, des cordes égales sous-tendent des arcs égaux.*

Soient les deux arcs égaux $AMP = CND$, je dis que les cordes AP et CD qui les sous-tendent sont égales.

Je prends le milieu F de l'arc AC, et par ce point je mène le diamètre FE, suivant lequel je plie la figure. A cause de l'arc $FC = FA$, le point C tombera en A, et les arcs CND

AMP étant égaux par hypothèse, le point D tombera en P; la corde CD ayant avec la corde AP les deux points communs A et P devra coïncider avec elle et lui être égale.

Réciproquement, si les cordes AP, CD sont égales, je dis que les arcs sous-tendus sont égaux.

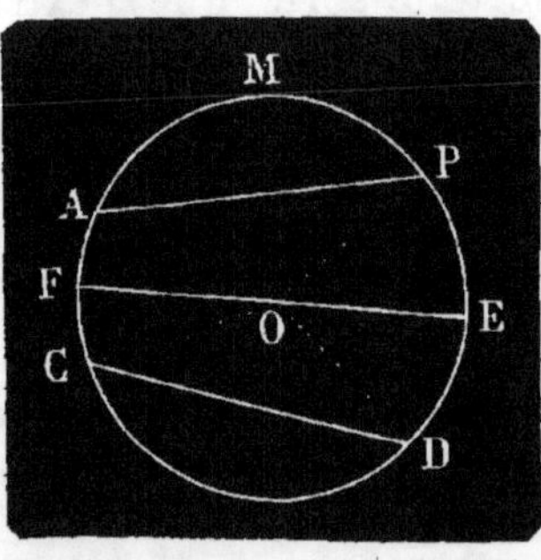

En effet, si l'on joignait au centre O les extrémités des cordes, on formerait deux triangles AOP, COD égaux, comme ayant les trois côtés égaux chacun à chacun; si on plie alors la figure suivant FE, O C tombe sur O A, et CD sur AP, il est alors évident que l'arc AMP = CND. Si les arcs se trouvaient dans deux cercles égaux, la démonstration se ferait aisément par la superposition des deux cercles, en faisant coïncider leurs centres et une des extrémités de chaque arc, et la réciproque en faisant coïncider les triangles.

PROPOSITION XLII.

(THÉORÈME 5.) *Le rayon perpendiculaire à une corde partage cette corde et l'arc sous-tendu chacun en deux parties égales.*

Soient la corde AB et le rayon OC, qui lui est perpendiculaire, je dis que ce rayon partage en deux parties égales la corde AB et l'arc ACB.

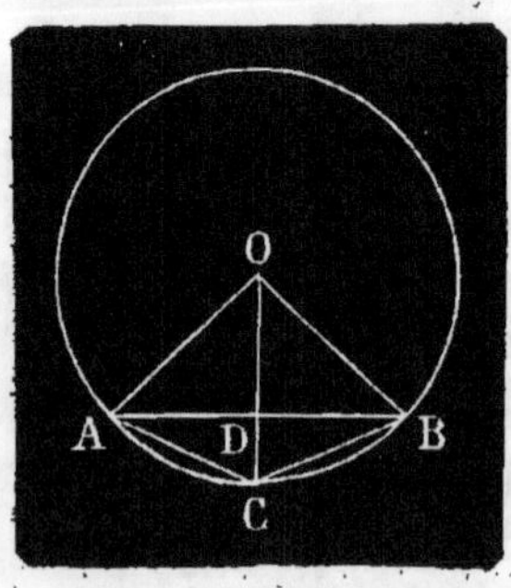

En effet, je joins OA, OB, AC et CB; les deux premières lignes OA et OB, égales comme rayons, ont par rapport à la perpendiculaire OD la position d'obliques égales, donc elles s'écartent également du pied de la perpendiculaire et AD = DB. Les deux autres lignes AC, CB, obliques par rapport à CD, s'écartent également du pied de cette perpendiculaire, puisque AD = DB; elles sont donc égales, et les arcs qu'elles sous-tendent sont aussi égaux (*Prop. XLI*).

(*Corollaire.*) Toute perpendiculaire élevée sur le milieu d'une corde passe par le centre de la circonférence.

PROPOSITION XLIII.

(THÉORÈME **6.**) *Dans un même cercle ou dans des cercles égaux un plus grand arc est sous-tendu par une plus grande corde, et réciproquement, si toutefois les arcs considérés sont moindres qu'une demi-circonférence.*

Soit l'arc CFD plus grand que l'arc AB, je dis que la corde CD sera plus grande que la corde AB.

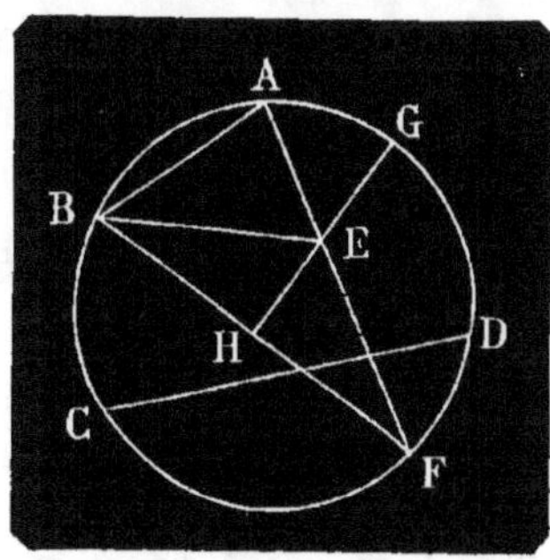

En effet, je prends l'arc AGF égal à l'arc CFD, je mène la corde AF ; comme AF=CD (*Prop. XLI*), il suffira de démontrer que AF est plus grande que BA. Je joins BF, et je mène HG perpendiculaire sur le milieu de BF ; cette ligne coupera l'arc BGF en deux arcs égaux (*Prop. XLII*), et puisque l'arc BA est plus petit que l'arc AGF, le point A sera hors de cette perpendiculaire. Joignons BE ; on a dans le triangle ABE, AB < AE+BE, ou, comme BE = EF, AB < AE + EF, ou enfin AB < AF ou CD.

Il est évident que cette propriété n'existe que pour les arcs plus petits qu'une demi-circonférence, car la corde AB sous-tend à la fois l'arc AB et l'arc AFB, plus grand que l'arc CFD.

PROPOSITION XLIV.

(THÉORÈME **7.**) *Deux cordes égales sont également éloignées du centre, et de deux cordes inégales la plus petite est la plus éloignée du centre.*

Soient les deux cordes égales AB, CD, je dis que leurs distances au centre, OM, ON, sont égales.

En effet, je joins OB et OC ; les deux triangles rectangles

OMB, ONC sont égaux, car l'hypoténuse OB=OC, et MB,

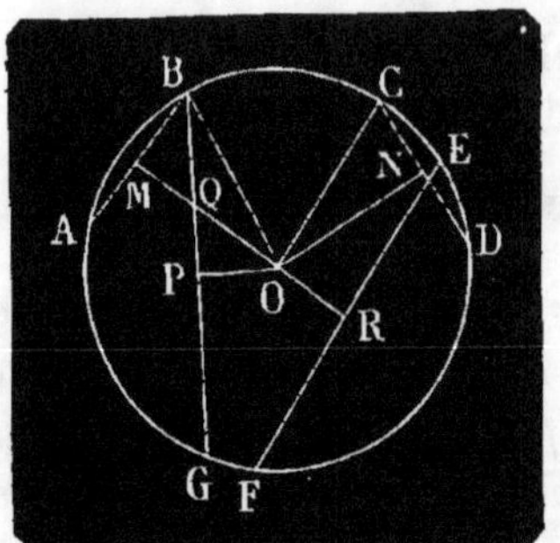

moitié de AB, est égale à NC, moitié de la corde égale DC; donc ON=OM.

Soient maintenant les deux cordes inégales AB, plus petite, et EF plus grande, je dis que la distance au centre OM de la première est plus grande que OR distance au centre de la seconde.

En effet, je fais la corde BG=EF, il suffira de démontrer que la distance OM est plus grande que OP. Or OM est plus grande que OQ; OQ, comme oblique, est plus grande que OP; donc OM est plus grande que OP ou que son égale OR.

PROPOSITION XLV.

(Théorème 8.) *Toute perpendiculaire à l'extrémité d'un rayon est tangente à la circonférence.*

Soit la perpendiculaire AB à l'extrémité du rayon OA, je dis qu'elle est tangente à la circonférence, c'est-à-dire qu'elle n'a avec elle qu'un point commun, le point A.

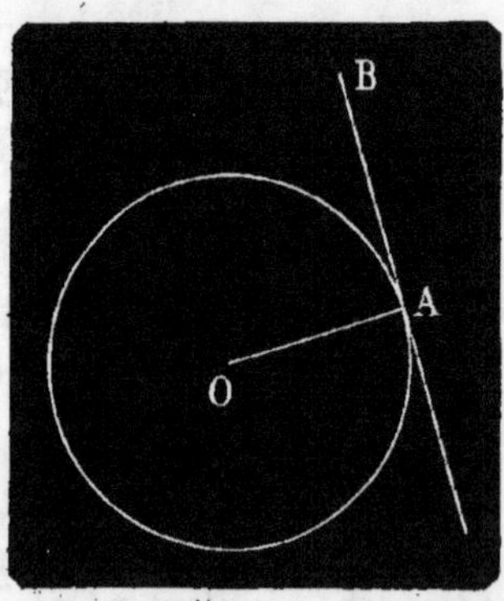

En effet, tout autre point que celui A pris sur la ligne AB ne saurait en même temps être sur la circonférence, car en le joignant au centre O, on aurait une oblique par rapport à OA; cette ligne serait plus longue que OA, et son extrémité serait hors de la circonférence.

(*Corollaire.*) Tout rayon mené au point de tangence est perpendiculaire à la tangente.

PROPOSITION XLVI.

(Théorème 9.) *Deux lignes parallèles interceptent sur une circonférence des arcs égaux.*

Trois cas peuvent se présenter :

1° Les deux parallèles sont sécantes. Soient AB et CD les deux parallèles, je dis que l'arc AC est égal à l'arc BD.

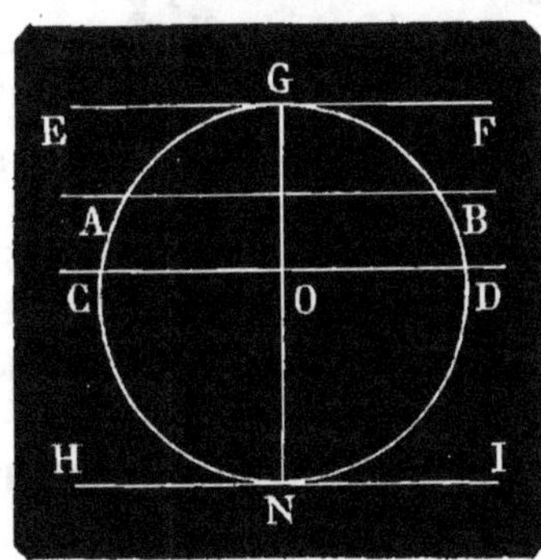

Je mène par le centre la perpendiculaire commune OG; le point G (*Prop. XLII*) est le milieu des arcs CGD et AGB, et l'arc CG — AG ou AC est égal à l'arc DG — BG ou BD.

2° Les deux parallèles sont l'une tangente, l'autre sécante, CD et EF, par exemple, je dis que l'arc CG est égal à l'arc GD. En effet, si je mène la perpendiculaire commune OG, comme elle doit passer par le point de tangence (*Prop. XLV*), il est évident que CG = GD.

3° Les deux parallèles sont toutes deux tangentes, HI et EF, par exemple. Si je mène le diamètre commun perpendiculaire, comme il doit passer par les deux points de tangence, il devient évident que l'arc GDN est égal à l'arc GCN, comme étant chacun moitié de la circonférence.

PROPOSITION XLVII.

(Théorème **10**.) *Si deux circonférences ont un point commun d'un côté de la ligne qui joint leurs centres, elles ont un autre point commun de l'autre côté de cette ligne, ce point sera symétrique au premier, et les deux circonférences se couperont en ces deux points.*

Soient OO' la ligne qui joint les centres de deux circonférences, B leur point commun, si je mène la perpendiculaire BB' sur la ligne OO' et que je prenne CB' égal à CB, je dis que le point B' ainsi déterminé, position désignée par le mot *symétrique* employé dans l'énoncé, est aussi un point commun aux deux circonférences.

En effet, si je joins OB et OB', ces deux lignes sont égales comme obliques s'écartant également du pied de la perpendiculaire; OB étant un rayon, OB' en est un aussi, et la circonférence qui a son centre en O, passant par le point B, passera aussi par le point B′. De même, si

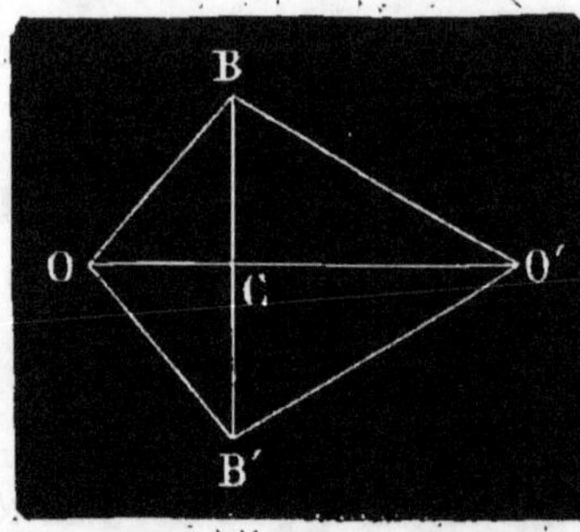

je joins O′B et O′B′, je ferai voir que la circonférence qui a son centre en O′ et passant en B doit aussi passer en B′, O′B étant égal à O′B′. Ainsi le point B′ est commun aux deux circonférences, et celles-ci sont sécantes entre elles.

(*Corollaire.*) La corde commune BB′ est perpendiculaire à la ligne des centres, et celle-ci la coupe en son milieu.

PROPOSITION XLVIII.

(THÉORÈME 11.) *Deux circonférences peuvent occuper cinq positions l'une par rapport à l'autre; elles peuvent être :*

1° Extérieures l'une à l'autre; dans ce cas, la distance des centres est plus grande que la somme des rayons.

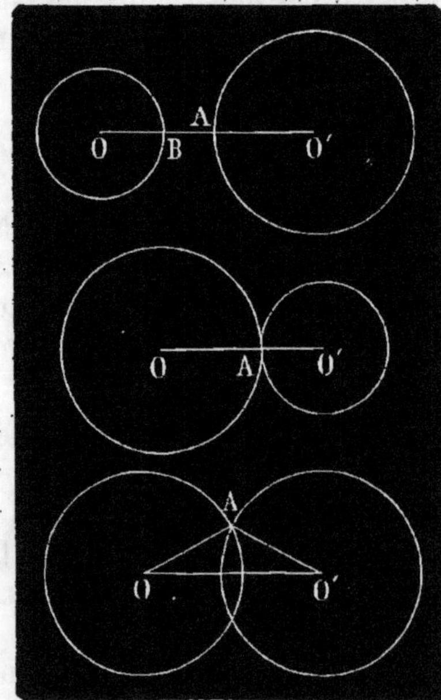

Soient les deux circonférences O et O′ extérieures l'une à l'autre, je dis que la distance des centres OO′ est plus grande que la somme des rayons.

On voit, en effet, que OO′ est plus grand que OB + O′A.

2° Tangentes extérieurement; en ce cas, la distance des centres est égale à la somme des rayons.

En effet, dans les deux circonférences O O′, la distance des centres OO′ est égale à OA + O′A, somme des rayons.

3° Sécantes; en ce cas, la distance des centres est plus petite que la somme des rayons, et plus grande que leur différence.

En effet, dans les deux circonférences sécantes O et O', si l'on joint OA et O'A, on voit que OO', distance des centres, est plus petite que OA + O'A, somme des rayons, et plus grande que O'A — OA, différence des rayons.

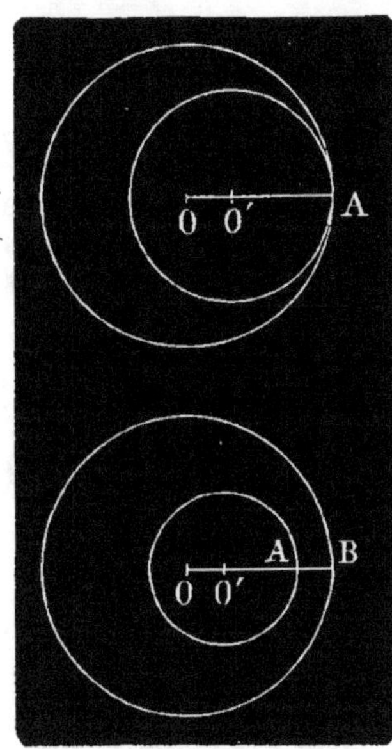

4° Tangentes intérieurement; en ce cas, la distance des centres est égale à la différence des rayons.

En effet, dans les deux circonférences O et O' tangentes intérieurement, on voit que la distance des centres OO' est égale à OA — O'A.

5° Intérieures l'une à l'autre; dans ce cas, la distance des centres est plus petite que la différence des rayons.

En effet, dans les deux circonférences O et O' intérieures l'une à l'autre, la distance des centres est OO', et la différence des rayons est OO' + AB.

Exercices.

1. Démontrer, en s'appuyant sur les propriétés des diamètres et des cordes, que l'oblique est plus longue que la perpendiculaire.

2. Quelle est la ligne qui passe par les milieux de toutes les cordes égales entre elles que l'on peut mener dans un cercle?

3. Démontrer que, si par un même point d'une circonférence on mène deux cordes égales, la bissectrice de leur angle passe par le centre.

4. Démontrer que, si par un point extérieur on mène deux tangentes à une circonférence, ces deux tangentes sont égales.

5. Décrire une circonférence passant par deux points donnés et tangente à une ligne donnée, puis tangente à une ligne en un point donné et passant par un point donné.

6. Décrire une circonférence tangente à deux lignes données, puis tangente à une ligne donnée et à une autre ligne en un point donné.

7. Les rayons de deux circonférences sont 35 et 75 mètres, les distances des centres sont successivement : 160, 100, 110, 35, 40 mètres, quelles sont leurs diverses positions respectives?

8. Trouver un point équidistant de deux points donnés et d'une ligne donnée.

9. D'un même point je mène deux tangentes à une circonférence, je fais tourner ce point de telle sorte que les tangentes restent constamment égales dans leurs positions successives, quelle ligne décrit le point?

10. Ayant partagé une circonférence en parties égales, je mène par chaque deux points correspondants au-dessus, puis au-dessous d'un même diamètre, deux tangentes prolongées jusqu'à leur mutuelle rencontre, quelle est la ligne qui passerait par tous ces points de rencontre?

11. Deux tangentes font entre elles un angle de 28°, quel angle font entre eux les rayons menés aux points de tangence?

12. Décrire une circonférence passant par un point donné et distante d'une circonférence d'une quantité donnée.

13. Décrire des trois sommets d'un triangle trois circonférences, telles qu'une d'entre elles soit tangente aux deux autres; dans quel cas pourront-elles être tangentes toutes les trois?

14. Démontrer que si un quadrilatère est tel que les bissectrices de ses angles opposés sont en ligne droite, on peut mener une circonférence tangente intérieurement à ses quatre côtés.

15. Décrire une circonférence qui passe par deux points, et coupe une autre circonférence de telle sorte que la corde commune soit parallèle à une ligne donnée.

THÉORIE

DES POLYGONES INSCRITS ET CIRCONSCRITS.

DÉFINITIONS.

Un polygone est dit *inscrit* dans une circonférence lorsque tous les sommets touchent la circonférence, *ex.* ABCD.

Un polygone est dit *circonscrit* à une circonférence lorsque tous ses côtés sont tangents à la circonférence, *ex.* EFGHI.

Parmi les polygones inscrits et circonscrits, les seuls

qui présentent des propriétés utiles sont les polygones *réguliers ;* c'est-à-dire ceux qui ont les côtés égaux et les angles égaux.

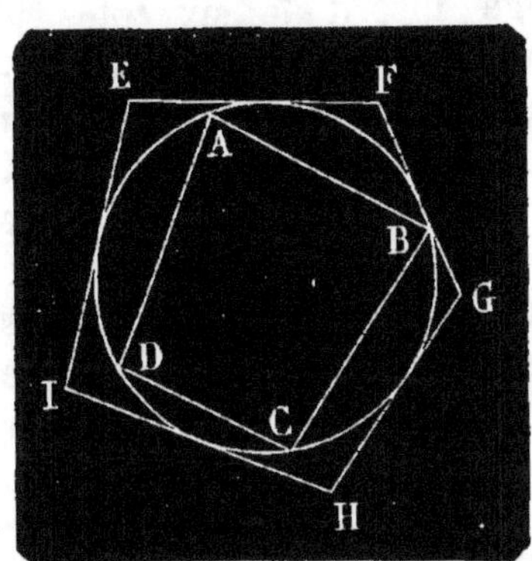

L'*apothème* d'un polygone régulier est la perpendiculaire abaissée du centre du cercle inscrit ou circonscrit sur un de ses côtés. Cette perpendiculaire est constante pour un même polygone quel que soit le côté, puisque tous les côtés du polygone inscrit forment des cordes égales, par conséquent également distantes du centre.

PROPOSITION XLIX.

(Théorème 1.) *Dans toute circonférence on peut inscrire un polygone régulier, et à toute circonférence on peut en circonscrire un.*

Soit une circonférence quelconque, O, je dis qu'on peut toujours lui inscrire un polygone régulier, d'un nombre quelconque de côtés, six par exemple.

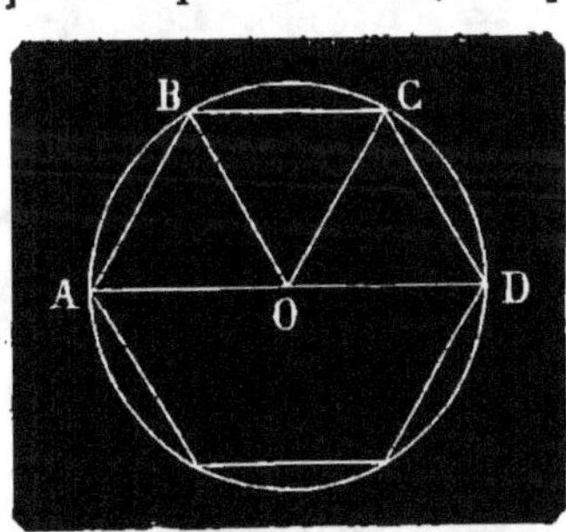

En effet, l'on peut toujours concevoir la circonférence partagée en six arcs égaux, et en menant les six cordes de ces arcs égaux, on aura formé un polygone inscrit. Or, ce polygone sera régulier, car les côtés seront égaux comme cordes sous-tendant des arcs égaux. De plus si l'on mène les rayons OA, OB, OC, OD, tous les triangles ainsi formés sont égaux comme ayant les trois côtés égaux chacun à chacun, et les angles ABC, BCD sont égaux comme étant formés d'angles égaux.

Je dis, de plus, que l'on peut toujours circonscrire à une circonférence quelconque, O, un polygone régulier d'un nombre quelconque de côtés, six par exemple.

En effet, si par les sommets A, B, C, D, etc. d'un polygone inscrit de six côtés je mène des tangentes à la circonférence, elles se coupent deux à deux aux points G, F, E, etc. et constituent un polygone circonscrit de six côtés qui, de plus, est régulier. En effet, tous ses angles sont égaux, car si je plie la figure suivant OB, par exemple, le quadrilatère OAGB coïncidera avec le quadrila-

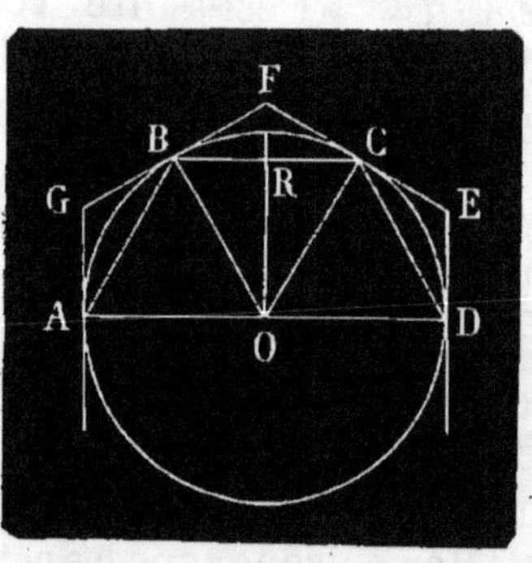

tère OBFC, car les triangles OBA, OBC sont égaux, et les lignes GA, GB, perpendiculaires à OA, OB, prendront les directions des lignes BF, FC, perpendiculaires à OB et OC; donc le point G tombera sur le point F, et l'angle AGB est égal à l'angle BFC. On démontrerait de même l'égalité des angles de chacun des autres sommets. Il résulte, de plus, de la coïncidence des deux quadrilatères, que AG=FC, que BG=BF; mais les triangles AGB, BFC, etc., sont isocèles, car l'angle OAB étant égal à OBA, puisque AO et OB sont des rayons, l'angle BAG, égal à un droit moins OAB, est égal à l'angle GBA, égal à un droit moins OBA; donc AG=GB, et par suite IG = GF = FE, etc. Le polygone circonscrit ayant ses angles et ses côtés égaux est un polygone régulier.

(*Corollaire* **1.**) Chaque côté du polygone régulier circonscrit est tangent à la circonférence en son milieu, et les lignes menées du centre aux sommets de ce polygone sont les rayons du cercle qui lui serait circonscrit; on les nomme aussi rayons du polygone.

(*Corollaire* **2.**) Les deux tangentes que l'on peut mener d'un même point à une circonférence sont égales entre elles.

PROPOSITION L.

(THÉORÈME **2.**) *Si à une circonférence on inscrit et on circonscrit successivement des polygones réguliers d'un nombre de côtés double des précédents, et d'un même nombre de côtés entre eux deux, 1° la différence entre les périmètres des* *polygones circonscrits et inscrits va en diminuant ; 2° on peut rendre cette différence plus petite que toute quantité donnée (1).*

Soient AB et CD, les côtés de deux polygones circonscrit et inscrit d'un nombre m de côtés; et soient LE, EF, FM et CH et HD les côtés des deux polygones réguliers circonscrit et inscrit de $2m$ côtés, si nous appelons pour abréger P et p, P′ et p' les périmètres des premiers et des seconds, je dis que $P' - p' < P - p$.

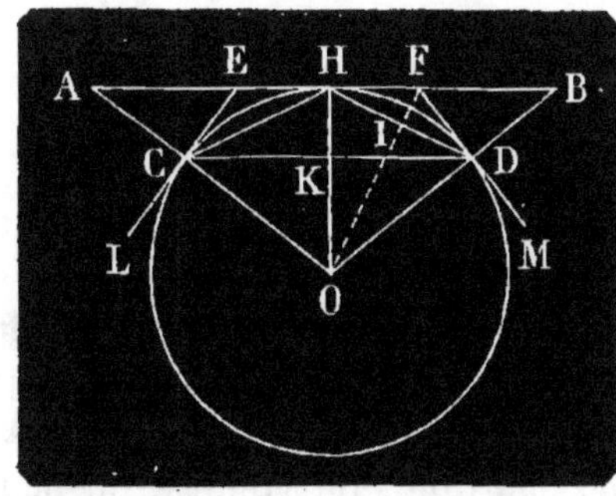

En effet, $P > P'$, car l'oblique AE étant plus grande que EC, AB est plus grand que $CE + EF + FD$; de plus $p < p'$, car CD est plus petit que $CH + HD$, de plus, comme $CE + EH$ est plus grand que CH, on aura aussi $P' > p'$, ou, en définitive, $P > P' > p' > p$, ou $P - p > P' - p'$; donc la différence entre les périmètres des polygones circonscrits et inscrits va en diminuant.

Je dis de plus que l'on peut rendre cette différence plus petite que toute quantité donnée.

Remarquons d'abord que le rayon OF du nouveau polygone circonscrit est plus petit que le rayon OB du précédent, et que, de même, l'apothème OI du nouveau polygone inscrit est plus grand que l'apothème OK du précédent, donc la différence OF — OI est plus petite que OB — OK; la différence entre le rayon du polygone circonscrit et l'apothème du polygone inscrit correspondant va donc en diminuant. Or on a : OF — OI ou IF < FH, ou 2 IF < EF. On peut donc rendre cette différence IF plus petite que toute quantité donnée, il suffit pour cela de construire un polygone dont le côté soit égal ou inférieur à la moitié de cette quantité. Cela posé, appelons R le rayon OF, a l'apothème OI et r le rayon du cercle, P étant le périmètre du polygone circonscrit

(1) Cette proposition, placée ici pour la perfection théorique, peut être négligée dans un cours élémentaire.

et m le nombre de ses côtés, un côté sera égal à $\dfrac{P}{m}$; et p étant le périmètre du polygone inscrit, son côté sera $\dfrac{p}{m}$. Or on a $HF < OF + OH$, et $IH < OH + OI$ ou $\dfrac{P}{2\,m} < R + r$ et $\dfrac{p}{2\,m} < r + a$; retranchant membre à membre ces deux inégalités, il vient :

$$\frac{P}{2\,m} - \frac{p}{2\,m} < R - a$$

et
$$P - p < 2\,m\,(R - a).$$

Or, comme on peut rendre $R - a$ plus petit que toute quantité donnée, il en est de même pour $P - p$.

Lorsque la valeur de $R - a$ est infiniment petite, la différence entre P et p l'est aussi ; or la circonférence reste toujours néanmoins comprise entre les deux valeurs P et p, et diffère de chacune d'aussi peu que l'on voudra, on peut donc alors prendre l'une ou l'autre de ces valeurs comme représentant aussi la longueur de la circonférence.

THÉORIE

DE LA MESURE DES ANGLES.

DÉFINITIONS.

Un angle est dit *au centre*, lorsque son sommet est au centre d'une circonférence.

Un angle est dit *inscrit*, lorsque son sommet est sur la circonférence, ses côtés formant ainsi deux cordes.

Mesurer un angle, c'est chercher son rapport à l'angle unité, c'est-à-dire combien de fois il contient l'angle unité ou les subdivisions de cet angle.

(NOTA.) Par mesure d'un angle il ne faut pas entendre la mesure de la superficie comprise entre ses côtés ; ceux-ci devant toujours être considérés comme prolongés jusqu'à l'infini, l'espace qu'ils limitent dans deux sens est lui-même infini dans un troisième; ce qu'on mesure dans un angle c'est l'écartement plus ou moins grand de ses côtés.

PROPOSITION LI.

(Théorème 1.) *Dans le même cercle ou dans des cercles égaux le rapport de deux angles au centre est le même que le rapport des deux arcs qui les sous-tendent.*

Soient dans le même cercle (dans le cas de deux cercles égaux, il suffirait de les superposer pour rentrer dans le cas d'un seul cercle), les deux angles au centre AOB, COD, je dis que l'on aura

$$\frac{AOB}{COD} = \frac{AB}{CD}.$$

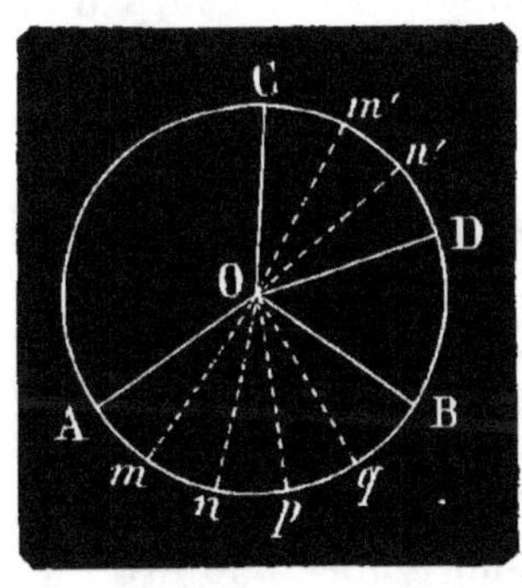

En effet, supposons entre les deux arcs une commune mesure Am, contenue cinq fois dans l'arc AB et trois fois dans l'arc CD, on aura :

$$AB = 5\,Am \text{ et } CD = 3\,Am,$$

d'où
$$\frac{AB}{CD} = \frac{5\,Am}{3\,Am} = \frac{5}{3}$$

Par les points de division des arcs menons maintenant les rayons Om On, etc., et Om' On'; nous aurons formé ainsi des angles au centre égaux entre eux (et, dans le cas de deux cercles, égaux à ceux de l'autre cercle, car en les superposant les arcs étant égaux et appartenant à des cercles égaux coïncideraient, ainsi que les centres et les rayons). Or l'angle AOB contient cinq angles égaux à AOm; l'angle COD contient trois angles aussi égaux à AOm; on peut donc écrire:

$$AOB = 5\,AOm \text{ et } COD = 3\,AOm$$

d'où
$$\frac{AOB}{COD} = \frac{5}{3}$$

et comme déjà
$$\frac{AB}{CD} = \frac{5}{3}$$

on a enfin
$$\frac{AOB}{COD} = \frac{AB}{CD}$$

Si les deux arcs n'avaient point de commune mesure, une certaine mesure contenue un nombre exact de fois dans AB, par exemple, portée sur CD, y serait contenue un certain nombre de fois, plus un reste plus petit qu'elle ; or comme rien n'empêche de prendre pour mesure une fraction aussi petite que l'on voudra de la première, on peut rendre ce reste plus petit que toute quantité donnée. On peut donc considérer comme générale la démonstration précédente.

PROPOSITION LII.

(**Théorème 2.**) *Tout angle au centre a pour mesure l'arc compris entre ses côtés.*

Cet énoncé signifie que pour connaître la mesure d'un angle, c'est-à-dire le rapport de cet angle à l'angle unité, il suffit de chercher la mesure de son arc, c'est-à-dire le rapport de cet arc à l'arc unité.

Ainsi transformée, cette proposition devient évidente, puisque les angles au centre sont entre eux comme leurs arcs ; pourvu toutefois que l'on soit convenu de prendre pour unité d'angle l'angle au centre que sous-tend l'arc unité.

On prend pour unité d'angle la quatre-vingt-dixième partie de l'angle droit, et pour unité d'arc la quatre-vingt-dixième partie de l'arc qui correspond à un angle droit au centre, c'est-à-dire la quatre-vingt-dixième partie du quart de la circonférence, ou la trois cent soixantième partie de la circonférence entière. Cet arc unité se nomme *degré ;* et pour savoir combien un angle contient d'angles unités, il suffit de chercher combien son arc contient de degrés.

PROPOSITION LIII.

(**Théorème 3.**) *Tout angle inscrit a pour mesure la moitié de l'arc compris entre ses côtés.*

Soit l'angle inscrit BAC, je dis qu'il a pour mesure la moitié de l'arc BC, c'est-à-dire qu'il contient autant de fois l'angle unité que la moitié de l'arc BC contient de degrés.

En effet, si par le centre O l'on mène DE, FH, respecti-

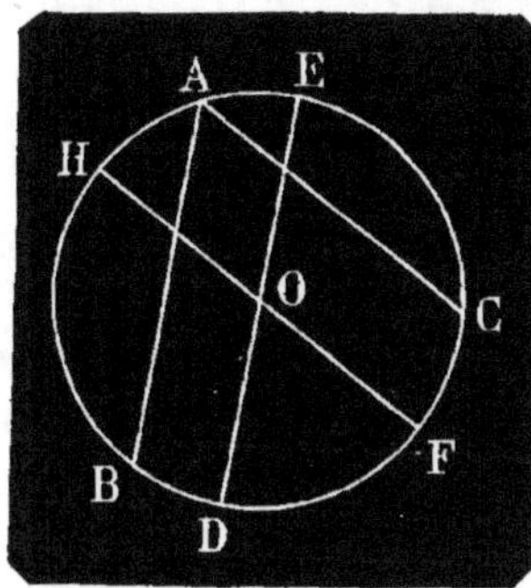

vement parallèles à AB et AC, les angles DOF, HOE étant égaux, les arcs DF, HE qui les sous-tendent le sont aussi. Or l'angle DOF est égal à l'angle BAC comme ayant les côtés parallèles et dans le même sens, donc l'angle BAC a pour mesure l'arc DF; or, on a l'arc BD égal à l'arc AE, et $FC = AH$, comme compris entre parallèles (*Prop. XLVI*); de même $DF = HE$; ajoutant membre à membre ces trois égalités, il vient,

$$BD + DF + FC = AE + AH + HE,$$

ou
$$BC = 2\,HE = 2\,DF.$$

Ainsi l'arc DF, mesure de l'angle inscrit BAC, est égal à la moitié de l'arc BC compris entre ses côtés.

(*Corollaire* 1.) Tous les angles inscrits dans le même segment sont égaux entre eux, car ils ont même mesure. Ainsi tout autre angle inscrit dans le segment BHAEC, est égal à l'angle BAC.

(*Corollaire* 2.) L'angle droit est inscrit dans une demi-circonférence, puisqu'il a pour mesure le quart de la circonférence.

PROPOSITION LIV.

(Théorème 4.) *L'angle qui a son sommet entre le centre et la circonférence a pour mesure la demi-somme des arcs compris entre ses côtés, suffisamment prolongés.*

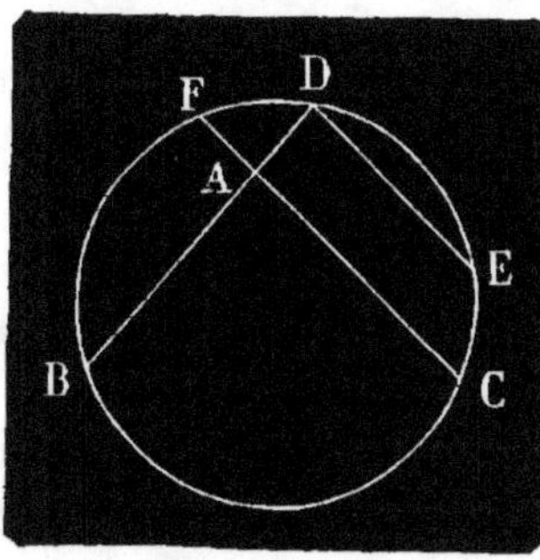

Soit l'angle BAC, dont les côtés, suffisamment prolongés, comprennent les arcs BC et FD, je dis qu'il a pour mesure
$$\frac{BC + FD}{2}.$$

En effet, si par le point D l'on mène DE parallèle à FC, l'angle BAC, étant égal à BDE comme correspondants, doit avoir pour mesure comme lui la moitié de l'arc BE; mais BE est égal à BC + CE et CE = FD, donc BE = BC + FD, et la mesure de l'angle BAC est $\dfrac{BC + FD}{2}$.

PROPOSITION LV.

(Théorème 5.) *L'angle qui a son sommet hors de la circonférence a pour mesure la demi-différence des arcs compris entre ses côtés.*

Soit l'angle BAC qui comprend entre ses côtés les arcs BC et DF, je dis qu'il a pour mesure $\dfrac{BC - DF}{2}$.

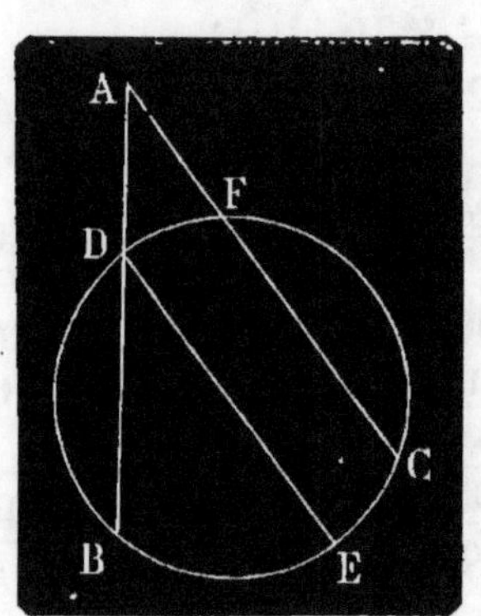

En effet, si par le point D on mène DE parallèle à AC, l'angle BAC, étant égal à l'angle BDE comme correspondants, doit avoir comme lui pour mesure la moitié de l'arc BE; mais BE est égal à BC — EC; or, comme EC est égal à DF, BE = BC — DF; donc la mesure de l'angle BAC est $\dfrac{BC - DF}{2}$.

On démontrerait de même que l'angle formé par deux tangentes, ou par une tangente et une sécante, a aussi pour mesure la demi-différence des arcs compris entre ses côtés.

PROPOSITION LVI.

(Théorème 6.) *L'angle formé par une tangente et une corde a pour mesure la moitié de l'arc compris entre ses côtés.*

Soit l'angle BAC, formé par la tangente BA et la corde AC, je dis qu'il a pour mesure la moitié de l'arc CA.

En effet, si par le point C on mène CD parallèle à AB, l'angle BAC, étant égal comme alterne interne à l'angle

ACD, doit avoir même mesure; or l'arc AD, dont la moitié est la mesure de l'angle ACD, est égal à l'arc AC, comme compris entre parallèles, donc la moitié de l'arc CA est aussi la mesure de l'angle CAB.

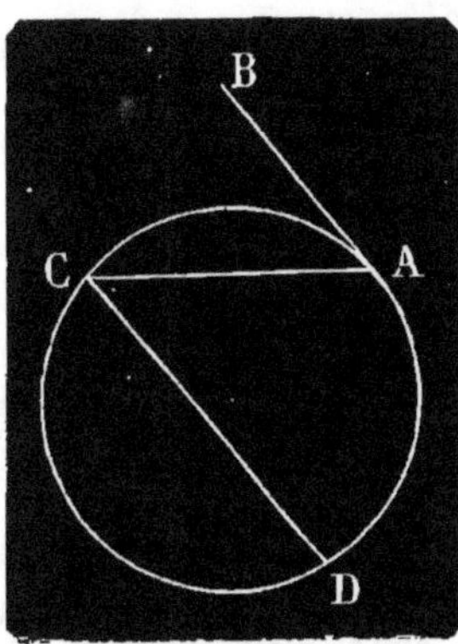

(Nota.) Ces diverses mesures des angles, suivant leurs situations variables par rapport à la circonférence, indispensables en théorie, servent peu en pratique, où la mesure des angles s'obtient toujours avec le *rapporteur*, décrit plus bas.

Exercices.

1. Quel est le rapport de l'angle droit à l'angle d'un polygone régulier inscrit de 32 côtés?

2. Étant donné un angle au centre, tracer avec la règle seule un angle qui soit exactement moitié du premier.

3. Démontrer que si, lorsque deux circonférences se coupent, le quadrilatère formé en joignant les points de contact avec un point quelconque de chacune d'elles a ses angles opposés égaux entre eux, les deux circonférences sont égales.

4. Démontrer que si l'on fait tourner un angle droit de manière que ses côtés passent toujours par deux mêmes points, le sommet de l'angle décrit une demi-circonférence.

5. Combien de côtés a le polygone régulier dont l'angle est égal à $179° \frac{1}{19}$?

6. Par deux points donnés on mène des lignes en nombre illimité, telles que deux à deux elles forment par leur rencontre un angle constant; quel est le lieu géométrique des sommets de ces angles?

7. Trouver un point tel que, le joignant à trois points donnés, les deux angles adjacents formés par ces trois lignes soient égaux à un angle donné.

8. Démontrer que quatre points sont sur une même circonférence si, les joignant de manière à former un quadrilatère, les angles opposés sont supplémentaires.

9. Démontrer que si dans deux circonférences tangentes on mène deux cordes parallèles, et que l'on en joigne les extré-

mités par des lignes diagonales, ces lignes se couperont au point de tangence.

10. Trouver la mesure d'un angle extérieur à une circonférence, et dont un côté est tangent, l'autre restant en dehors.

11. Démontrer qu'un parallélogramme ne saurait être inscriptible qu'autant qu'il est rectangle.

12. Démontrer que dans un quadrilatère circonscrit les deux sommes des côtés opposés sont égales.

13. Démontrer que dans trois circonférences tangentes deux à deux les trois tangentes communes se coupent en un même point, et que ce point est le centre du cercle inscrit au triangle formé par les trois lignes des centres.

14. Démontrer que si d'un point extérieur à une circonférence on lui mène deux tangentes, puis une troisième tangente en un point quelconque de l'arc compris par les premières, l'angle au centre formé par les rayons menés aux points où la troisième tangente coupe les deux autres est constant.

15. Démontrer que les bissectrices des angles opposés d'un quadrilatère inscriptible se coupent en angle droit.

16. Construire un triangle rectangle, connaissant l'hypoténuse et la hauteur.

17. Démontrer qu'un polygone d'un nombre pair de côtés est inscriptible, si la somme des angles de rang pair est supplémentaire de celle des angles de rang impair.

18. Quel est le lieu géométrique des milieux des cordes formées dans une circonférence par des sécantes partant d'un même point?

19. Démontrer que l'angle formé par deux tangentes menées aux extrémités de la corde commune de deux circonférences qui se coupent est constant.

CONSTRUCTIONS GÉOMÉTRIQUES

ET PROBLÈMES

SUR LES LIGNES, LES ANGLES ET LES CIRCONFÉRENCES.

Pour construire les figures géométriques, on fait usage de divers instruments destinés à guider la main et à abréger certaines constructions. Parmi ces instruments les principaux sont :

1° La *règle*. C'est une barre de bois, ou de cuivre, ou d'ivoire, etc., dont les faces sont planes et les bords aussi mathématiquement droits qu'on peut l'exiger d'une œuvre faite par la main de l'homme.

A l'aide d'un crayon ou d'une plume, que l'on fait glisser en l'appuyant sur un des bords de la règle, on trace toutes les lignes droites d'une figure, mais la ligne ainsi tracée ne sera évidemment droite qu'autant que le bord de la règle qui guide le crayon le sera aussi; il importe donc, avant de faire usage d'une règle, de vérifier la rectitude de ses bords. Pour cela on trace une ligne sur le bord que l'on veut vérifier, puis faisant tourner la règle sur cette ligne comme charnière, on la retourne sur la face opposée, et l'on voit si dans cette nouvelle position il y a encore coïncidence parfaite entre le bord et la ligne tracée; si la coïncidence laisse à désirer, la règle est mal dressée et ne peut servir.

2° Le *compas*. C'est un instrument qui sert à tracer les circonférences, les arcs de cercle, et à mesurer des longueurs égales.

Il consiste en deux branches métalliques réunies à un bout par une charnière et terminées à l'autre par une pointe; à l'une des branches l'on peut adapter, soit un porte-crayon, soit un tire-ligne.

Un compas est toujours suffisamment bon, pourvu que les branches soient rigides, et la charnière assez serrée pour maintenir l'écartement voulu; l'exactitude du dessin ne dépend que de l'adresse et de l'habitude de celui qui s'en sert.

3° L'*équerre*. C'est une planchette taillée en forme de triangle rectangle scalène, et percée vers son milieu d'un trou circulaire qui aide à la manœuvrer; elle sert à tracer les perpendiculaires et les parallèles.

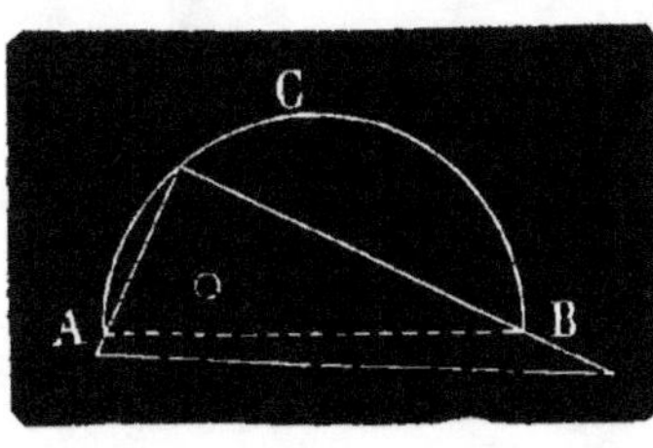

Pour qu'une équerre soit bonne, il faut que ses bords soient bien droits, ce que l'on vérifie comme pour la règle, puis que le triangle qu'elle forme soit parfaitement rectangle. Pour s'en assurer, on trace une demi-circonférence quelconque, on mène le diamètre AB, et l'on cherche s'il est possible, plaçant le sommet de l'équerre sur la circonférence, de faire passer à la fois les deux côtés de l'angle droit par les points A et B.

4° Le *rapporteur*. C'est un demi-cercle en corne ou en cuivre, dont le bord circulaire ou limbe porte les 180 divisions de la demi-circonférence et leurs sous-multiples. Sur le rapporteur en cuivre, qui est évidé en son milieu, le centre est marqué par une petite entaille dont il occupe le sommet; un point suffit pour le marquer sur le rapporteur en corne, qui est transparent.

Cet instrument sert à mesurer les angles, à construire des angles d'une mesure donnée; il peut aussi servir à mener des perpendiculaires et des parallèles.

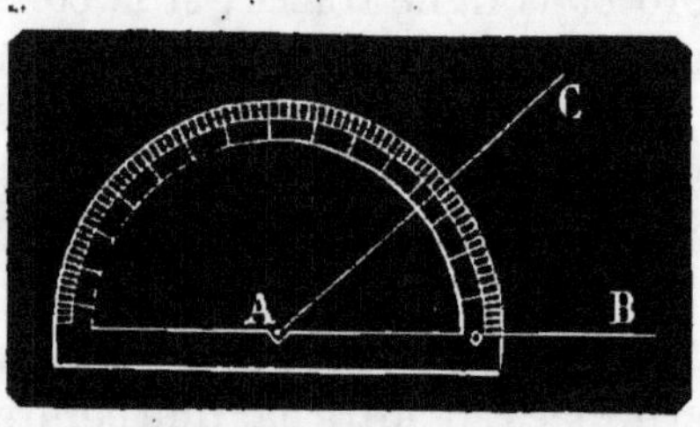

Pour mesurer avec le rapporteur un angle CAB, on place le diamètre de l'instrument sur un des côtés AB de l'angle, le centre coïncidant avec le sommet A, puis on lit sur le limbe le nombre correspondant à la division sous laquelle passe l'autre côté AC. Ce nombre est la mesure de l'angle, c'est-à-dire, le nombre de degrés compris dans son arc. Si le côté AC tombe entre deux divisions, on estime à la vue la fraction de degré qu'il faut ajouter pour avoir une exactitude suffisante.

PROBLÈME I.

Par un point donné mener une perpendiculaire à une ligne droite donnée.

Il y a deux cas :

1° Le point est sur la droite donnée.

Soient AB la ligne donnée, et C le point par lequel on demande de lui élever une perpendiculaire.

De chaque côté du point C je prends à volonté deux longueurs égales CB et CE; des points B et E comme centres, avec le même rayon, plus grand que BC, je décris deux arcs de cercle qui se coupent en D, puis je joins

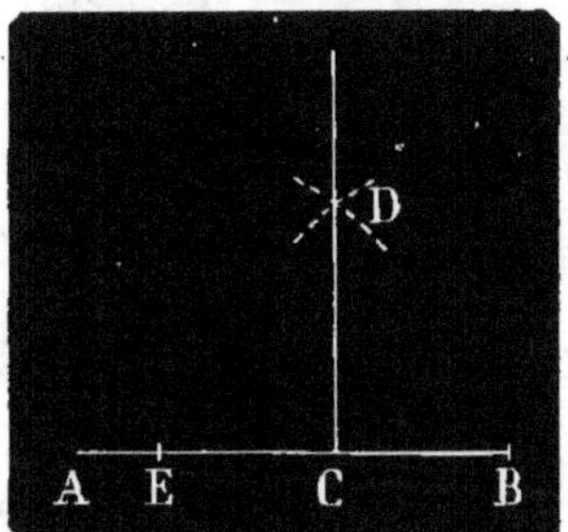

DC qui sera la perpendiculaire demandée. En effet, DC est une partie de la corde commune à deux circonférences dont la ligne des centres est EB (*Prop. XLVII, Cor.*)

2° Le point est hors de la droite donnée.

Soient AB et C la droite et le point donnés. Du point C, avec un rayon suffisant, je décris l'arc de cercle DE, puis des points D et E, avec le même rayon, plus grand que la moitié de DE, je décris deux arcs de cercle qui se coupent en C'; je joins CC', qui sera la perpendiculaire demandée, par la raison déjà donnée au premier cas.

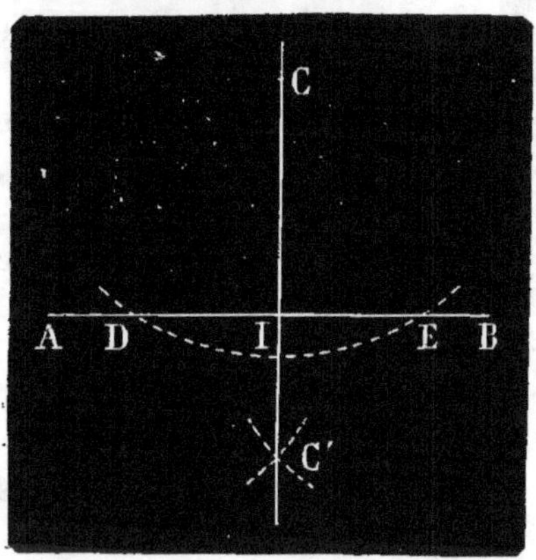

L'équerre suffit avec la règle pour construire les perpendiculaires, voici comment :

1er cas. Le point est sur la droite donnée.

On place l'équerre de façon que le sommet de l'angle droit coïncidant avec le point donné, un des côtés de cet angle coïncide avec la ligne ; alors appliquant la règle contre l'autre côté, on retire l'équerre et on trace la direction du bord de la règle.

2e cas. Le point est hors de la ligne donnée.

On fait coïncider la ligne donnée avec un des bords de la règle, puis plaçant contre ce bord un des côtés de l'angle droit de l'équerre, on fait glisser celle-ci jusqu'à ce que l'autre côté passe par le point donné; arrêtant alors l'équerre dans cette position, on achève comme ci-dessus.

On peut encore tracer les perpendiculaires à l'aide du rapporteur, voici comment :

1er cas. Le point est sur la droite donnée.

3.

On fait coïncider la ligne avec le diamètre du rapporteur, et le point donné avec son centre, puis on fait un point à la division 90, et il ne reste plus qu'à joindre ce point au point donné.

2° cas. Le point est hors de la droite donnée.

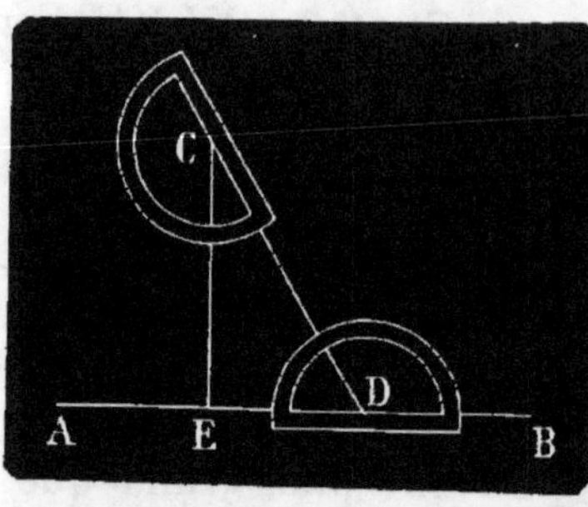

Joignant un point quelconque D de la ligne donnée avec le point C donné, on mesure avec le rapporteur, en plaçant son centre en D, combien de degrés mesure l'angle CDE; puis retranchant ce nombre de 90, et plaçant le diamètre du rapporteur suivant CD, son centre en C, on fait un point à la division correspondante à la différence trouvée, il ne reste plus qu'à joindre ce point au point E. En effet, dans le triangle CDE, ainsi formé, la somme des angles DCE et CDE valant un droit, l'autre angle CED est droit (*Prop. XXIII*), et la ligne CE perpendiculaire. On ne doit du reste faire usage du rapporteur que lorsque l'on n'a ni équerre ni compas, car des trois procédés c'est celui qui donne le moins d'exactitude.

PROBLÈME II.

Diviser une droite donnée en deux parties égales.

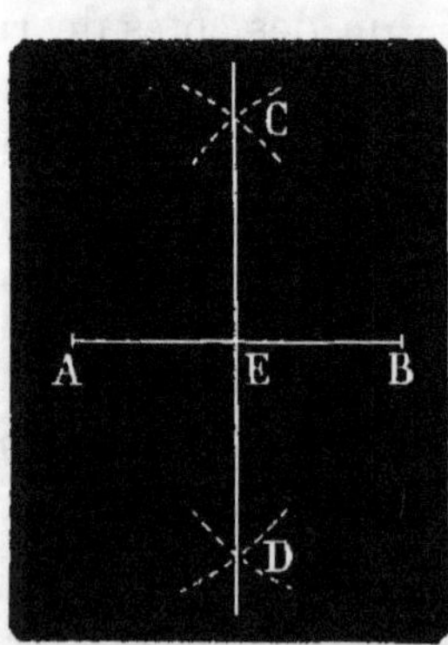

Soit AB la ligne donnée. Du point A et du point B comme centres, avec le même rayon, plus grand que la moitié de AB, ce qu'il est toujours facile d'apprécier à l'œil, je décris au-dessus et au-dessous de AB deux arcs de cercle qui se coupent en C et en D; joignant alors CD, le point de rencontre E sera le milieu de AB. Car CD est la corde commune de deux circonférences dont la ligne des centres est AB.

PROBLÈME III.

Partager un angle donné en deux parties égales, c'est-à-dire mener la bissectrice d'un angle donné.

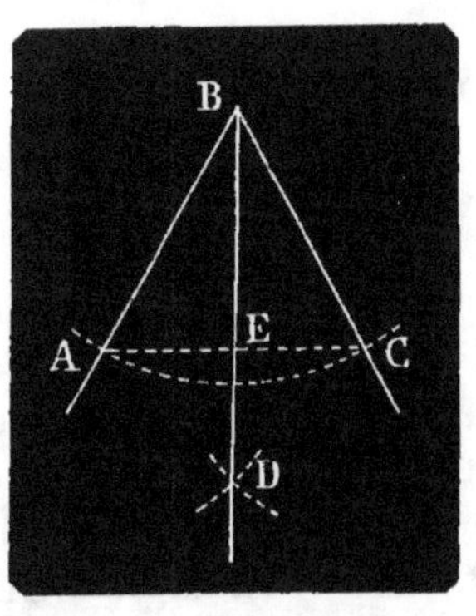

Soit donné l'angle ABC; du point B comme centre, avec un rayon quelconque, je décris l'arc de cercle AC, qui coupe les deux côtés de l'angle, puis des points A et C comme centres, avec un rayon suffisant, je décris deux arcs de cercle qui se coupent en D, et je joins BD qui est la bissectrice demandée, c'est-à-dire partage l'angle donné en deux angles égaux ABE et EBC. En effet, BD est perpendiculaire sur le milieu de la corde AC, et partage l'arc AC en deux arcs égaux (*Prop. XLII*), et les deux angles ABD et DBC sont égaux comme ayant même mesure.

PROBLÈME IV.

Faire sur une ligne donnée un angle égal à un angle donné.

Soit proposé de faire sur la ligne A'D et au point A' un angle égal à l'angle donné BAC.

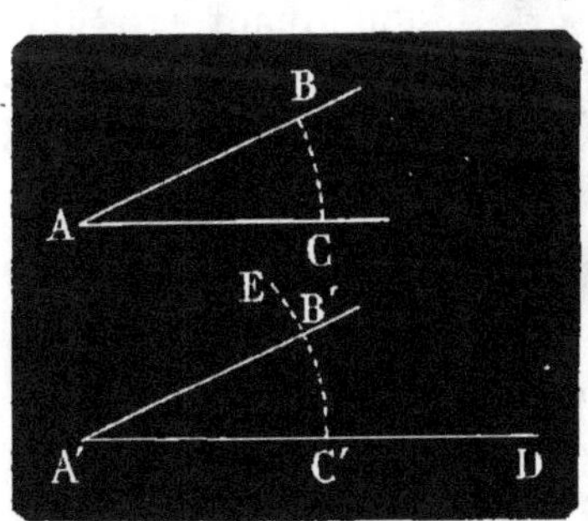

Du point A comme centre, avec un rayon quelconque, je décris l'arc BC; du point A' comme centre, avec le même rayon, je décris l'arc indéfini C'E; puis prenant avec le compas la distance des points B et C, je la porte en B'C' sur l'arc C'E; je joins A'B', et l'angle ainsi construit B'A'C' est égal à l'angle BAC, car ils ont pour mesure des arcs égaux.

Le rapporteur suffit pour exécuter ce problème, voici comment.

On prend avec le rapporteur, et de la manière indiquée

page 56 la mesure de l'angle BAC, puis, portant l'instrument sur A'D, son diamètre coïncidant avec la ligne, et son centre avec A', on pointe la division à laquelle correspondait le point B, il ne reste plus qu'à joindre ce point au point A'.

PROBLÈME V.

Par un point donné mener une parallèle à une ligne donnée.

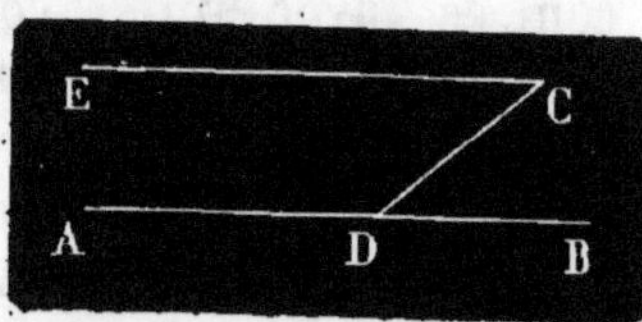

Soit proposé de mener par le point C une parallèle à la ligne AB. Par le point C je mène une ligne quelconque CD qui coupe la ligne AB, puis au point C, sur CD, je fais un angle ECD égal à l'angle CDB; la ligne CE sera la parallèle demandée, puisqu'elle fait avec CD et AB des angles alternes internes égaux.

Cette construction peut aussi s'exécuter à l'aide de l'équerre ou du rapporteur, voici comment.

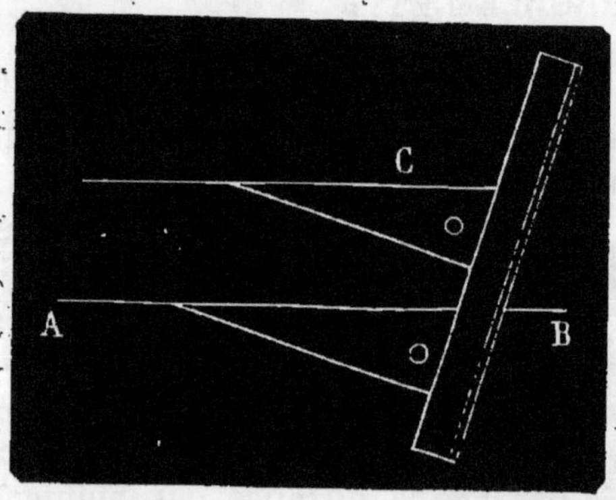

1° Avec l'équerre. On fait coïncider l'hypoténuse de l'équerre avec la ligne donnée AB, puis, appliquant la règle, comme la figure l'indique, sur le petit côté de l'équerre, on fait glisser celle-ci sur le bord de la règle, jusqu'à ce que son hypoténuse passe par le point C donné; on trace alors, suivant cette hypoténuse, une ligne qui est la parallèle demandée. En effet, le bord de la règle est une transversale pour la ligne donnée AB et la ligne menée par le point C; or les angles de l'équerre restant les mêmes, il est aisé de voir que les angles correspondants sont égaux, et par conséquent les deux lignes parallèles.

2° Avec le rapporteur. Ayant mené, comme dans la première construction, la ligne CD, on fait au point C sur CD, et à l'aide du rapporteur, un angle ECD égal à CDB; la ligne CE est la parallèle demandée.

PROBLÈME VI.

Construire un triangle, connaissant deux de ses côtés et l'angle qu'ils comprennent.

Soit proposé de construire un triangle, étant donnés les deux côtés M et N et l'angle compris A.

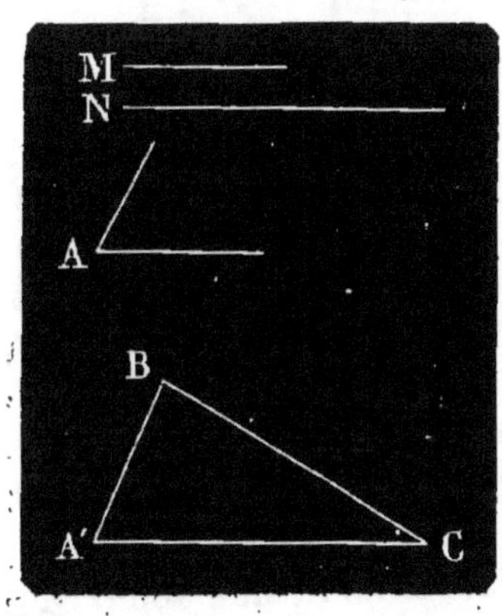

Sur une ligne A'C égale à N je fais au point A' un angle égal à A, puis prenant A'B égal à M, je joins CB. Le triangle CBA' est le triangle demandé. En effet il lui est égal comme ayant un angle égal compris entre deux côtés égaux chacun à chacun.

Ce problème est toujours possible quelles que soient les grandeurs de l'angle donné A et des côtés M et N.

PROBLÈME VII.

Construire un triangle, connaissant un côté et les deux angles adjacents.

Soit proposé de construire un triangle, étant donnés le côté M et les deux angles adjacents A et B.

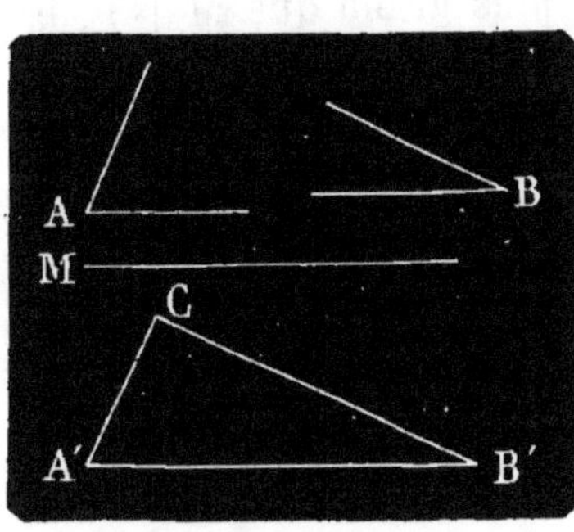

Sur une ligne A'B' égale à M je fais au point A' un angle égal à A, au point B' un angle égal à B. Les deux lignes qui avec A'B' forment ces angles se coupent au point C, et le triangle A'CB' ainsi construit est égal au triangle demandé, car ils ont un côté égal adjacent à deux angles

égaux chacun à chacun.

Il est aisé de reconnaître que ce problème n'est possible qu'autant que la somme des deux angles donnés est moindre que deux droits ; car si elle est égale à deux droits, les deux lignes A'C et B'C sont parallèles, si cette somme est plus grande que deux droits ces deux lignes sont divergentes, dans les deux cas elles ne déterminent point de triangle. La somme des trois angles d'un triangle étant égale à deux droits, la somme de deux quelconques de ces angles doit être plus petite que deux droits.

PROBLÈME VIII.

Construire un triangle, connaissant les trois côtés.

Soient M, N et P les trois côtés donnés. Je mène une ligne AB égale à M, puis du point B comme centre avec un

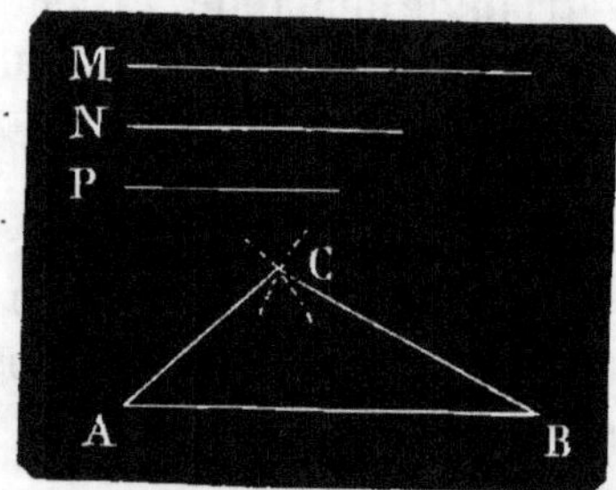

rayon égal à N je décris un arc de cercle, du point A comme centre avec un rayon égal à P je décris un autre arc de cercle, qui coupe le premier en C, et je joins CB et CA. Le triangle ACB est égal au triangle demandé, car ils ont les trois côtés égaux chacun à chacun.

Comme dans tout triangle un côté quelconque est plus petit que la somme des deux autres, et plus grand que leur différence, le problème n'est possible qu'autant que les lignes données M, N et P remplissent ces deux conditions. En effet, si N, par exemple, est plus grand que M $+$ P, la circonférence décrite de B comme centre avec N pour rayon envelopperait en entier et sans la toucher celle décrite de A avec P pour rayon. Si P était plus petit que M $-$ N, les deux arcs de cercle resteraient extérieurs l'un à l'autre, et dan les deux cas il n'y aurait point de triangle déterminé.

PROBLÈME IX.

Construire un triangle, connaissant deux côtés et l'angle opposé à l'un d'eux.

Soit proposé de construire un triangle, connaissant deux de ses côtés M et N, et l'angle A opposé au côté N.

Je construis un angle A′ égal à A; sur un des côtés de cet angle je prends une longueur A′B égale à M, puis du point B comme centre, avec un rayon égal à N, je décris un arc de cercle. Ici trois cas peuvent se présenter, suivant les grandeurs relatives de l'angle A et du côté N :

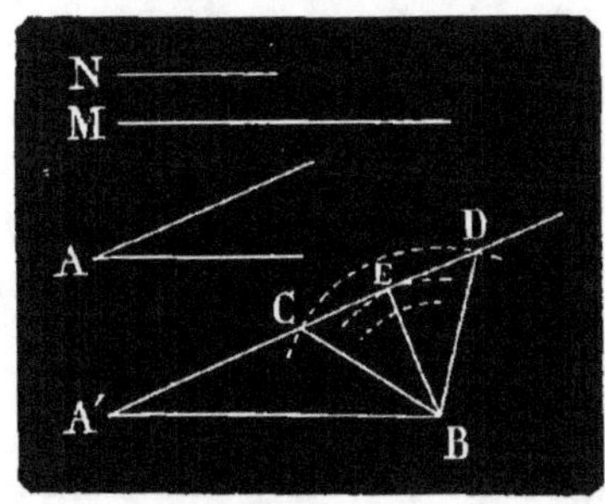

1° L'arc de cercle coupe en deux points C et D l'autre côté de l'angle A′. Dans ce cas il y a deux triangles A′CB et A′DB qui satisfont à la question. Cependant le second point C de section peut se trouver au delà de A′ sur le prolongement de DA′; il n'y aurait alors en réalité qu'une solution, le second triangle formé ayant au lieu de A′ l'angle qui en est le supplément.

2° L'arc de cercle est tangent au point E. Dans ce cas il n'y a qu'un triangle A′EB, et il est rectangle en E.

3° L'arc de cercle ne coupe point le côté A′D. Dans ce cas le problème est impossible.

Le premier cas se présente toutes les fois que, l'angle A étant obtus, le côté donné N est plus grand que M ou A′B; ou que, A étant aigu, N est plus grand que M, ou compris entre les longueurs de M et de la perpendiculaire BE; car, A étant obtus, le côté opposé N doit être le plus grand côté du triangle, et, A étant aigu, si N est plus petit que BE, l'arc de cercle ne saurait couper A′D, et il n'y aurait point de triangle.

Le second cas, dans lequel le triangle est rectangle en E, ne saurait se présenter que si A est aigu, et si N est plus petit que M, qui est alors le côté opposé au plus grand angle.

Enfin le troisième cas aura lieu lorsque A′ étant aigu N est plus petit que BE, ou lorsque, A étant obtus, N est plus petit que M.

A l'aide de ces considérations il est donc toujours possible de reconnaître d'avance dans lequel de ces trois cas rentre le triangle à construire.

PROBLÈME X.

Par trois points donnés, non en ligne droite, faire passer une circonférence.

Soit proposé de faire passer une circonférence par les trois points A, B, C.

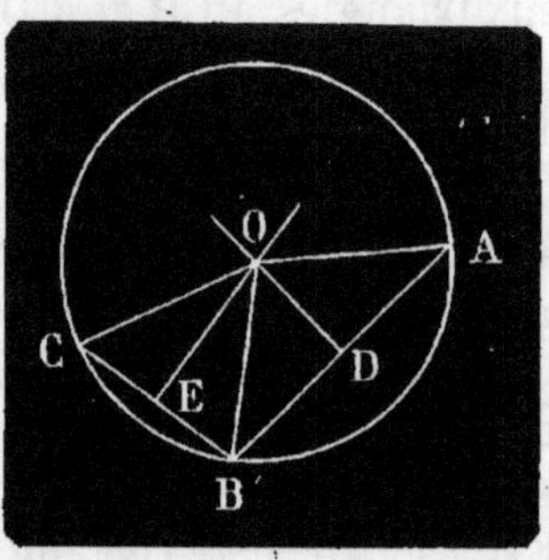

Joignons AB et BC; ces deux lignes seront des cordes de la circonférence passant par A, B et C; si donc sur le milieu de chacune d'elles on élève une perpendiculaire, le centre devant se trouver à la fois sur ces deux perpendiculaires, sera à leur point O de rencontre (*Prop. XLII*). En effet, si du point O avec OA pour rayon on décrit une circonférence, elle passera par les trois points A, B, C, car OA = OB, et OB = OC comme obliques équidistantes des perpendiculaires OD et OE. Le problème est toujours possible, car les trois points A, B et C n'étant pas en ligne droite, les perpendiculaires OD, OE aux deux lignes qui joignent ces points doivent toujours se rencontrer; elles ne sont en effet point parallèles, puisqu'elles ne sont perpendiculaires ni à la même ligne, ni à deux lignes parallèles.

PROBLÈME XI.

Sur une ligne donnée décrire un segment capable d'un angle donné, c'est-à-dire un segment tel que tous les angles inscrits dans ce segment soient égaux à l'angle donné.

Soit la ligne AB, sur laquelle on propose de décrire un segment capable de l'angle donné C.

Sur la ligne AB je fais au point B un angle quelconque EBA plus petit que le supplément de l'angle donné; en

un point quelconque et sur EB je fais un angle FEB égal
à l'angle donné C, par le
point A je mène une parallèle AD à FE, et par les
trois points A, D, B je fais
passer une circonférence. Le
segment ADB est le segment
demandé, car l'angle ADB,
égal à l'angle FEB comme
correspondants, est égal à
l'angle donné C, et tous les
angles inscrits dans le même
segment lui seront égaux,
comme ayant pour mesure la
moitié du même arc AB.

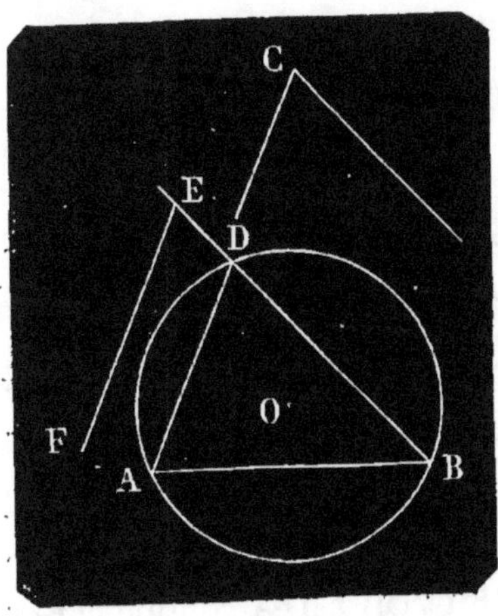

PROBLÈME XII.

*Par un point donné mener une tangente à une circonférence
donnée.*

Il y a deux cas à considérer :

1° Le point donné est sur la circonférence. En ce cas
il suffit de mener une perpendiculaire à l'extrémité du
rayon passant par le point donné (*Prop. XLV*);

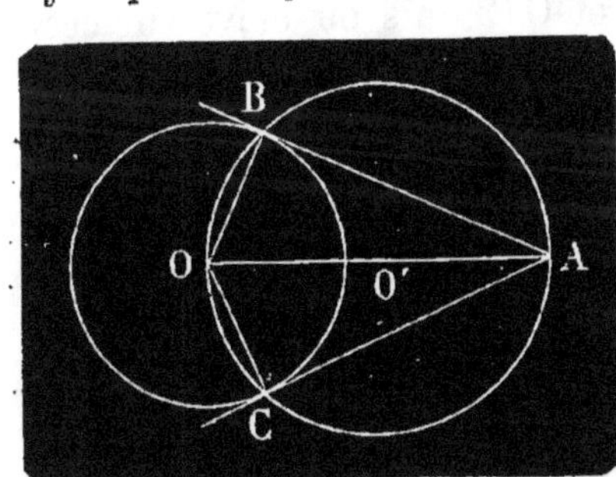

2° Le point donné est
hors de la circonférence.
Soient O la circonférence,
et A le point donné. Dans
ce cas il y a évidemment
deux tangentes possibles,
qui, si le problème était
résolu, se présenteraient
comme AB et AC. Si on
joint OA, puis qu'on mène
les rayons OB, OC aux points de tangence, les angles OBA,
OCA sont droits (*Prop. XLV, cor.*) et comme tels ins-
criptibles dans une demi-circonférence (*Prop. LIII, cor.* 2).
Si donc sur OA comme diamètre on décrit une circonférence,
elle passera par les sommets B et C de ces angles, et dé-
terminera ces deux points, puisqu'ils seront ses deux inter-

sections avec la circonférence O donnée; il ne reste plus qu'à les joindre au point A.

PROBLÈME XIII.

Mener une tangente commune à deux circonférences.

Quatre tangentes communes répondent à la question,

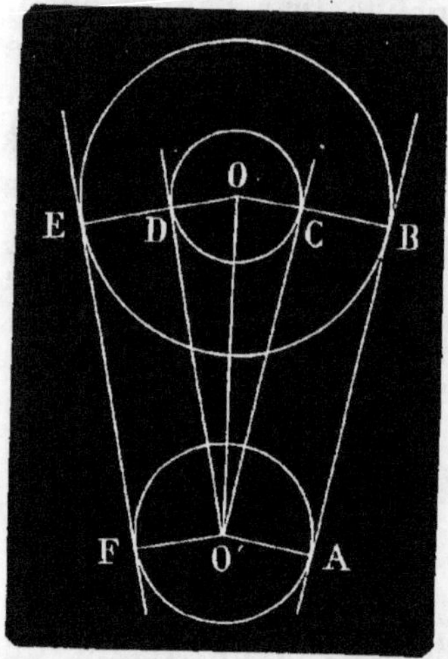

deux sont extérieures, et se présentent comme AB et FE. Or si, ayant mené aux points de tangence les rayons OE, OB, O'F, O'A, on mène du point O' O'D et O'C parallèles à FE et AB, on remarque que, OE étant parallèle à O'F et OB à O'A comme perpendiculaires aux mêmes lignes FE et AB, DE = O'F et CB = O'A; donc OD et OC sont égales chacune à la différence des rayons des deux circonférences. Pour construire le problème, décrivant au point O une circonférence avec OE—O'F pour rayon, on lui mène du point O' deux tangentes O'D et O'C, puis on élève sur ces tangentes les perpendiculaires O'F et OE, O'A et OB, et l'on joint FE et AB, qui sont les deux tangentes communes.

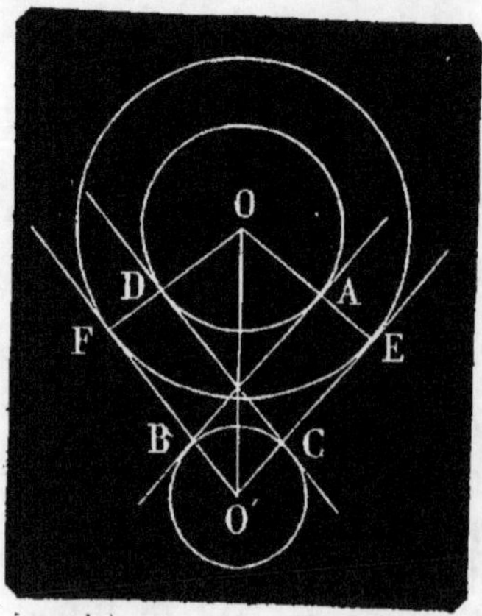

Les deux autres tangentes se présenteraient suivant DC et BA, par rapport aux circonférences O et O'; si l'on fait la même construction que ci-dessus, c'est-à-dire si l'on mène les rayons O'B, OA, et O'C, OD, aux deux points de tangence, puis par le point O' les parallèles O'F et O'E aux deux tangentes, on voit que ces deux parallèles sont tangentes à une circonférence ayant pour rayon OF, égal à OD + O'C; donc, décrivant du point O une circonférence avec un rayon égal à la somme des rayons des deux circonférences données, on lui mène du point O' deux tangentes O'F et O'E, puis, menant les rayons OF et OE, on joint les points A et D, où ils coupent la circonférence intérieure, aux points B et C; les lignes BA, DC sont les tangentes demandées.

PROBLÈME XIV.

Étant donné un polygone régulier inscrit, inscrire à la même circonférence un polygone régulier d'un nombre double de côtés.

Étant donnés AB et BE, côtés d'un polygone régulier inscrit, inscrire dans la même circonférence un polygone régulier d'un nombre double de côtés.

Du centre O je mène le rayon OC perpendiculaire sur le milieu de AB, puis joignant AC et CB, j'aurai tracé ainsi deux côtés du polygone régulier inscrit, d'un nombre de côtés double du précédent.

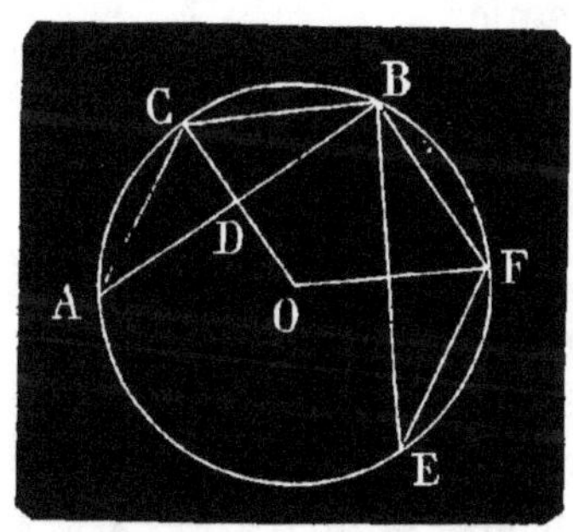

En effet, en supposant la même construction faite sur l'autre côté BE, les cordes AC, CB, BF, FE sont toutes égales comme sous-tendant des moitiés d'arcs égaux; de plus les triangles ABC, BEF sont égaux comme ayant les trois côtés égaux, donc l'angle ACB est égal à l'angle BFE, et par suite le polygone est régulier, car il a les angles et les côtés égaux.

(*Remarque.*) On voit aisément que, le nombre des côtés étant double, l'angle au centre correspondant à l'un d'eux est moitié du précédent, et que, le rayon du polygone restant le même, son apothème augmente.

PROBLÈME XV.

Étant donné un polygone régulier circonscrit, circonscrire à la même circonférence un polygone régulier d'un nombre double de côtés.

Soit AB un côté d'un polygone régulier circonscrit à la circonférence O, on propose de circonscrire à la même circonférence un polygone régulier d'un nombre double de côtés.

Je mène les lignes OB, OC, OA, puis je mène les bissectrices OE et OD des angles BOC et COA. Joignant ensuite DF et EG, DE sera un côté du polygone demandé et DF et EG les demi-côtés suivants. En effet, tous les triangles EOG, EOC, COD, etc., sont égaux, savoir DOC et COE comme rectangles en C et comme ayant un angle égal DOC = COE,

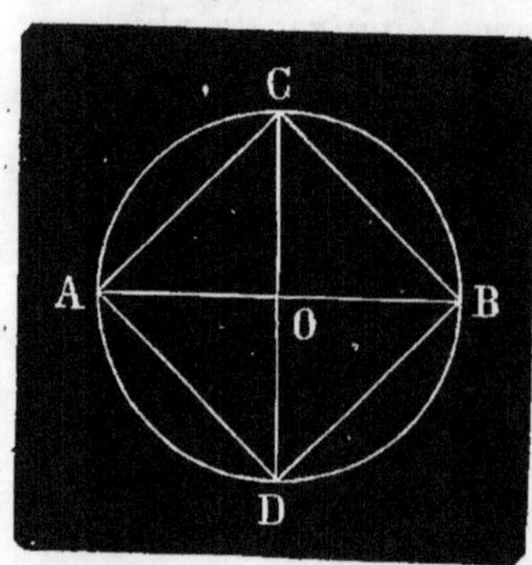

et un côté commun CO ; les deux autres FDO et EGO comme égaux à DCO et CEO comme ayant un angle égal compris entre côtés égaux CE = EG, CD = DF, l'angle FDC = CEG ; ainsi les deux lignes EG, DF sont tangentes, donc le polygone, dont FDEG est une fraction, est régulier et d'un nombre de côtés double du premier.

PROBLÈME XVI.

Inscrire un carré dans une circonférence.

Soit proposé d'inscrire un carré dans le cercle donné O.

Je mène deux diamètres perpendiculaires entre eux, AB et CD, et je joins leurs extrémités. Le quadrilatère inscrit ACBD ainsi formé est un carré, car chacun des angles ACB, ADB, DAC, CBD est droit comme inscrit dans une demi-circonférence, et les quatre lignes AC, CB, BD, DA sont égales comme cordes sous-tendant des arcs égaux.

(*Remarque.*) Sachant inscrire un carré dans une circonférence, en doublant successivement le nombre des côtés, on saura inscrire les polygones de 8, 16, 32, etc., côtés.

PROBLÈME XVII.

Inscrire un triangle équilatéral dans une circonférence.

Soit proposé d'inscrire un triangle équilatéral dans une circonférence donnée O.

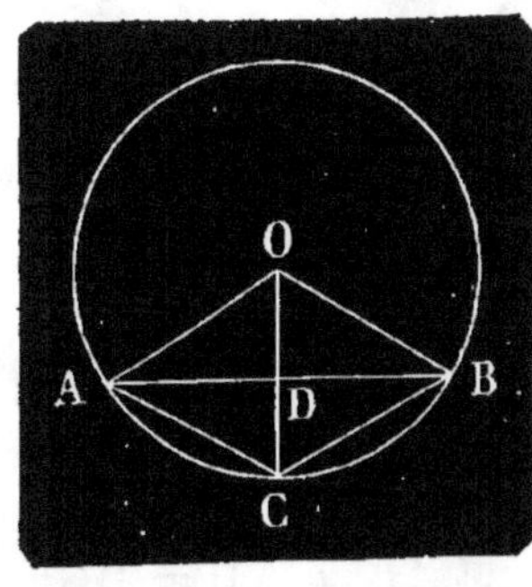

Supposons que AB soit le côté cherché du triangle équilatéral inscrit. Je mène le rayon OC perpendiculaire sur le milieu de AB, et je joins OA, OB, AC, CB. L'angle AOB est égal à l'angle ACB, car AOB a pour mesure l'arc ACB égal à $\frac{1}{3}$ de la circonférence, et l'angle ACB a pour mesure la moitié de l'arc AMC ou la moitié des $\frac{2}{3}$ de la circonférence ou $\frac{1}{3}$. Les deux triangles rectangles ODB, BDC sont égaux, comme ayant le côté DB commun, et l'angle BOD, moitié de BOA égal à BCD moitié de son égal BCA, donc OB = CB, et OD = DC, donc le côté AB du triangle équilatéral inscrit est perpendiculaire sur le milieu du rayon, propriété qui, une fois connue, suffit pour le construire.

(*Corollaire.*) AC est le côté de l'hexagone régulier inscrit, il suit de la démonstration précédente qu'il est égal au rayon, ce qui donne le moyen de construire aisément ce polygone.

(*Remarque.*) Sachant inscrire un triangle équilatéral dans une circonférence, on saura donc inscrire aussi les polygones de 6, 12, 24, etc., côtés.

PROBLÈME XVIII.

Étant donné le côté d'un polygone régulier inscrit, trouver le côté, le rayon et l'apothème d'un polygone régulier inscrit isopérimètre au premier et d'un nombre de côtés double.

Soit AB le côté donné, on propose de trouver le côté, le rayon et l'apothème d'un polygone régulier d'un nombre double de côtés, mais de même périmètre.

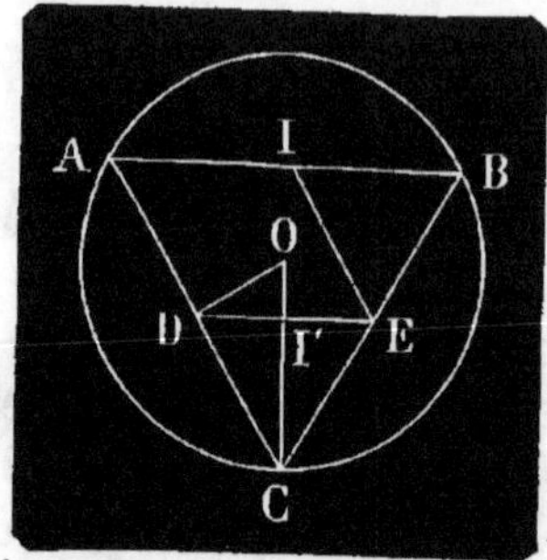

Puisque le polygone cherché, tout en ayant même périmètre que le polygone donné, doit avoir un nombre double de côtés, chaque côté doit être égal à la moitié de AB, et le nouvel angle au centre doit être aussi moitié de AOB. Menons le rayon OC qui prolongé serait perpendiculaire à AB, joignons AC et BC, abaissons OD perpendiculaire sur le milieu de AC, et menons DE parallèle à AB; DE, CD et CI′ seront le côté, le rayon et l'apothème cherchés. En effet, si par le point E je mène EI parallèle à AC, on a DE = AI, comme parallèles comprises entre parallèles, et IE = AD = DC; de plus le triangle IBE est égal au triangle DCE, car IE = DC, BIE = EDC comme ayant les côtés parallèles, et IEB = DCE comme correspondants, donc DE = AI = IB, donc DE est bien la moitié de AB, ou le côté du polygone demandé. De plus, l'angle DCE, comme angle inscrit, ayant pour mesure la moitié de l'arc AB, est moitié de l'angle au centre AOB, donc il est bien aussi l'angle au centre du nouveau polygone, et les lignes CE et CI′ en sont le rayon et l'apothème.

THÉORIE

DES LIGNES PROPORTIONNELLES ET DES FIGURES SEMBLABLES.

DÉFINITIONS.

Des lignes sont dites *proportionnelles* lorsque les expressions numériques de leurs longueurs, c'est-à-dire leurs longueurs exprimées en mètres, centimètres, etc., ont entre elles un rapport constant.

Ainsi l'expression de la longueur en mètres de quatre lignes est 8, 12, 24, 36 mètres, comme entre les nombres

8 et 12, 24 et 36 il y a le même rapport, ces quatre lignes sont dites proportionnelles, et leur proportionnalité s'exprime et s'écrit comme on le fait pour les nombres.

Au reste, dans toutes les parties de la géométrie qui vont suivre, chaque fois que nous parlerons du rapport, du produit, du quotient ou de la puissance des lignes, il est toujours sous-entendu que, les lignes étant limitées, on entend parler des mêmes opérations effectuées sur leurs expressions numériques.

On entend par figures *semblables* les figures dont les angles semblablement placés sont égaux chacun à chacun et en même nombre, et dont les côtés sont proportionnels, c'est-à-dire que considérés deux à deux, un dans chaque figure, ils forment une suite de rapports égaux.

Il sera démontré ci-dessous que l'existence d'un seul de ces caractères, savoir, égalité des angles chacun à chacun, ou proportionnalité des côtés pareils, suffit pour déterminer la similitude.

Les deux côtés qui forment les deux termes de chacun de ces rapports sont appelés côtés *homologues*. On les reconnaît à ce que, semblablement disposés dans chaque figure, ils sont opposés et adjacents à des angles égaux chacun à chacun.

Deux figures égales sont toujours semblables, et dans ce cas le rapport constant des côtés homologues est égal à l'unité, mais deux figures semblables ne sont pas égales pour cela.

PROPOSITION LVII.

(THÉORÈME **1**.) *Si deux ou plusieurs lignes menées d'un même point sur une même ligne droite sont coupées par une ou plusieurs parallèles à cette droite :*

1° Les segments des lignes compris entre les parallèles sont proportionnels entre eux ;

2° Les lignes entières sont entre elles dans le rapport de leurs segments ;

3° Les lignes entières et leurs segments sont aussi proportionnels aux segments des parallèles qu'ils comprennent.

Soient les lignes O A et O B menées du point O sur la ligne A B, et coupées par la ligne D E parallèle à A B, je dis 1° que l'on aura entre les quatre segments déterminés par la ligne DE la proportion $\dfrac{OE}{EB} = \dfrac{OD}{DA}$.

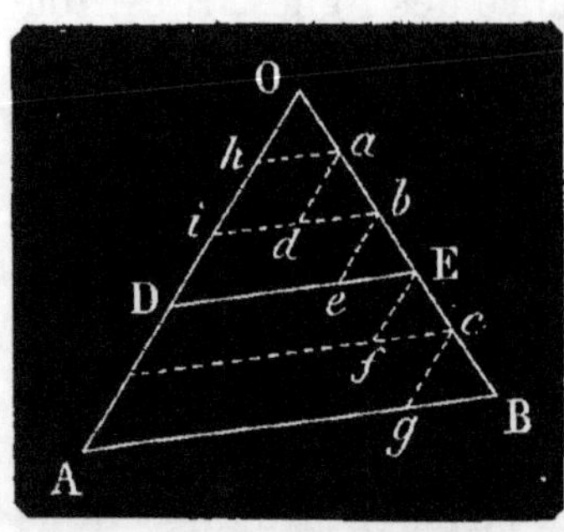

En effet, supposons une commune mesure Oa entre OE et EB, qui soit contenue trois fois dans OE et deux fois dans EB, on aura $\dfrac{OE}{EB} = \dfrac{3\,Oa}{2\,Oa} = \dfrac{3}{2}$. Par les points de division a, b, c, menons ah, bi, ck, parallèles à DE et AB, puis les lignes ad, be, Ef, cg, parallèles à OA.

Tous les petits triangles ainsi formés sont égaux entre eux et au triangle Oha, car ils ont les angles égaux comme ayant les côtés parallèles, et un côté égal $Oa = ab = bE...$, etc.; on a par suite $Oh = ad = be...$ etc. Mais les lignes hi, iD, Dk, kA, sont égales aux lignes ad, be, Ef, cg comme parallèles comprises entre parallèles ; elles sont par suite égales entre elles; ainsi OD contient trois fois la longueur Oh, et D A la contient deux fois. On avait déjà $\dfrac{OE}{EB} = \dfrac{3}{2}$, on

a maintenant $\dfrac{OD}{DA} = \dfrac{3\,Oh}{2\,Oh} = \dfrac{3}{2}$, et, à cause du rapport commun, $\dfrac{OE}{EB} = \dfrac{OD}{DA}$.

Je dis, 2°, qu'entre les lignes entières et deux segments compris entre les parallèles, soient DA et EB, soient OD et OE, on doit avoir la proportion $\dfrac{OB}{EB} = \dfrac{OA}{DA}$.

En effet il résulte de la démonstration précédente que OB contient cinq fois une mesure Oa contenue deux fois dans EB, donc $\dfrac{OB}{EB} = \dfrac{5}{2}$; il en résulte aussi que OA contient cinq fois une mesure $O h$, contenue deux fois dans DA, donc aussi $\dfrac{OA}{DA} = \dfrac{5}{2}$

et, à cause du rapport commun, $\dfrac{OB}{EB} = \dfrac{OA}{DA}$.

Je dis, 3°, que les lignes entières OB et OA, et leurs segments, sont aussi proportionnels aux segments des parallèles AB et DE, ou que $\dfrac{OB}{OE} = \dfrac{OA}{OD} = \dfrac{AB}{DE}$.

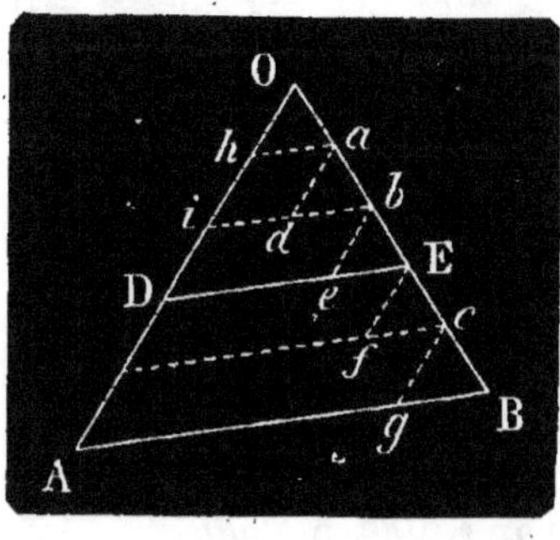

En effet, de l'égalité des petits triangles il résulte que $a h = b d = E c$, etc. ; à cause des parallèles, $i d = a h$, $i b = 2 a h$; de même $D e = i b$, et $D E = 3 a h$, etc. En continuant ainsi on trouverait que $A B = 5 a h$, donc $\dfrac{AB}{DE} = \dfrac{5}{3}$; or le rapport $\dfrac{5}{3}$ est aussi celui de OB à OE, de OA à OD, et on a

$$\frac{OB}{OE} = \frac{OA}{OD} = \frac{AB}{DE}$$

(*Corollaire* **1.**) Toute parallèle à la base d'un triangle partage les côtés, la hauteur, la médiane et la bissectrice du sommet en parties proportionnelles.

(*Corollaire* **2.**) Toute parallèle à la base d'un triangle détermine un triangle semblable au triangle total, car ils ont les angles égaux, savoir un commun, les deux autres comme correspondants, et les côtés proportionnels.

PROPOSITION LVIII.

(Théorème **2.**) *Dans tout triangle, la bissectrice d'un angle partage le côté opposé en deux segments proportionnels aux deux autres côtés.*

Soit le triangle ABC, et AD la bissectrice de l'angle A; je dis qu'elle partage le côté BC en deux segments proportionnels aux deux autres côtés, et que l'on a $\dfrac{DC}{BD} = \dfrac{AC}{AB}$.

En effet, menons BE parallèle à AD, et prolongeons-la

jusqu'à la rencontre du prolongement de CA. Dans le

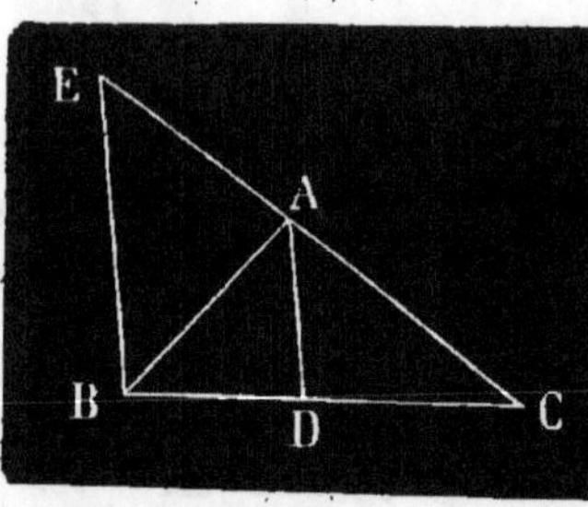

triangle EBC, AD est parallèle à la base BE, on a donc (*Prop. LVII*) $\dfrac{DC}{BD} = \dfrac{AC}{AE}$; or le triangle EAB est isocèle, car l'angle AEB est égal à l'angle CAD comme correspondants, et l'angle EBA, égal à BAD comme alternes-internes, l'est aussi à son égal CAD, et par suite à AEB. Ainsi le côté AE est égal au côté AB, et dans la proportion ci-dessus l'on peut remplacer l'un par l'autre ; on a donc enfin $\dfrac{DC}{BD} = \dfrac{AC}{AB}$.

PROPOSITION LIX.

(THÉORÈME 5.) *Deux triangles qui ont les côtés proportionnels sont aussi équiangles et par suite semblables.*

Soient les deux triangles ABC, *abc*, tels que l'on a

$$\frac{AB}{ab} = \frac{AC}{ac} = \frac{BC}{bc} ;$$

je dis qu'ils sont aussi équiangles et par suite semblables.

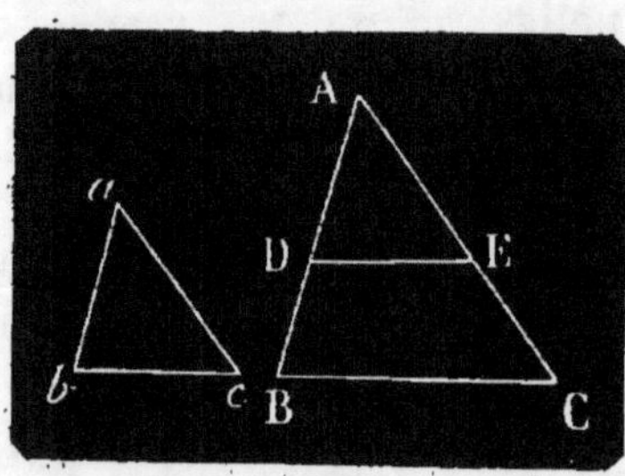

En effet, je prends dans le triangle ABC, AD égal à *ab*, et par le point D je mène DE parallèle à BC. Le triangle ADE ainsi formé est égal à *abc*, car DE étant parallèle à BC, on a (*Prop. LVII*) $\dfrac{AB}{AD} = \dfrac{AC}{AE} = \dfrac{BC}{DE}$;

et comme on a déjà

$$\frac{AB}{ab} = \frac{AC}{ac} = \frac{BC}{bc}$$

et que AD=*ab*, il faut aussi que AE=*ac* et DE=*bc*. Les deux triangles ADE, *abc* ayant les trois côtés égaux sont égaux chacun à chacun ; or le triangle ADE est équiangle et semblable au triangle ABC (*Prop. LXII, Corol.* 2), donc *abc* l'est aussi.

PROPOSITION LX.

(Théorème **4.**) *Deux triangles qui ont un angle égal compris entre deux côtés proportionnels sont semblables.*

Soit dans les deux triangles ABC, *abc*, l'angle A égal à l'angle *a*, compris entre deux côtés tels que

$$\frac{AB}{ab} = \frac{AC}{ac},$$

je dis que les deux autres côtés sont aussi dans le même rapport et que les triangles sont semblables.

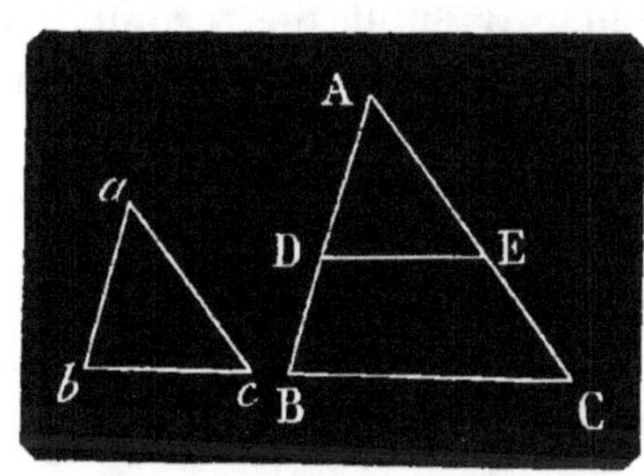

En effet, je prends AD égal à *ab*, et par le point D je mène DE parallèle à BC, on aura

$$\frac{AB}{AD} = \frac{AC}{AE}$$

or comme on a déjà

$$\frac{AB}{ab} = \frac{AC}{ac}$$

et que AD $= ab$, il faut que AE $= ac$. Les deux triangles ADE et *abc* ayant un angle égal compris entre deux côtés égaux sont égaux ; or le triangle ADE est semblable à ABC, car il lui est équiangle, et l'on a les rapports égaux,

$$\frac{AB}{AD \text{ ou } ab} = \frac{AC}{AE \text{ ou } ac} = \frac{BC}{DE \text{ ou } bc}$$

donc *abc* est semblable à ABC.

PROPOSITION LXI.

(Théorème **5.**) *Deux triangles qui ont les angles égaux chacun à chacun sont semblables.*

Soient les deux triangles ABC, *abc* dans lesquels A $= a$ B$=b$ et C$=c$, je dis que ces deux triangles sont semblables.

En effet, sur AB et AC je prends les longueurs AD, AE

égales à ab, ac, et je joins DE. Le triangle ADE est égal à

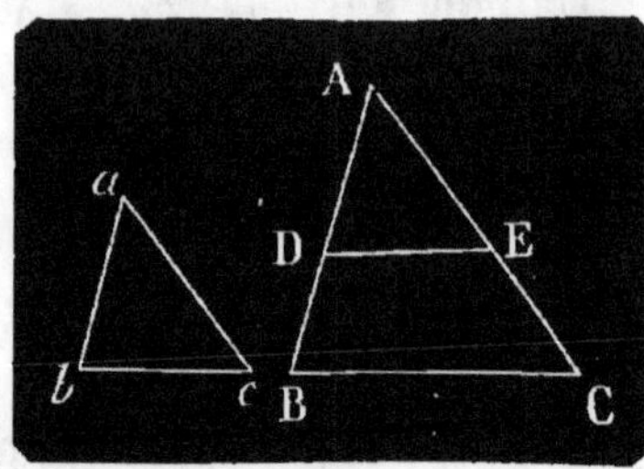

abc, comme ayant un angle égal compris entre côtés égaux chacun à chacun, donc les angles ADE et AED sont égaux aux angles b et c, et aussi aux angles B et C; la ligne DE est donc parallèle à BC, et l'on a la suite de rapports égaux

$$\frac{AB}{AD \text{ ou } ab} = \frac{AC}{AE \text{ ou } ac} = \frac{BC}{DE \text{ ou } bc}$$

et le triangle abc est semblable au triangle ABC.

(*Corollaire* 1.) Pour constater la similitude de deux triangles dans le cas ci-dessus, il suffit de reconnaître l'égalité de deux angles, car elle entraîne nécessairement celle du troisième.

(*Corollaire* 2.) Deux triangles rectangles sont semblables s'ils ont un angle aigu égal.

(*Corollaire* 3.) Deux triangles isocèles sont semblables s'ils ont les angles au sommet ou à la base égaux chacun à chacun.

PROPOSITION LXII.

(Théorème 6.) *Deux triangles sont semblables lorsqu'ils ont les côtés perpendiculaires ou parallèles chacun à chacun.*

En effet leurs angles ne peuvent être qu'égaux ou supplémentaires chacun à chacun (*Prop. XIX et XX*); si donc nous désignons par A, B et C, a, b et c les trois angles de chaque triangle, on ne peut faire que les suppositions suivantes : A $+ a = 2$ dr., B $+ b = 2$ dr., C $+ c = 2$ dr.; total pour les deux triangles, 6 angles droits, ce qui ne peut être;

ou :   A $= a$, B $+ b = 2$ dr., C $+ c = 2$ dr.

total pour les deux triangles : 4 droits $+$ A $+ a$, ce qui est encore impossible;

ou enfin :   A $= a$ B $= b$ et, par suite, C $= c$.

Ainsi les deux triangles sont équiangles et semblables.

PROPOSITION LXIII.

(THÉORÈME **7**.) *Deux polygones réguliers d'un même nombre de côtés sont deux figures semblables.*

En effet, les côtés étant égaux dans chacun d'eux, le rapport qui existe entre deux côtés homologues quelconques existe aussi entre tous les autres ; de plus leurs angles sont égaux chacun à chacun comme fractions égales d'un même nombre d'angles droits (*Prop. XXXVI*).

PROPOSITION LXIV.

(THÉORÈME **8**.) *Si dans deux polygones semblables on mène deux lignes homologues quelconques, ces lignes sont entre elles dans le rapport des côtés ; les périmètres des polygones sont aussi dans ce même rapport.*

Soient les deux polygones semblables ABCDE et $abcde$, dans lesquels on mène deux diagonales homologues AC et ac, je dis, 1°, qu'on aura $\dfrac{AC}{ac} = \dfrac{BC}{bc} = \dfrac{AB}{ab} = $ etc.

En effet, les deux triangles ABC, abc sont semblables, comme ayant un angle égal, $B = b$, compris entre côtés proportionnels ; puisque les deux polygones sont semblables, tous leurs côtés sont proportionnels, et l'on a $\dfrac{AC}{ac} = \dfrac{AB}{ab}$, etc. Il en serait de même pour toute autre ligne menée aux sommets homologues dans les deux polygones.

Je dis, 2°, que les périmètres des deux polygones sont aussi dans le rapport de deux côtés.

En effet, de la suite de rapports égaux

$$\frac{AB}{ab} = \frac{BC}{bc} = \frac{CD}{cd} = \text{etc.},$$

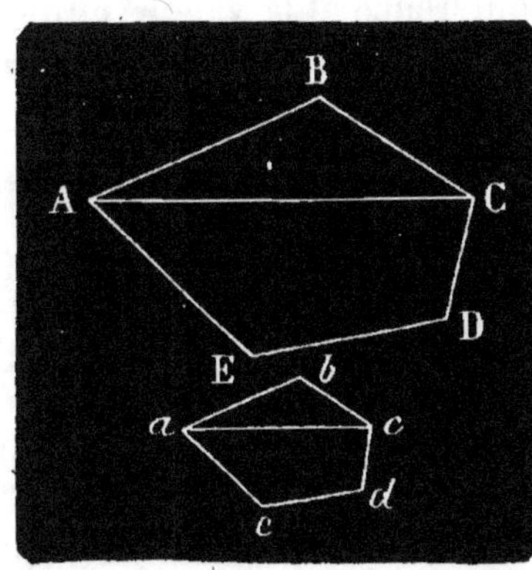

on tire, en faisant la somme des antécédents et celle des conséquents,

$$\frac{AB + BC + CD + \text{etc.}}{ab + bc + cd + \text{etc.}} = \frac{AB}{ab}$$

ou, en désignant par P le périmètre du premier polygone, numérateur du premier rapport, et par p celui du second, qui forme le dénominateur, on a enfin $\dfrac{P}{p} = \dfrac{AB}{ab}$.

(*Corollaire.*) Les polygones réguliers semblables sont entre eux comme les rayons des cercles circonscrits et aussi comme les rayons des cercles inscrits, ou apothèmes.

Comme l'on peut toujours inscrire dans une circonférence un polygone régulier dont le périmètre en diffère aussi peu que l'on voudra (*Prop. L*), on déduit du corollaire ci-dessus que deux circonférences sont entre elles comme leurs rayons.

Soient donc C et c deux circonférences, et R et r leurs rayons, on a la relation $\dfrac{C}{c} = \dfrac{R}{r}$, ou $\dfrac{C}{R} = \dfrac{c}{r}$ et aussi $\dfrac{C}{2R} = \dfrac{c}{2r}$; c'est-à-dire que le rapport de la circonférence au diamètre est un nombre constant, c'est-à-dire est le même pour toutes les circonférences. Ce nombre, que nous calculerons plus tard, est représenté dans le calcul théorique par la lettre π, et égal à 3,1415926....

De $\dfrac{C}{2R} = \pi$, on déduit $C = 2\,\pi\,R$; connaissant donc la longueur du rayon d'une circonférence et la valeur numérique de π, il sera toujours aisé de calculer la longueur de la circonférence.

DÉFINITION.

On entend par *projection* d'une ligne sur une autre le segment de la seconde ligne compris entre les perpendiculaires abaissées des extrémités de la première sur la seconde.

Ainsi la projection de AB sur XY est le segment CD compris entre les deux perpendiculaires AC et BD.

Si les lignes se coupent, la projection sera le segment

compris entre le point d'intersection et le pied de la perpen-

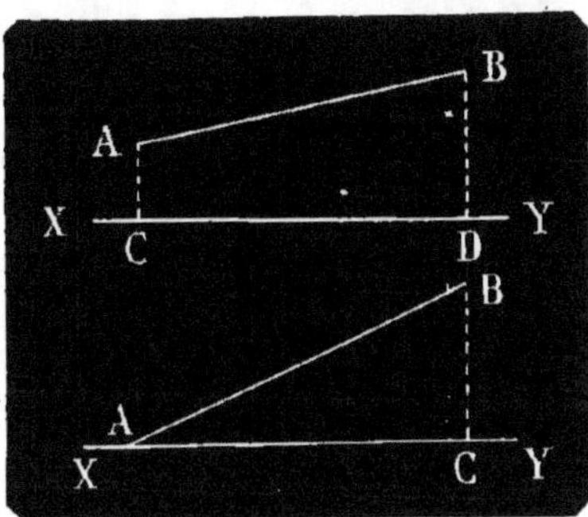

diculaire abaissée de l'extrémité de la première ligne
sur la seconde ; ainsi la projection de AB sur XY, ces
lignes se coupant en A, est
AC, segment compris entre
A et la perpendiculaire BC.

PROPOSITION LXV.

(Théorème 9.) *Si du sommet d'un triangle rectangle on abaisse une perpendiculaire sur l'hypoténuse :*

1° *Les deux triangles particls ainsi formés sont semblables au triangle total et semblables entre eux.*

2° *Chaque côté de l'angle droit est moyen proportionnel entre l'hypoténuse entière et sa projection sur l'hypoténuse.*

3° *La perpendiculaire est moyenne proportionnelle entre les projections des deux côtés sur l'hypoténuse.*

Soient le triangle rectangle ABC, et la perpendiculaire BD sur l'hypoténuse, je dis, 1°, que les deux triangles partiels BDA et BDC sont semblables au triangle total et semblables entre eux.

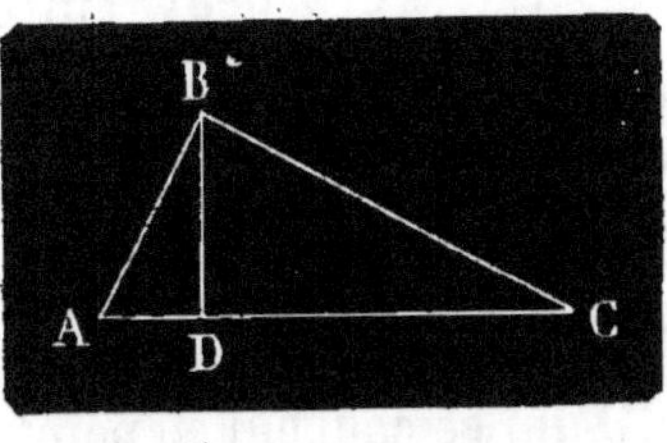

En effet, ABC et ABD, sont tous deux rectangles, et ils ont l'angle A commun, donc ils sont équiangles et semblables (*Prop. LXI, Corol.* 2). Il en est de même des triangles ABC et BCD, donc ces trois triangles sont semblables entre eux.

Je dis, 2°, que BC est moyen proportionnel entre AC et DC.

En effet, les deux triangles ABC, BDC étant semblables, ils ont les côtés homologues proportionnels; donc,

$$\frac{AC}{BC} = \frac{BC}{DC}$$

ou

$$BC^2 = AC \times DC$$

On démontrerait de même que

$$AB^2 = AC \times AD$$

Je dis, 3°, que BD est une moyenne proportionnelle entre AD et DC.

En effet, les triangles ABD, BDC étant semblables, leurs côtés homologues sont proportionnels, donc,

$$\frac{DC}{BD} = \frac{BD}{AD}$$

ou

$$BD^2 = DC \times AD.$$

(*Remarque.*) Si l'on ajoute les deux relations :

$$AB^2 = AC \times AD \text{ et } BC^2 = AC \times DC$$

il vient

$$AB^2 + BC^2 = AC \, (AD + DC)$$

et comme

$$AD + DC = AC$$

il vient enfin

$$AB^2 + BC^2 = AC^2$$

propriété qui sera démontrée directement plus tard, et que l'on énonce ainsi : Le carré de l'hypoténuse d'un triangle rectangle est égal à la somme des carrés des deux autres côtés.

PROPOSITION LXVI.

(THÉORÈME **10**.) *Les segments de deux cordes qui se coupent dans un cercle sont inversement proportionnels.*

Soient les deux cordes AB, CD qui se coupent au point I dans un cercle, je dis que l'on a entre leurs segments la relation $\dfrac{ID}{AI} = \dfrac{IB}{IC}$.

En effet, si je joins BD et CA, les deux triangles BID,

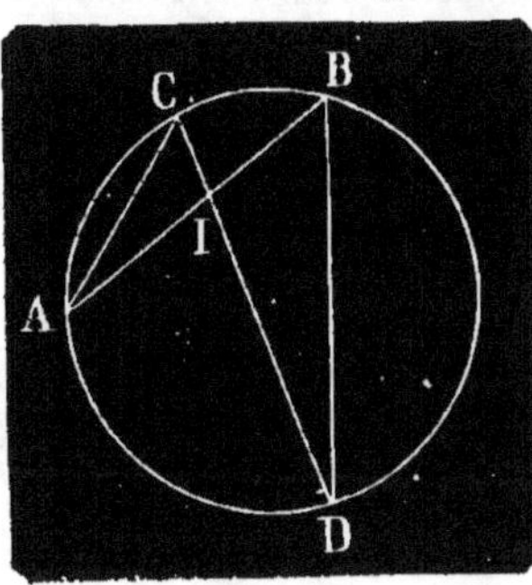

AIC sont semblables, comme équiangles, car leurs deux angles inscrits ont chacun à chacun même mesure : A et D la moitié de l'arc CB, C et B la moitié de l'arc AD, donc leurs côtés homologues sont proportionnels, et

l'on a
$$\frac{ID}{AI} = \frac{IB}{IC}.$$

PROPOSITION LXVII.

(THÉORÈME **11**.) *Deux sécantes qui se coupent hors d'un cercle sont inversement proportionnelles à leurs parties extérieures.*

Soient les sécantes AB et AC qui se coupent au point A ; je dis qu'entre les sécantes entières et leurs parties extérieures AD et AE on a la relation $\dfrac{AC}{AB} = \dfrac{AD}{AE}.$

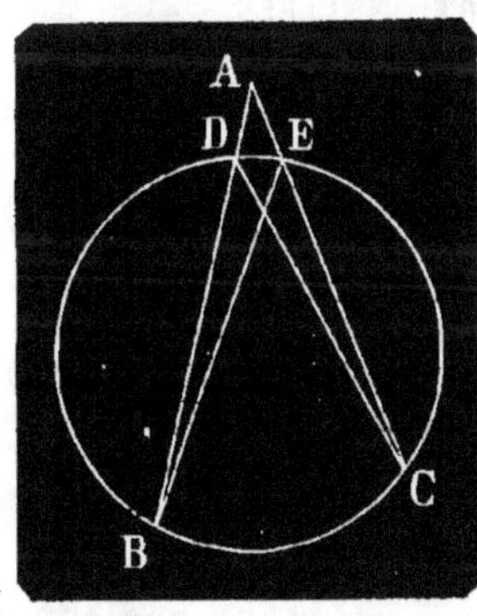

En effet, si je joins DC et EB, les deux triangles AEB, ADC sont semblables comme équiangles, car ayant l'angle A commun, les angles B et C ont même mesure : la moitié de l'arc DE, donc les côtés homologues sont proportionnels,

et l'on a
$$\frac{AC}{AB} = \frac{AD}{AE}$$

PROPOSITION LXVIII.

(THÉORÈME **12**.) *Si d'un même point pris hors d'un cercle on lui mène une tangente et une sécante, la tangente est moyenne proportionnelle entre la sécante entière et sa partie extérieure.*

4.

Soient la tangente AB et la sécante AD, menées du point A à un cercle, je dis que l'on a la relation

$$AB^2 = AD \times AC$$

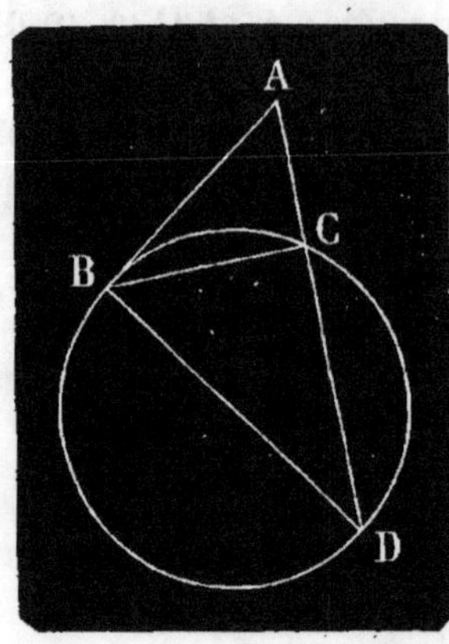

En effet, si je joins BC et BD, les deux triangles BAD, BAC sont semblables comme équiangles, car ils ont l'angle ABC et l'angle D qui ont pour mesure la moitié de l'arc BC (*Prop. LVI*), et l'angle A est commun, donc leurs côtés homologues sont proportionnels,

et l'on a $$\dfrac{AD}{AB} = \dfrac{AB}{AC}$$

ou $$AB^2 = AD \times AC$$

PROBLÈMES

PROBLÈME I.

Partager une ligne donnée en un nombre donné quelconque de parties égales.

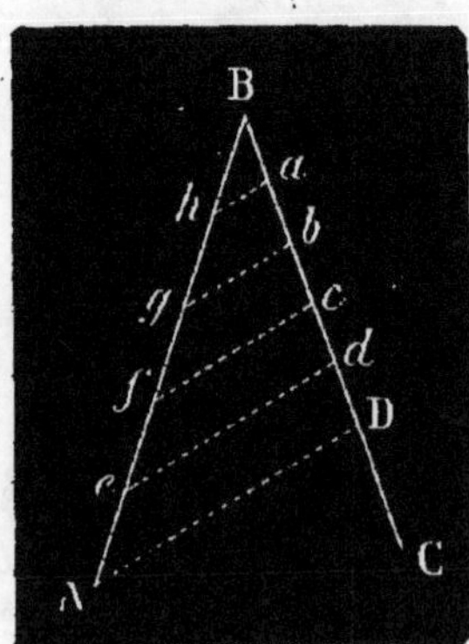

Soit proposé de partager la ligne AB en cinq parties égales.

Par le point B je mène une ligne quelconque indéfinie BC, sur laquelle je porte cinq fois, à partir du point B, une longueur quelconque Ba; je joins AD, puis par chacun des points de division d, c, b, a, je mène une parallèle à AD, ces parallèles déterminent sur AB cinq segments égaux entre eux, car ils sont proportionnels aux segments de BD, égaux entre eux par construction (*Prop. LVII*).

PROBLÈME II.

Partager une ligne donnée en segments proportionnels à des lignes données.

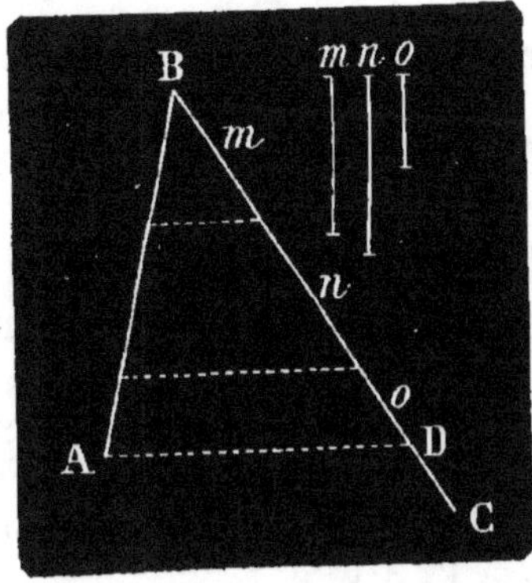

Soit proposé de partager la ligne AB en segments proportionnels aux trois lignes m, n et o. Par le point B je mène une ligne indéfinie quelconque BC, sur laquelle, à partir du point B, je prends trois longueurs successives égales aux trois lignes données m, n et o; je joins AD, puis, par chacun des points de division de la ligne BD, je mène des parallè-les à AD, qui déterminent sur AB des segments proportion-nels à m, n et o, puisqu'ils sont compris entre les mêmes parallèles (*Prop. LVII*).

PROBLÈME III.

Trouver une quatrième proportionnelle à trois lignes données.

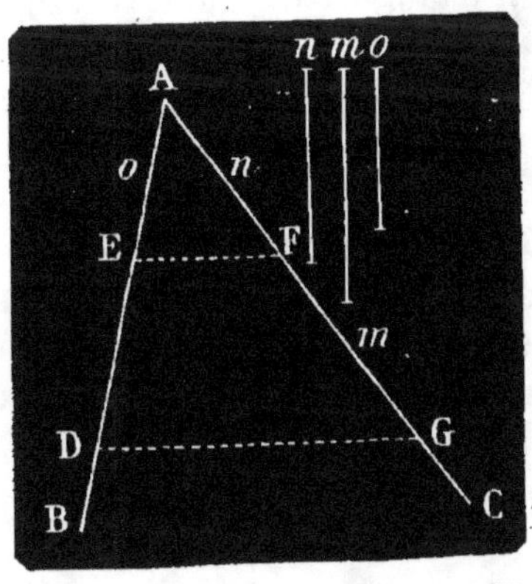

Soit proposé de trouver une quatrième proportionnelle aux trois lignes données m, n et o. Je fais un angle indé-fini quelconque BAC, sur les côtés duquel je prends AF $= n$, FG $= m$, AE $= o$; je joins FE, et par le point G je lui mène une parallèle GD; ED sera la quatrième proportionnelle demandée, car on a

$$\frac{AF}{FG} = \frac{AE}{ED} \text{ ou } \frac{n}{m} = \frac{o}{ED}$$

PROBLÈME IV.

Trouver une moyenne proportionnelle à deux lignes données.

Soit proposé de trouver une moyenne proportionnelle aux deux lignes données m et n.

Ce problème peut se résoudre de plusieurs manières :

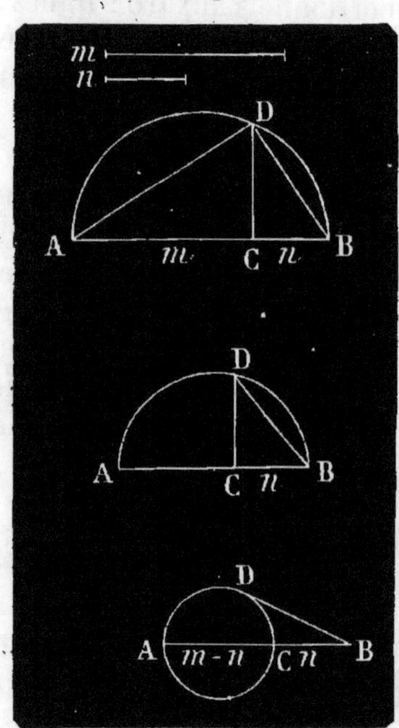

1° Sur une ligne AB, égale à $m + n$, je décris une demi-circonférence ; au point C j'élève la perpendiculaire CD qui est la moyenne demandée, car, joignant DA et DB, le triangle ADB est rectangle, et CD est perpendiculaire sur l'hypoténuse (*Prop. LXV*, 3°).

2° Sur AB, égale à m, je décris une demi-circonférence, puis prenant BC = n, au point C j'élève la perpendiculaire CD, et je joins DB qui est la moyenne demandée ; car si l'on joignait AD, le triangle ADB étant rectangle, et la ligne CD perpendiculaire sur l'hypoténuse, DB est moyenne proportionnelle entre AB ou m et CB ou n (*Prop. LXV*, 2°).

3° Sur AC, égale à $m - n$, je décris une circonférence, puis du point B, extrémité de AB = m, je lui mène une tangente BD qui est la moyenne demandée, car elle est moyenne proportionnelle entre AB = m et CB = n (*Prop. LXVIII*).

PROBLÈME V.

Partager une ligne donnée en moyenne et extrême raison ; c'est-à-dire en deux parties telles que la plus grande soit

moyenne proportionnelle entre la ligne entière et la plus pe-
tite partie.

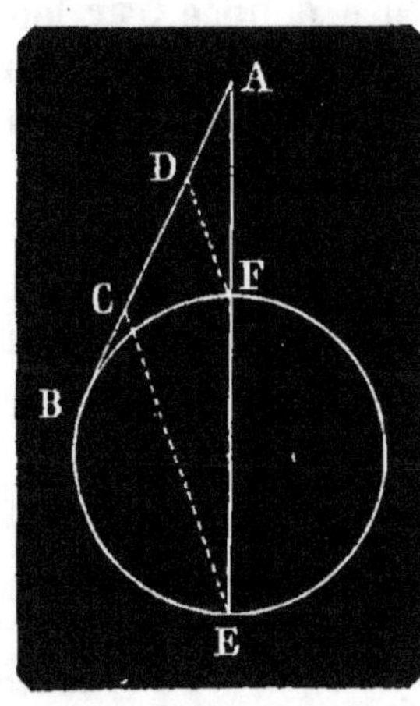

Au point B d'une circonférence quelconque je mène une tangente BA que je prends égale au diamètre, puis par le point A je mène une sécante AE passant par le centre.

On aura (*Prop. LXVIII*) $AB^2 = AE \times AF$, ou, comme $AB = FE$, $FE^2 = AE \times FA$, on voit donc que la ligne AE est partagée au point F en moyenne et extrême raison. Dès lors, s'il s'agit de partager de la même manière une ligne quelconque AC, il suffira, ayant fait la construction précédente, de porter sa longueur sur une ligne faisant avec AE un angle quelconque, sur AB par exemple, puis joignant E au point C, extrémité de cette ligne, de lui mener la parallèle FD, qui détermine le point D de telle manière que $CD^2 = AC \times AD$.

PROBLÈME VI.

Sur une ligne donnée faire une figure semblable à une figure donnée.

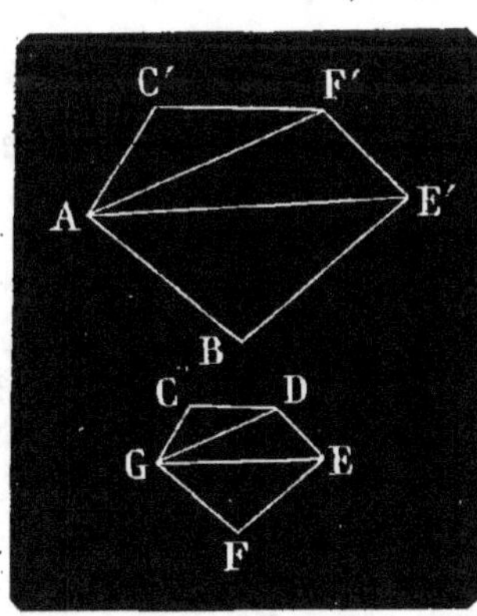

Soit la ligne AB, sur laquelle on se propose de construire un polygone semblable au polygone CDEFG.

Menant les diagonales GE et GD ; aux points A et B je fais deux angles égaux aux angles EGF, EFG, dont les côtés par leur rencontre forment le triangle ABE′, semblable au triangle GFE, puisqu'ils ont leurs angles égaux ; de même sur AE′ je fais, aux points A et E′, deux angles égaux aux angles DGE, DEG, ce qui forme le triangle A E′ F′ semblable au triangle G E D ; je continue de même pour le triangle suivant, et la figure ainsi formée est semblable à la figure donnée, car leurs angles sont égaux chacun à chacun, comme formés de parties égales, et leurs côtés proportionnels, ce qui découle de la similitude des triangles partiels.

Exercices.

1. Sur une ligne indéfinie on élève à des distances égales des perpendiculaires dont les longueurs sont entre elles comme les nombres 3, 6, 9, 12, 15. On joint tous les sommets deux à deux ; démontrer que ces lignes sont dans le prolongement l'une de l'autre.

2. Étant donnés dans un triangle les segments des deux côtés et de la médiane compris entre la base et une parallèle en dessus de laquelle on ne peut les prolonger, trouver la longueur de leurs prolongements.

3. Démontrer que si la bissectrice de l'angle d'un triangle le partage en triangles semblables, ce triangle est rectangle.

4. Démontrer que la bissectrice de l'angle extérieur à un triangle, formé par le prolongement d'un des côtés, partage le prolongement du côté opposé en deux segments proportionnels aux deux autres côtés.

5. Démontrer que les trois médianes d'un triangle se coupent au même point.

6. Par un point donné, hors d'un angle donné, mener une droite qui détermine sur les côtés de cet angle deux segments dans un rapport donné.

7. Par un point pris sur la bissectrice d'un angle mener une droite inscrite dans l'angle et d'une longueur donnée.

8. Par un point donné dans un angle mener une sécante telle que la somme des segments qu'elle détermine sur les côtés de l'angle soit égale à une ligne donnée. Même problème sur la différence des segments.

9. Par le sommet d'un angle donné tracer une droite telle qu'en menant d'un quelconque de ses points deux droites faisant avec les côtés de l'angle des angles donnés, ces droites soient dans un rapport donné.

10. Par un point d'une circonférence donnée mener une sécante d'une longueur telle que la sécante entière et la partie extérieure soient dans un rapport donné.

11. Trouver le lieu des points hors d'un cercle, tels que

de chacun d'eux on puisse lui mener une sécante qu'il coupe en moyenne et extrême raison.

12. Étant donnés deux circonférences concentriques et un diamètre, mener une sécante commune faisant avec le diamètre un angle donné, et dont les parties comprises entre le diamètre et les circonférences soient dans un rapport donné.

13. Par un point donné faire passer un cercle tangent à deux droites données.

14. Décrire un cercle tangent à une droite et passant par deux points donnés.

15. Décrire une circonférence telle que les distances de l'un quelconque de ses points aux extrémités d'une ligne donnée soient dans un rapport donné.

16. Étant donnés un cercle et une sécante, trouver sur la partie extérieure de la sécante un point tel que la tangente menée de ce point soit égale à une ligne donnée.

17. Trouver le point d'un arc de cercle tel que les cordes menées de ce point à ses extrémités soient dans un rapport donné.

18. Sur une droite donnée trouver un point dont les distances à deux points donnés soient dans un rapport donné.

19. Trouver un point tel que les distances de ce point aux trois côtés d'un triangle soient dans le rapport de trois lignes données.

20. Construire un triangle, connaissant deux côtés et la bissectrice de l'angle qu'ils forment.

21. Construire un triangle, connaissant deux côtés et la ligne qui du sommet de leur angle partage l'autre côté dans un rapport donné.

22. Étant données deux circonférences concentriques, construire un triangle semblable à un triangle donné, ayant un sommet sur une des circonférences et les deux autres sommets sur l'autre circonférence.

THÉORIE

DES SURFACES ÉQUIVALENTES.

DÉFINITIONS.

Deux figures sont dites *équivalentes* lorsqu'elles ont même surface, c'est-à-dire lorsque sous une forme différente les deux surfaces renferment le même nombre d'unités de superficie.

Deux figures équivalentes peuvent être fort dissemblables, mais deux figures égales sont toujours équivalentes.

Les *dimensions* d'un triangle sont sa *base* et sa *hauteur*; la base est un de ses côtés pris arbitrairement, et la hauteur, la perpendiculaire abaissée du sommet opposé sur cette base ou sur son prolongement.

Les dimensions d'un parallélogramme et d'un rectangle sont la *base* et la *hauteur*, la base étant un côté pris arbitrairement, et la hauteur, la perpendiculaire commune entre la base et le côté parallèle.

La hauteur d'un trapèze est la distance des deux côtés parallèles.

(*Nota.*) Dans les démonstrations suivantes, et jusqu'à ce que les connaissances acquises nous permettent d'employer la notation adoptée, nous représenterons la surface d'un carré par le mot *car.*, suivi des deux lettres du côté; ainsi, *car.* A B signifiera la surface du carré fait sur la ligne A B; un rectangle sera représenté par le mot *rect.* suivi des lettres qui représentent sa base et sa hauteur; ainsi *rect.* A B, C D signifiera le rectangle qui a A B pour base et C D pour hauteur.

PROPOSITION LXIX.

(Théorème 1.) *Deux parallélogrammes de même base et de même hauteur sont équivalents.*

Soient les deux parallélogrammes A B C D et A B E F qui ont même base A B et même hauteur (les deux bases supérieures étant sur une même parallèle à A B, et par conséquent également distantes de A B), je dis que leurs surfaces sont équivalentes.

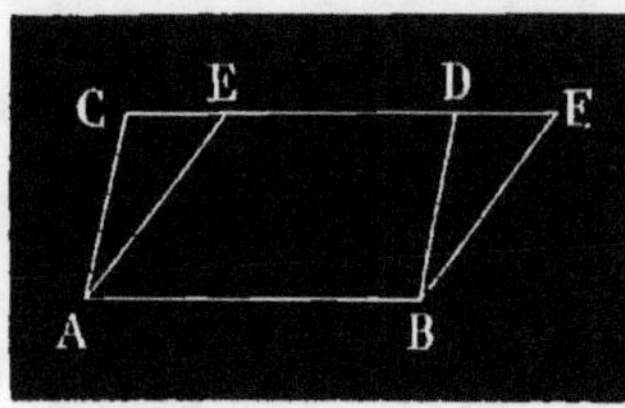

En effet, les deux triangles D B F, C A E sont égaux, car les angles D B F, C A E, égaux comme ayant les côtés parallèles, sont compris entre deux côtés égaux chacun à chacun comme côtés opposés d'un parallélogramme, savoir, BF = AE et BD = AC. Si maintenant à la partie commune EABD on ajoute l'un ou l'autre de ces deux triangles, les deux sommes sont équivalentes comme formées de parties égales; or si l'on ajoute le triangle DBF, on a le parallélogramme ABEF; si l'on ajoute le triangle CAE, on a le parallélogramme ABCD, donc ces deux parallélogrammes sont équivalents.

(*Remarque.*) Cette proposition est également vraie pour un parallélogramme et un rectangle; ainsi tout ce qui sera démontré pour les surfaces des rectangles devra être généralisé aux surfaces des parallélogrammes.

<h3 style="text-align:center">PROPOSITION LXX.</h3>

(Théorème **2**.) *Tout triangle est équivalent à la moitié du parallélogramme de même base et de même hauteur.*

Soit le triangle ABC; si je mène AD parallèle à BC et CD parallèle à AB, ces deux lignes par leur rencontre complètent un parallélogramme ABCD de même base et de même hauteur que le triangle ABC; je dis que le triangle est équivalent à la moitié du parallélogramme.

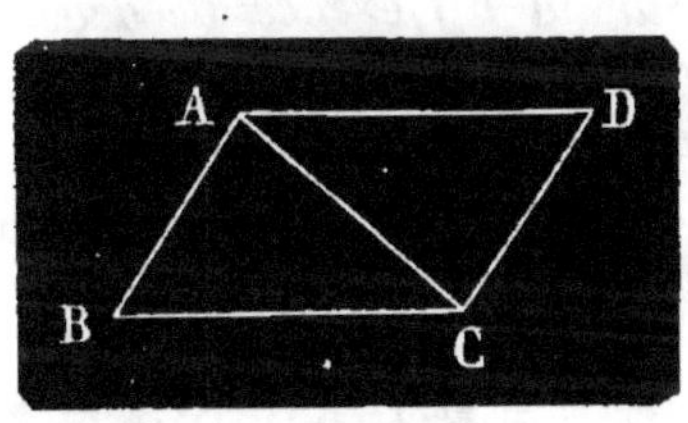

En effet, les deux triangles ABC, ADC sont égaux, car ils ont le côté commun AC, adjacent à deux angles égaux chacun à chacun comme alternes internes, donc chacun des deux triangles est la moitié du parallélogramme.

(*Corollaire.*) Deux triangles de même base et de même hauteur sont équivalents.

<h3 style="text-align:center">PROPOSITION LXXI.</h3>

(Théorème **3**.) *Le carré fait sur la somme de deux lignes est équivalent à la somme des carrés faits sur ces deux lignes, augmentée de deux fois le rectangle qui aurait ces deux lignes pour dimensions.*

Soient deux lignes AB, BC, je dis que le carré

AEDC, fait sur leur somme AC, est équivalent à :
$$car.\ AB + car.\ BC + 2\ rect.\ AB, BC.$$

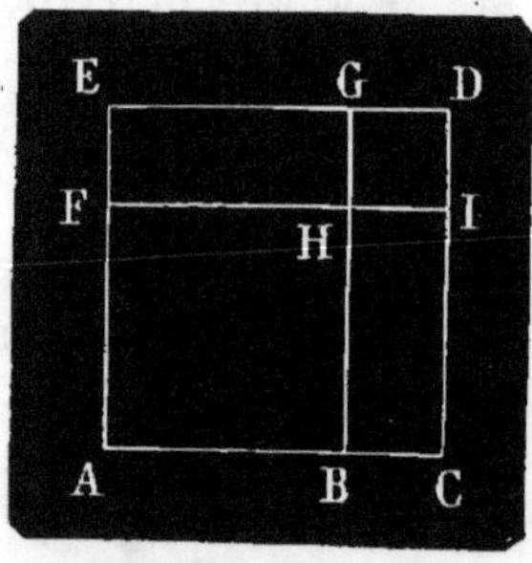

En effet, par le point B je mène BG perpendiculaire à AC, puis prenant DI égal à BC, par le point I je mène IF parallèle à AC; la figure GHID sera un carré, et le carré construit sur BC, car HI = BC = ID. La figure ABHF sera de même le carré fait sur AB, car BH = BG — HG = AC — BC = AB. Enfin les deux rectangles EFHG et BCIH sont égaux, et ont chacun pour bases FH et HB, toutes deux égales à AB, et pour hauteurs HI et HG lignes égales à BC, et comme l'ensemble de ces deux carrés et de ces deux rectangles constitue le carré total de AC, on peut écrire :

$$car.\ AC,\ ou\ car.\ (AB + BC) = car.\ AB + car.\ BC + 2\ rect.\ AB, BC.$$

PROPOSITION LXXII.

(Théorème 4.) *Le carré fait sur la différence de deux lignes, est équivalent à la somme des carrés faits sur ces deux lignes, diminuée de deux fois le rectangle qui aurait ces lignes pour dimensions.*

Soient les deux lignes AB, BC, dont la différence est AC, je dis que :

$$car.\ AC = car.\ AB + car.\ BC - 2\ rect.\ AB, BC.$$

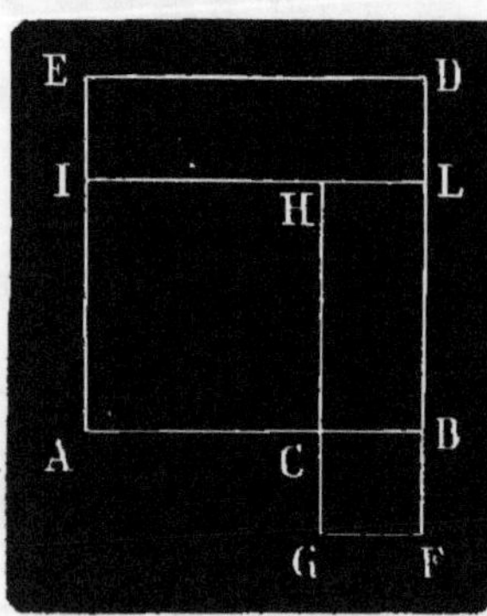

En effet, je fais le carré de AB, AEDB, puis le carré CGFB de CB, et, prenant EI = BC, je mène IL parallèle à AB, puis je prolonge GC jusqu'en H. La figure IACH est le carré fait sur AC, car AI = AE — IE = AB — CB = AC. Les deux rectangles EILD, HLFG sont égaux, car ils ont mêmes bases IL = HG = AB et mêmes hauteurs EI = GF = CB, et leurs dimensions sont les deux lignes données. Si donc de la figure totale, qui est égale à *car.* AB + *car.* BC, on retranche ces deux rectangles, on voit qu'il reste le carré fait sur AC ; donc,

car. AC, ou *car.* (AB — BC) = *car.* AB + *car.* BC — 2 *rect.* AB, BC.

PROPOSITION LXXIII.

(Théorème 5.) *Le rectangle ayant pour dimensions la somme et la différence de deux lignes est équivalent à la différence des carrés construits sur ces lignes.*

Soient les deux lignes AB, BC, leur somme AC et leur différence AD, et le rectangle ACHG, construit avec AB + BC pour base, et CH = AB — BC = AD pour hauteur, je dis que l'on aura, *rect.* AC, CH = *car.* AB — *car.* BC.

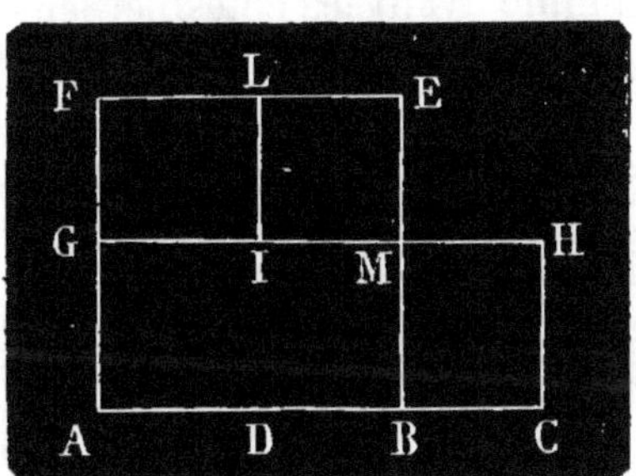

En effet, je construis ABEF carré sur AB, et prenant IM = BC, je construis IMEL qui est le carré fait sur BC, car ME = BE — MB = AB — AD = BC. La figure FLIG est un rectangle équivalent au rectangle MHCB, car GI = AD = HC et IL = ME = BC. Si donc du carré ABEF, carré de AB, je retranche le carré LIME, carré de BC, la figure irrégulière ABMILF qui reste est équivalente au rectangle GACH, donc enfin, *rect.* AC, AD, ou *rect.* (AB + BC, AB — BC) = *car.* AB — *car.* BC.

PROPOSITION LXXIV.

(Théorème 6.) *Dans tout triangle rectangle le carré fait sur l'hypoténuse est équivalent à la somme des carrés faits sur les deux autres côtés.*

Soit le triangle rectangle ABC, je dis que le carré ACED construit sur l'hypoténuse est équivalent à la somme des carrés CBFG et ABPO construits sur les deux autres côtés.

En effet, je mène BH perpendiculaire à AC et DE, EI

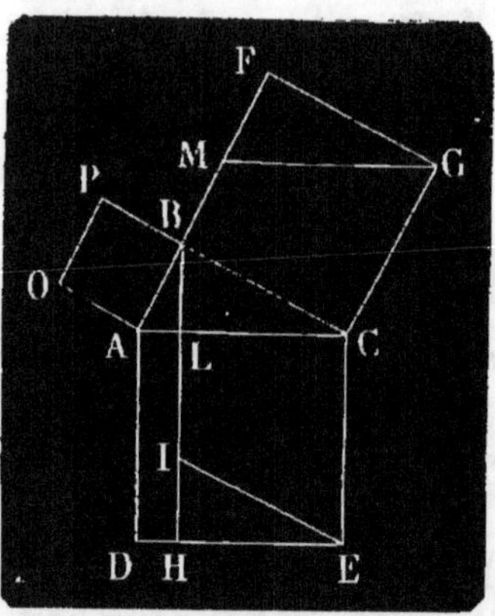

parallèle à CB, et GM parallèle à AC; le rectangle CLHE est équivalent au parallélogramme CBIE, car ils ont même base CE, et mêmes hauteurs, leurs bases supérieures étant sur une même parallèle à CE (*Prop. LXIX*); par la même raison, le parallélogramme CAMG est équivalent au carré CBFG; or les deux parallélogrammes CBIE et CAMG sont égaux, car ils ont GC = CB et CA = CE comme côtés de mêmes carrés, et l'angle MAC égal à l'angle CBI comme ayant les côtés perpendiculaires chacun à chacun; donc le rectangle CLHE est équivalent au carré GFBC. On démontrerait de même que le rectangle ALHD est équivalent au carré BPOA, donc la somme des deux rectangles, ou le carré construit sur l'hypoténuse du triangle, est équivalent à la somme des carrés construits sur les deux autres côtés.

$$car.\ AC = car.\ BC + car.\ AB$$

(*Corollaire.*) Le carré construit sur l'un des côtés de l'angle droit d'un triangle rectangle est équivalent à la différence des carrés construits sur les deux autres côtés.

PROPOSITION LXXV.

(Théorème 7.) *Dans tout triangle, le carré fait sur le côté opposé à un angle aigu est équivalent à la somme des carrés faits sur les deux autres côtés, moins deux fois un rectangle qui aurait pour dimensions le troisième côté et la projection du second sur le troisième.*

Soit le triangle ABC et les carrés faits sur les trois côtés. Je dis que le carré fait sur BC, opposé à l'angle aigu BAC, est équivalent à la somme des deux carrés faits sur AB et AC, diminuée de deux fois un rectangle qui aurait pour dimensions AC et AD projection de AB sur AC. Or, menant BH, perpendiculaire sur AC et FG, et menant EI, parallèle à AC, en prenant FE = AD, les deux rectangles AFHD et FEIG ont les dimensions ci-dessus et EFHO est le carré de AD, je dis que l'on doit avoir la relation :

$$car. \; BC = car. \; AB + car. \; AC - 2\,rect. \; AC, \; AD$$

En effet, dans le triangle rectangle ADB, on a (*Prop. LXXIV, corol.*),

$$car. \; BD = car. \; AB - car. \; AD$$

Dans le triangle rectangle BDC, on a,

$$car. \; BD = car. \; BC - car. \; CD$$

donc, $car. \; BC - car. \; CD = car. \; AB - car. \; AD$

et, par suite,

$$car. \; BC = car. \; AB + car. \; CD - car. \; AD$$

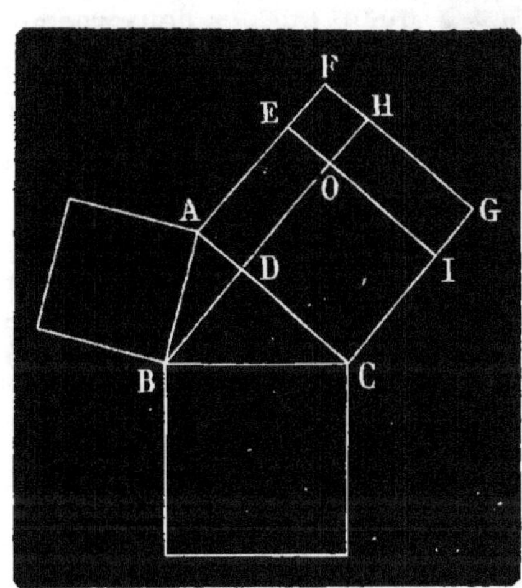

Or $car. \; CD - car. \; AD$ n'est autre chose que le carré de AC d'où l'on retrancherait les deux rectangles ADFH et EFGI, car si du carré AFGC de AC, on retranche un des rectangles, ADHF par exemple, il reste DHGC; si de cette figure on veut retrancher le second rectangle IGFE, la partie extérieure FHOE de celui-ci, qui est le carré de AD, devra être retranchée du carré CDOI de DC. Donc :

$$car. \; CD - car. \; AD = car. \; AC - 2\,rect. \; AC, \; AD$$

donc enfin,

$$car. \; BC = car. \; AB + car. \; AC - 2 \; rect. \; AC, \; AD$$

PROPOSITION LXXVI.

(THÉORÈME 8.) *Dans tout triangle obtusangle, le carré fait sur le côté opposé à l'angle obtus est équivalent à la somme des carrés faits sur les deux autres côtés, augmentée de deux fois un rectangle qui aurait pour dimensions le troisième côté et la projection du second sur le troisième.*

Soient le triangle ABC, les carrés faits sur les trois côtés, et la projection DA du côté BA sur AC prolongé, je dis que l'on aura, pour le carré du côté BC, opposé à l'angle obtus BAC,

$$car.\ BC = car.\ AB + car.\ AC + 2\ rect.\ AC,\ AD.$$

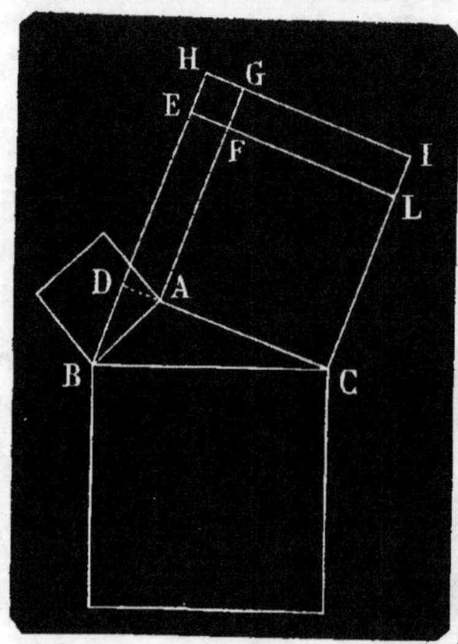

En effet, je prolonge BD en H, je prends DH = DC, j'achève le carré DHIC, et, prolongeant LF et AF, j'achève le carré EFGH, qui est le carré fait sur AD. Remarquant que les deux rectangles GFLI et ADFE sont égaux, comme ayant pour bases AF et FL, égales à AC, et pour hauteurs EF et FG, égales à AD, c'est-à-dire comme ayant pour dimensions AC et AD, on a dans le triangle rectangle ABD (*Prop. LXXIV, corol.*) :

$$car.\ BD = car.\ BA - car.\ AD$$

dans le triangle rectangle BDC on a pareillement,

$$car.\ BD = car.\ BC - car.\ DC$$

donc on a

$$car.\ BC - car.\ DC = car.\ BA - car.\ AD$$

ou $$car.\ BC = car.\ BA + car.\ DC - car.\ AD$$

Or, *car.* DC — *car.* AD n'est autre chose que la figure CIGFED, ou que le carré de AC, plus les deux rectangles FGIL et ADFE, donc enfin,

$$car.\ BC = car.\ AB + car.\ AC + 2\ rect.\ AC,\ AD.$$

Exercices.

1. Trouver le côté d'un carré équivalent à la somme ou à la différence de deux carrés donnés.

2. Construire sur une ligne donnée un triangle équivalent à un triangle donné, et dont le sommet soit sur une ligne donnée.

3. Construire un triangle équivalent à un triangle donné, et dont l'angle au sommet soit égal à un angle donné.

4. Trouver le côté d'un carré équivalent à la somme d'un carré et d'un rectangle donnés.

5. Trouver le rapport du carré construit sur la diagonale d'un carré et la surface de ce carré, et le rapport de leurs côtés.

6. Trouver le rapport de la somme des carrés construits sur les diagonales d'un losange et le carré d'un de ses côtés.

7. Démontrer que les carrés faits sur les deux côtés de l'angle droit d'un triangle rectangle sont proportionnels aux projections de ces côtés sur l'hypoténuse.

8. Construire un triangle équivalent à un parallélogramme.

9. Deux parallèles en coupent deux autres, démontrer que si l'on joint les extrémités d'un côté quelconque du parallélogramme qu'elles forment à un point quelconque de la parallèle opposée, les triangles ainsi formés sont équivalents.

10. Quel est le lieu géométrique de tous les triangles équivalents que l'on peut construire sur une base donnée.

THÉORIE

DE LA PROPORTIONNALITÉ ET DE LA MESURE DES SURFACES.

DÉFINITIONS.

On entend par *rapport* de deux surfaces le rapport des nombres d'unités de superficie que chacune d'elles contient.

Par *mesure* d'une surface, on entend le rapport de cette surface à la surface prise pour unité, c'est-à-dire le nombre de fois qu'elle contient la surface unité.

PROPOSITION LXXVII.

(THÉORÈME 1.) *Deux rectangles de même hauteur sont entre eux comme leurs bases, et, réciproquement, deux rectangles de même base sont entre eux comme leurs hauteurs.*

Soient les deux rectangles ABCD, EFGH, qui ont même hauteur, AC = EG, je dis, en les désignant, pour abréger, par R et r, qu'on aura entre eux la relation $\dfrac{R}{r} = \dfrac{CD}{GH}$.

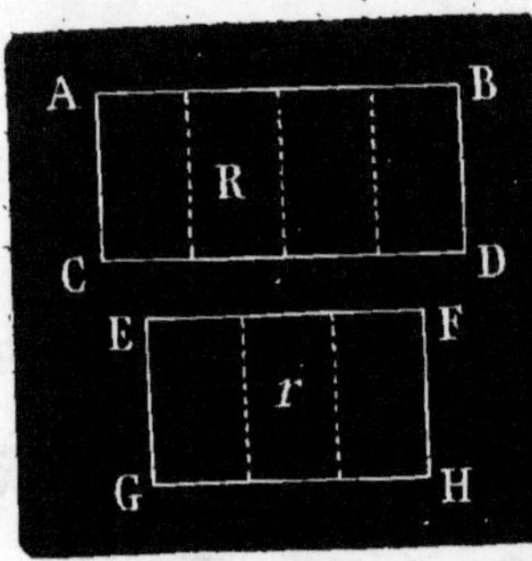

En effet, supposons entre CD et GH une commune mesure, qui soit contenue par exemple 4 fois dans CD et 3 fois dans GH, on aurait la relation

$$\frac{CD}{GH} = \frac{4}{3}$$

Par les points de division menons dans les deux rectangles des perpendiculaires aux bases; tous les petits rectangles ainsi formés seront égaux comme ayant même base et même hauteur. Or le rectangle R contient 4 de ces petits rectangles, le rectangle r en contient 3, on aura donc la relation

$$\frac{R}{r} = \frac{4}{3},$$

et, par suite du rapport commun $\dfrac{4}{3}$ entre cette relation et celle déjà trouvée, on aura enfin $\dfrac{R}{r} = \dfrac{CD}{GH}$.

Dans le cas où les bases n'auraient pas de commune mesure, et où une certaine mesure contenue un nombre exact de fois dans l'une des bases laisserait un reste sur l'autre, on sait (*Prop. LI*) que l'on peut rendre ce reste plus petit que toute quantité donnée, la démonstration précédente est donc aussi applicable dans ce cas.

(*Corollaire.*) Les parallélogrammes étant équivalents aux rectangles de même base et de même hauteur, et les triangles étant équivalents à la moitié des parallélogrammes de même base et de même hauteur, il suit de la démonstration précédente que deux parallélogrammes ou deux triangles qui ont, soit même base, soit même hauteur, sont entre eux comme leurs hauteurs ou leurs bases.

PROPOSITION LXXVIII.

(Théorème 2.) *Deux rectangles quelconques sont entre eux comme les produits de leurs bases par leurs hauteurs.*

Soient les deux rectangles R et r dont les dimensions sont : pour le premier, b et h, et, pour le second, b' et h'.

Je dis que l'on a entre eux la relation $\dfrac{R}{r} = \dfrac{b \times h}{b' \times h'}$.

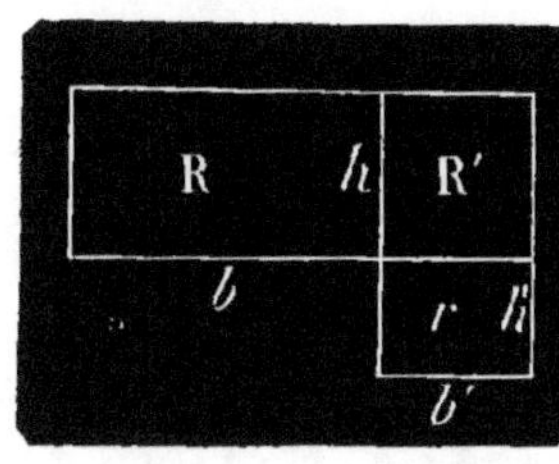

En effet, en les disposant comme le montre la figure, et prolongeant leurs côtés, on forme un troisième rectangle R', qui a pour dimensions b' et h. Les rectangles R et R', ayant même hauteur h, donnent (*Prop. LXXVII*)

$$\frac{R}{R'} = \frac{b}{b'}$$

les rectangles R' et r ayant même base b', donnent

$$\frac{R'}{r} = \frac{h}{h'}$$

multipliant membre à membre ces deux égalités, et supprimant R', facteur commun au premier membre, il vient

$$\frac{R}{r} = \frac{b \times h}{b' \times h'}$$

(*Corollaire.*) Deux parallélogrammes quelconques, ou deux triangles quelconques sont entre eux comme les produits de leurs bases par leurs hauteurs.

PROPOSITION LXXIX.

(Théorème 3.) *Les surfaces de deux polygones semblables quelconques sont entre elles comme les deuxièmes puissances des côtés homologues. Les surfaces des polygones réguliers d'un même nombre de côtés sont de plus entre elles comme les deuxièmes puissances des rayons des cercles inscrits ou circonscrits ; et deux cercles sont entre eux comme les deuxièmes puissances des rayons.*

Deux figures polygonales semblables P et p pouvant toujours se décomposer en un même nombre de triangles semblables, il suffira de démontrer la première partie de ce théorème pour deux triangles semblables.

Soient donc T et t deux triangles semblables, dont A et a sont deux côtés homologues, et H et h les hauteurs correspondantes à ces côtés. On a par le théorème précédent

$$\frac{T}{t} = \frac{A \times H}{a \times h}$$

mais comme ces triangles sont semblables, on a aussi

$$\frac{A}{a} = \frac{H}{h}$$

donc

$$\frac{T}{t} = \frac{A^2}{a^2}$$

Si maintenant T, T', T'', etc. t, t', t'', etc. sont les triangles semblables en lesquels deux polygones ont été décomposés, et A, B, C ; a, b, c les côtés homologues de ces triangles, on aurait les relations

$$\frac{T}{t} = \frac{A^2}{a^2}, \ \frac{T'}{t'} = \frac{B^2}{b^2}, \ \frac{T''}{t''} = \frac{C^2}{c^2}, \ \text{etc.}$$

ou, comme

$$\frac{A}{a} = \frac{B}{b} = \frac{C}{c}$$

$$\frac{T}{t} = \frac{T'}{t'} = \frac{T''}{t''}, \ \text{etc.} = \frac{A^2}{a^2}$$

ou enfin

$$\frac{T + T' + T'' + \text{etc.}}{t + t' + t'' + \text{etc.}} = \frac{A^2}{a^2}, \ \text{et} \ \frac{P}{p} = \frac{A^2}{a^2}$$

Dans les polygones réguliers semblables, en menant pour chaque côté les rayons et les apothèmes, on les décompose en un même nombre de triangles égaux dans chaque polygone et semblables chacun à chacun dans les deux polygones, pour chacun desquels on aurait la relation ci-dessus ; si donc P et p sont deux polygones réguliers semblables, de m côtés, en appelant T et t un des triangles homologues A et a leurs apothèmes, R et r leurs rayons, on aurait

$$\frac{T}{t} = \frac{A^2}{a^2} = \frac{R^2}{r^2}$$

et aussi

$$\frac{mT}{mt} = \frac{A^2}{a^2} = \frac{R^2}{r^2}$$

ou enfin,

$$\frac{P}{p} = \frac{A^2}{a^2} = \frac{R^2}{r^2}$$

Comme, en doublant indéfiniment le nombre des côtés d'un polygone régulier inscrit, on peut rendre la différence entre sa surface et celle du cercle plus petite que toute quantité donnée, de telle sorte que la surface du cercle peut être considérée comme la limite des polygones successifs, à cette limite les apothèmes et les rayons de ces polygones deviennent égaux, et l'on peut écrire la relation, en appelant C et c les deux cercles et R et r leurs rayons.

$$\frac{C}{c} = \frac{R^2}{r^2}$$

PROPOSITION LXXX.

(Théorème **4**.) *Un rectangle a pour mesure le produit de sa base par sa hauteur*.

En effet, entre deux rectangles R et r, dont les dimensions sont B et H, pour le premier, b et h pour le second, on a (*Prop. LXXVIII*) la relation

$$\frac{R}{r} = \frac{B \times H}{b \times h}$$

Supposons que r soit le rectangle unité, le mètre carré, par exemple, la base et la hauteur seraient l'unité de longueur, c'est-à-dire égales à 1, et l'on aurait

$$\frac{R}{r} = \frac{B \times H}{1} \quad \text{ou} \quad \frac{R}{r} = B \times H$$

Or $\dfrac{R}{r}$, rapport de la surface du rectangle à celle du rectangle unité, n'est autre chose que la mesure du rectangle R, donc cette mesure est bien égale au produit $B \times H$ de la base par la hauteur. C'est-à-dire que le nombre d'unités de superficie contenu dans R est égal au produit des nombres d'unités de longueur contenues dans B et dans H.

(*Corollaire.*) Un parallélogramme étant équivalent à un rectangle de même base et de même hauteur, aura aussi pour mesure le produit de la base par la hauteur.

Le carré, dans lequel la base et la hauteur sont égales, aura pour mesure la deuxième puissance du côté.

(*Remarque.*) Il suit de ce qui précède que l'expression du produit de deux lignes représente à la fois : 1° le produit des longueurs de ces lignes exprimées en unités linéaires, et 2° un rectangle qui aurait une de ces lignes pour base et l'autre pour hauteur. De même la deuxième puissance d'une ligne exprime à la fois la deuxième puissance de la longueur de cette ligne, et le carré construit sur elle. A l'avenir, pour représenter un rectangle, il suffira donc d'écrire le produit de sa base par sa hauteur, et pour représenter un carré, d'indiquer, au moyen de l'exposant 2, la deuxième puissance du côté.

Les propositions diverses, relatives aux surfaces équivalentes (voir cette théorie), devront donc désormais s'écrire ainsi :

(*Théor.* 3.) $(AB + BC)^2 = AB^2 + BC^2 + 2\,AB \times BC.$

(*Théor.* 4.) $(AB - BC)^2 = AB^2 + BC^2 - 2\,AB \times BC.$

(*Théor.* 5.) $(AB + BC)(AB - BC) = AB^2 - BC^2.$

(*Théor.* 6.) $AC^2 = AB^2 + BC^2.$

(*Théor.* 7.) $BC^2 = AB^2 + AC^2 - 2\,AC \times AD.$

(*Théor.* 8.) $BC^2 = AB^2 + AC^2 + 2\,AC \times AD.$

PROPOSITION LXXXI.

(Théorème 5.) *Tout triangle a pour mesure la moitié du produit de sa base par sa hauteur.*

En effet, tout triangle est équivalent à la moitié du parallélogramme de même base et de même hauteur, il doit donc avoir pour mesure la moitié de la mesure de celui-ci, c'est-à-dire la moitié du produit de la base par la hauteur.

PROPOSITION LXXXII.

(Théorème 6.) *Un trapèze a pour mesure le produit de sa hauteur par la demi-somme des côtés parallèles, ou encore, le produit de sa hauteur par la ligne qui joint les milieux des côtés non parallèles.*

Soit le trapèze ABCD; je dis que sa mesure est égale à

$$BH \times \frac{AB + CD}{2}, \text{ ou à } BH \times EF.$$

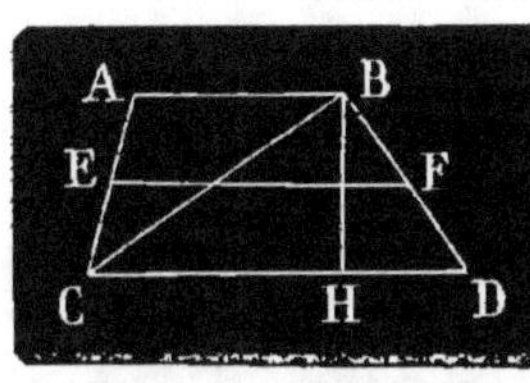

En effet, menant la diagonale BC, on décompose le trapèze en deux triangles ABC, BCD, qui ont pour bases, l'un AB, l'autre CD, et même hauteur BH, leurs sommets se trouvant sur deux lignes parallèles; leurs mesures sont, pour ABC,

$$\frac{AB \times BH}{2}$$

pour BCD,

$$\frac{CD \times BH}{2}$$

leur somme sera la mesure du trapèze, qui sera donc,

$$\frac{AB \times BH}{2} + \frac{CD \times BH}{2}$$

ou

$$\frac{AB + CD}{2} \times BH$$

Il a été démontré (*Prop. XXXV*) que

$$EF = \frac{AB + CD}{2}$$

donc la mesure du trapèze est encore $EF \times BH$.

PROPOSITION LXXXIII.

(Théorème 7.) *Tout polygone régulier a pour mesure la moitié du produit de son périmètre par son apothème.*

Soit AB le côté d'un polygone régulier de m côtés,

menons les deux rayons OB, OA, et l'apothème OD, je dis que la surface de ce polygone a pour mesure,

$$\frac{Périm. \times OD}{2}$$

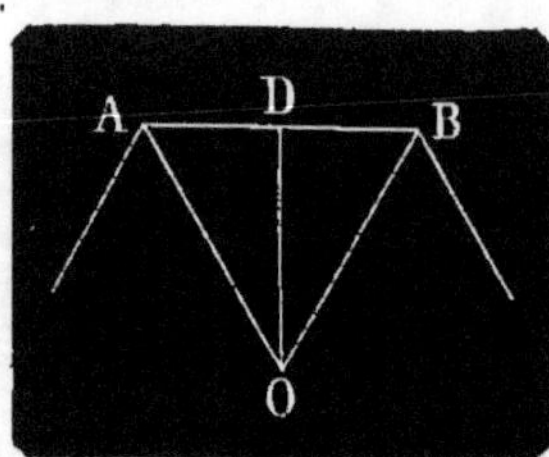

En effet, la surface du polygone est égale à m triangles tous égaux à ABO, or la surface ABO a pour mesure

$$\frac{AB \times OD}{2}$$

donc la surface du polygone a pour mesure

$$\frac{m \times AB \times OD}{2}$$

ou, comme $m \times AB$ n'est autre chose que le périmètre, la moitié du produit du périmètre par l'apothème.

PROPOSITION LXXXIV.

(THÉORÈME 8.) *La surface du cercle a pour mesure la moitié du produit de la circonférence par le rayon.*

En effet, en inscrivant successivement dans un cercle des polygones réguliers d'un nombre double de côtés, on sait que l'on peut rendre la différence entre le périmètre et la circonférence, et par suite entre les deux surfaces, plus petite que toute quantité donnée, de sorte que la surface du cercle est la limite des surfaces des polygones inscrits successifs; mais, à cette limite, le périmètre du polygone devient la circonférence, et l'apothème se confond avec le rayon, donc la surface du cercle a pour mesure la moitié du produit de la circonférence par le rayon.

Or en appelant π le rapport de la circonférence au diamètre, et R le rayon, nous avons vu (*Prop. LXIV*) qu'une circonférence pouvait se représenter par $2\pi R$, donc la formule générale de la surface du cercle sera

$$\frac{2\pi R \times R}{2} \text{ ou } \frac{2\pi R^2}{2} \text{ ou } \pi R^2$$

PROPOSITION LXXXV.

(THÉORÈME **9.**) *La surface d'un secteur a pour mesure la moitié du produit de son arc par le rayon.*

En effet, un secteur est au cercle comme son arc est à la circonférence; donc en désignant par S la surface d'un secteur, et par a son arc, on a

$$\frac{S}{\pi R^2} = \frac{a}{2\pi R},$$

d'où
$$S = \frac{\pi R^2 a}{2\pi R} = \frac{a \times R}{2}$$

Exercices numériques.

1. Calculer la surface formée par un carré surmonté d'un triangle équilatéral, sachant que le côté du carré est de 92^m,63.

2. Quelles seraient la base et la hauteur d'un triangle qui, restant semblable à un triangle isocèle dont la base et un côté sont égaux à 18^m,50, 34^m,25, aurait une surface neuf fois plus grande.

3. Calculer la surface comprise entre un cercle et un carré circonscrit, le rayon du cercle étant 292^m,85.

4. Quel doit être le rayon d'un cercle pour que sa surface soit les deux tiers de celle d'un autre cercle dont la circonférence est 1893 mètres.

5. Calculer la hauteur d'un rectangle pour que, ayant une base double, la surface soit les neuf cinquièmes de celle d'un triangle dont la base et la hauteur sont 55^m,38 et 103^m,05.

6. Quel serait le rayon d'un cercle qui aurait 1 mètre carré de surface; quelle serait sa circonférence.

7. Étant donné un triangle rectangle dont les deux côtés de l'angle droit sont 212^m et 118^m,83, par un point qui marque les deux tiers de l'hypoténuse on mène une parallèle à chaque côté; trouver, dans tous les cas, les surfaces des trapèzes, rectangles et triangles ainsi formés.

8. Dans un cercle dont le rayon est de 10 mètres, on inscrit un carré et un hexagone régulier, trouver de combien ces trois surfaces se dépassent mutuellement.

9. Quelle est la surface du secteur de 0',15 dans un cercle dont le rayon est 42^m.

10. Sur une même base on veut construire des rectangles successifs dont les surfaces soient entre elles dans les rapports des nombres 9, 6, 25, 33, quels doivent être les rapports des hauteurs.

PROBLÈMES

SUR LES SURFACES PROPORTIONNELLES ET ÉQUIVALENTES.

PROBLÈME I.

Étant donnés deux polygones équivalents, et chacun d'un nombre quelconque de côtés, les décomposer en un même nombre de triangles équivalents chacun à chacun.

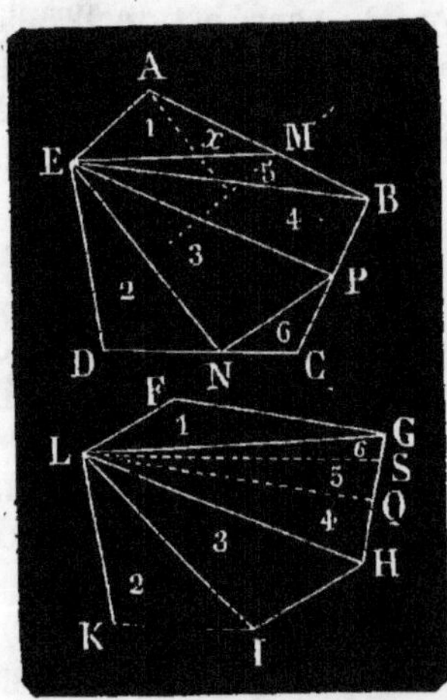

Soient les deux polygones ABCDE, FGHIKL, l'un pentagonal, l'autre hexagonal, équivalents.

Je mène les diagonales LG, LH, LI; sur un côté du premier polygone, sur AE par exemple, comme base, je construis un triangle équivalent à FLG, ce que je puis toujours faire, car il suffit pour cela de calculer la hauteur de ce triangle; or si nous la représentons par x, en appelant h celle du triangle FLG, on aurait $x \times AE = h \times FL$, d'où l'on voit que x est une quatrième proportionnelle entre AE, h, et FL que l'on sait calculer (*Probl. III, page* 83), puis, la longueur de x connue, il suffit sur un point quelconque de AE d'élever une perpendiculaire égale à x, de mener par son sommet une parallèle à AE, et de joindre le point E au point M, où cette parallèle coupe par exemple le côté AB, et AME sera le triangle équivalent à FLG.

Sur ED comme base je construis de même un triangle

équivalent à L K I, ce sera par exemple E D N ; sur E N j'en construis un autre E N P, équivalent par exemple à L I H, puis je remarque que, puisque les deux polygones sont équivalents, le triangle H L G, restant de l'un, est équivalent à la somme du triangle N P C et du quadrilatère P B M E, restant de l'autre. Cela posé, je mène la diagonale E B, puis sur L H je fais comme précédemment un triangle L Q H, équivalent à E P B, sur L Q, un triangle L S Q, équivalent à E M B, et le petit triangle L G S restant étant nécessairement équivalent à N P C, les deux polygones sont ainsi partagés chacun en un même nombre de triangles équivalents chacun à chacun.

Il est aisé de reconnaître que cette construction est toujours applicable. Il peut arriver cependant qu'en voulant

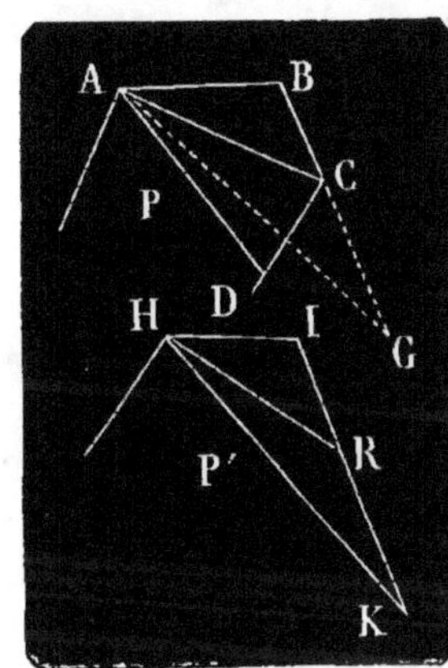

faire sur A B, par exemple, côté de l'un des polygones, un triangle équivalent au triangle H I K de l'autre polygone, la hauteur x de ce nouveau triangle donne un sommet placé en G hors du polygone, mais ce cas n'est pas une impossibilité, car il suffit alors, ayant construit le triangle A B G, de faire sur A C un second triangle A C D équivalent à A C G, et sur H I un triangle H I R équivalent à A B C, et le premier polygone présentera les deux triangles A B C, A C D, équivalents aux deux triangles H I R, H R K du second.

PROBLÈME II.

Construire un triangle équivalent à un polygone donné.

Si l'on connaît la surface du polygone, il suffit de la décomposer en deux facteurs dont elle soit le produit, et de prendre l'un d'eux pour base du triangle et le double de l'autre pour hauteur ; mais, outre que cela n'est pas toujours possible exactement, on peut se proposer de résoudre graphiquement ce problème.

5.

Soit le polygone ABCD; je joins BD, et par le point C
je mène CE parallèle à
BD, jusqu'à la rencontre
de AD prolongé, et je
joins BE. Le triangle
ABE ainsi construit est
équivalent au quadrila-

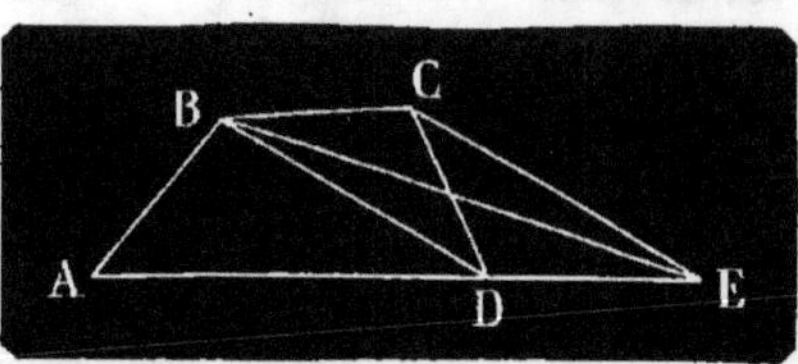

tère donné; en effet, les deux triangles BCD, BDE sont
équivalents comme ayant même base BD, et leurs sommets sur une parallèle CE à la base; donc, à cause de la
partie commune BAD, le polygone et le triangle sont équivalents.

Si le polygone avait plus de quatre côtés, on referait la
même construction dans le nouveau polygone résultant de
la première, et comme chaque fois on diminue d'un le
nombre des côtés, on arrivera toujours à un triangle,
qui sera équivalent au polygone.

PROBLÈME III.

*Construire un carré équivalent à un parallélogramme ou à
un triangle donné.*

Appelons x le côté du carré cherché, et h et b la hauteur
et la base du parallélogramme ou du triangle donné. On
aurait, puisque les surfaces doivent être équivalentes,
dans le cas du parallélogramme,

$$x^2 = b \times h$$

et

$$x^2 = b \times \frac{h}{2}$$

dans le cas du triangle; x est donc une moyenne proportionnelle entre b et h, ou entre b et $\frac{h}{2}$.

On sait (*Prob. IV, pag.* 84) comment la trouver.

PROBLÈME IV.

*Construire sur une ligne donnée un rectangle équivalent à
un rectangle donné.*

Soient a la ligne donnée, b et h la base et la hauteur du rectangle donné, soit x la hauteur cherchée du rectangle dont a serait la base ; par suite de la condition d'équivalence, on a,

$$a \times x = b \times h$$

et x est une quatrième proportionnelle entre a, b et h (*Prob. III, pag.* 83).

PROBLÈME V.

Construire un rectangle équivalent à un carré donné, et dont les côtés fassent une somme donnée.

Appelons x et y la base et la hauteur du rectangle cherché, dont la somme doit être égale à une ligne AB donnée, et c le côté du carré donné, on aurait

$$c^2 = x \times y$$

donc x et y sont les deux segments de AB entre lesquels c serait une moyenne proportionnelle.

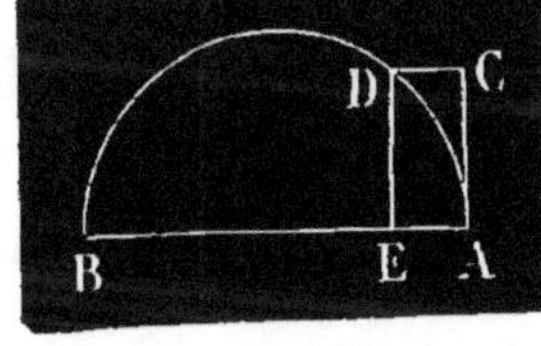

Cela posé, le problème se construit ainsi : sur AB, comme diamètre, on décrit une demi-circonférence, au point A on élève une perpendiculaire AC égale à c, on mène par le point C une parallèle CD à AB, et du point D, où elle rencontre la circonférence, on abaisse DE perpendiculaire à AB, qui la partage au point E en deux segments BE, EA qui sont la base et la hauteur du rectangle demandé, car DE étant égal à c, on a (*Prop. LXV*, 3°),

$$DE^2 = BE \times EA, \text{ ou } c^2 = x \times y$$

PROBLÈME VI.

Trouver deux lignes qui soient dans le même rapport que deux rectangles.

Soient b et h, b' et h' les dimensions des deux rectangles donnés ; prenons-en une, h par exemple, pour l'une des lignes cherchées, et représentons l'autre par x; on aurait alors

$$\frac{bh}{b'h'} = \frac{h}{x}$$

d'où
$$x = \frac{b'h'h}{bh} = \frac{b'h'}{b}$$

On voit donc que x est une quatrième proportionnelle entre b', h' et b.

PROBLÈME VII.

Construire un carré qui soit à un carré donné dans le rapport de deux lignes données.

Soient c le côté du carré donné, x celui du carré cherché, et m et n les deux lignes données; cherchons une quatrième proportionnelle entre c, m, et n, soit p la ligne trouvée, on aurait

$$\frac{c}{p} = \frac{m}{n}$$

et comme on a aussi
$$\frac{c^2}{x^2} = \frac{m}{n}$$

on a par suite
$$\frac{c^2}{x^2} = \frac{c}{p}$$

d'où
$$x^2 = \frac{c^2 p}{c} = cp$$

donc x est une moyenne proportionnelle entre c et p.

PROBLÈME VIII.

Calculer le rapport approché de la circonférence au diamètre.

Pour calculer la valeur numérique du rapport $\frac{C}{2R}$, valeur que nous avons déjà représentée par π, il suffit, ou bien, connaissant R, de calculer la valeur de C; ou bien, connaissant C, d'en déduire la valeur de R, puis de calculer la valeur numérique du rapport; de là deux méthodes.

1° Connaissant le rayon, calculer la longueur de la circonférence.

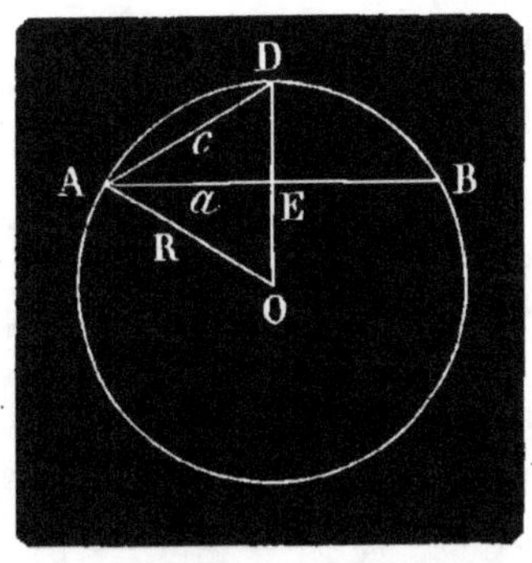

Supposons un polygone régulier inscrit dans une circonférence dont le rayon est connu, ainsi que la longueur du côté de ce polygone; désignons-les par R et par a. Nous avons vu (*Prob. XIV, pag.* 67) comment on pouvait, géométriquement, trouver le côté d'un polygone inscrit d'un nombre de côtés double; on peut aussi calculer numériquement la longueur de ce côté en fonction de R et de a. Faisons la construction géométrique qui détermine le côté cherché, et désignons-le par c; dans le triangle AOD,

on a $$AD^2 = AO^2 + OD^2 - 2OD \times OE$$

ou $$c^2 = 2R^2 - 2R \times OE$$

Or, dans le triangle rectangle AOE on a

$$OE^2 = AO^2 - AE^2$$

ou $$OE = \sqrt{AO^2 - AE^2} = \sqrt{R^2 - \frac{a^2}{4}}$$

remplaçant OE par sa valeur, dans la première équation,

on a $$c^2 = 2R^2 - 2R\sqrt{R^2 - \frac{a^2}{4}}$$

et enfin $$c = \sqrt{2R\left(R - \frac{\sqrt{4R^2 - a^2}}{2}\right)}$$

Au moyen de cette formule il nous sera donc facile, en partant d'un polygone dont le côté et le rayon sont connus, de calculer le côté et le périmètre d'un polygone d'un nombre de côtés aussi grand qu'on voudra. Or, si en même temps on calcule les apothèmes des polygones successifs (et leur valeur est toujours facile à déduire du triangle rectangle qu'ils forment avec le rayon du cercle et le côté du dernier polygone), leur valeur se rapprochant sans cesse de celle de R, il viendra un moment où leur différence n'étant plus qu'une unité décimale d'un ordre aussi petit qu'on le voudra, on pourra prendre la valeur du périmètre du dernier polygone pour valeur de la circonférence, et calculer $\dfrac{C}{2R}$, pour lequel on trouve la valeur $\pi = 3,1415926\ldots$

2° *Connaissant la circonférence, trouver le rayon.*

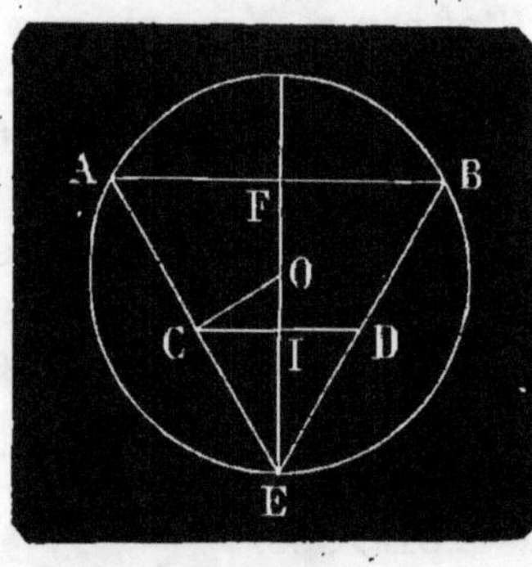

Nous avons vu (*Prob. XVIII, pag.* 69) que l'on peut, connaissant le côté, le rayon et l'apothème d'un polygone régulier inscrit, calculer le rayon et l'apothème d'un polygone isopérimètre d'un nombre double de côtés. On peut de même calculer numériquement ce nouveau rayon et ce nouvel apothème en fonction des précédents.

Faisons la construction déjà connue; appelons R et r le rayon et l'apothème du polygone primitif, et R', r' ceux que l'on cherche ; on a

$$IE = \frac{FE}{2} = \frac{OE + OF}{2}$$

ou

$$r' = \frac{R + r}{2}$$

Dans le triangle rectangle COE, on a

$$CE^2 = OE \times IE$$

ou

$$R'^2 = R^2 \times \frac{R + r}{2}$$

et

$$R' = R\sqrt{\frac{R + r}{2}}$$

Cela posé, partant d'un polygone dont le périmètre, le rayon et l'apothème sont connus, on peut calculer, à l'aide des formules précédentes, les rayons et les apothèmes de polygones réguliers isopérimètres et d'un nombre successivement double de côtés. Or, à mesure que ces périmètres se rapprocheront de la circonférence, la différence entre le rayon

et l'apothème ira en diminuant, et l'on peut la rendre inférieure à toute limite donnée; à ce moment on pourra prendre l'un des deux pour valeur du rayon d'une circonférence
égale au périmètre des polygones, et calculer alors $\dfrac{C}{2R}$, ce
qui donne pour π la valeur ci-dessus.

Exercices généraux.

1. Démontrer que le triangle formé en joignant le milieu
d'un des côtés non parallèles d'un trapèze aux extrémités de
l'autre côté est équivalent à la moitié du trapèze.

2. Partager un triangle en trois triangles dans le rapport de
lignes m, n et p données, par deux lignes menées d'un sommet
sur le côté opposé.

3. Démontrer que si, dans un parallélogramme, on joint un
point intérieur quelconque aux quatre sommets, les deux
sommes des triangles opposés sont équivalentes entre elles.

4. Connaissant les trois côtés d'un triangle, calculer sa surface.

5. Partager un trapèze en deux parties équivalentes par
une ligne menée d'un point pris sur son périmètre.

6. Calculer la surface d'un quadrilatère inscriptible en fonction des quatre côtés.

7. La surface d'un rectangle est 215 mètres carrés, et son
périmètre est 60 mètres, quels sont ses côtés.

8. L'une des bases d'un trapèze est 10 mètres, la hauteur
est 4 mètres, la surface 32 mètres carrés; à une distance
de 1 mètre de la base on lui mène une parallèle, trouver la
longueur de cette ligne.

9. Les deux côtés d'un triangle rectangle sont $5^m,7$ et $8^m,2$;
du sommet de l'angle droit, qu'ils comprennent, on abaisse
une perpendiculaire sur l'hypoténuse. On demande la surface
des triangles ainsi formés.

10. Les côtés de l'angle droit d'un triangle rectangle sont
$22^m,32$, et $38^m,65$, calculer les deux segments en lesquels
l'hypoténuse est partagée par la perpendiculaire menée du
sommet.

11. Calculer une moyenne proportionnelle entre deux lignes
données, en s'appuyant seulement sur la propriété du carré de
l'hypoténuse.

12. Trouver le côté d'un hexagone régulier dont la surface

soit la somme ou la différence de deux autres hexagones réguliers dont les côtés sont 33 et 56.

13. Un polygone est formé d'un carré surmonté d'un triangle équilatéral ; la surface totale est 8 mètres carrés. Trouver le côté du carré.

14. L'hypoténuse d'un triangle rectangle est 35, et sa surface 726 mètres carrés. Trouver les deux côtés de l'angle droit.

15. Les trois côtés d'un triangle rectangle forment une progression par différence dont la raison est 25, trouver les trois côtés.

16. Trouver les trois côtés d'un triangle rectangle, sachant que leur somme est 132, et la somme de leurs carrés 6050.

17. Dans un trapèze dont les côtés et la hauteur sont a, b, h, les côtés sont partagés en trois parties égales par deux parallèles à la base. Trouver, en fonction de a, b, h, la surface des trois trapèzes partiels.

18. Du sommet d'un triangle on abaisse une perpendiculaire sur la base, calculer les deux segments de celle-ci, les trois côtés étant 307,8 ; 480, 163 ; 689, 472.

19. Calculer les deux côtés de l'angle droit d'un triangle rectangle dont l'hypoténuse est 12, les côtés étant entre eux dans le rapport de 2 à 3.

20. Dans un cercle dont le rayon est 26 mètres, on inscrit une corde de 24 mètres, qui divise en deux parties le diamètre qui lui est perpendiculaire. On demande la longueur de ces parties.

21. Deux cercles ont pour rayon 37^m, 2 et 28^m, 7, trouver le rayon d'un troisième cercle équivalent à la somme ou à la différence des deux premiers.

22. Quelle est la surface du cercle circonscrit ou inscrit à un triangle équilatéral dont le côté est 6.

23. Connaissant le rayon d'un cercle, trouver les formules qui donnent le côté et la surface de l'octogone régulier inscrit.

24. Le rayon d'un cercle est 1^m, 017, calculer l'aire du segment compris entre l'arc et la corde, la distance de la corde au centre étant le tiers du rayon.

25. On a deux cercles concentriques dont les rayons sont 7^m,5 et 2^m,8 : on mène par le centre deux rayons faisant entre eux un angle de 37°. Calculer la surface comprise entre les deux rayons et les deux circonférences.

GÉOMÉTRIE DANS L'ESPACE.

PRÉLIMINAIRES.

La *géométrie dans l'espace* étudie les propriétés et les mesures des figures géométriques dont les diverses parties ne sont pas dans le même plan.

La représentation graphique de ces figures ne peut donc se faire que par un dessin où la perspective, comme dans un tableau, est chargée d'exprimer aux yeux les positions relatives des divers plans qui les contiennent, et pour bien les comprendre, ainsi que les démonstrations auxquelles elles servent, il faut s'habituer à les voir par la pensée dans l'espace avec leurs plans divers dans leurs positions réelles.

Nous avons déjà vu qu'un plan, ou surface plane, est une surface telle qu'une ligne droite s'y applique exactement en tous sens, ou, mieux, telle que, prenant sur cette surface deux points à volonté, et les joignant par une ligne droite, cette ligne est tout entière dans la surface.

Il suit de là, qu'une ligne droite qui a deux points communs avec un plan est tout entière dans ce plan, et ne saurait en sortir, quelque loin qu'on les prolonge tous deux.

Il suit de là aussi, qu'une droite qui n'est pas tout entière dans un plan n'a au plus qu'un point commun avec lui, car un point de plus entraînerait la coïncidence complète de la ligne et du plan.

Cela posé, avant d'entrer dans l'étude des propriétés relatives des lignes et des plans, démontrons les deux théorèmes suivants.

PROPOSITION I.

(Théorème **1**.) *Trois points non en ligne droite déterminent la position d'un plan.*

Soient les trois points A, B, C, non en ligne droite; je dis que par ces trois points on peut faire passer un plan.

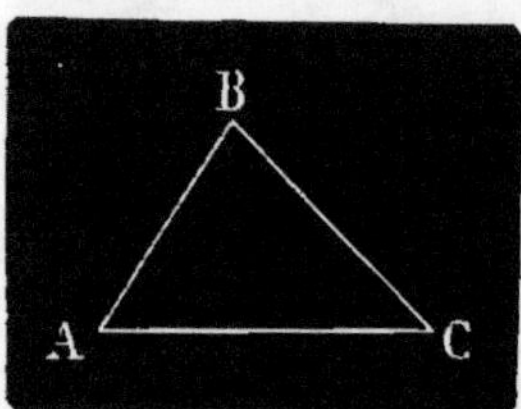

En effet, joignons AB, par cette ligne on peut concevoir un plan quelconque, faisons-le tourner autour de AB comme une porte tourne sur ses charnières; en lui faisant faire une rotation complète il y aura évidemment une certaine position où il passera par le point C, à ce moment il sera le plan passant par les trois points donnés.

De plus, il n'y a qu'un seul plan qui puisse remplir cette condition, car tout autre plan passant aussi par ces trois points coïncidera avec le premier; en effet une ligne droite quelconque qui couperait deux des trois lignes AB, AC, BC, se trouverait à la fois dans les deux plans.

(*Corollaire* **1**.) Deux droites qui se coupent déterminent la position d'un plan, car en prenant un point sur chacune d'elles, avec le point d'intersection cela en fait trois, qui déterminent un plan contenant les deux lignes.

(*Corollaire* **2**.) Deux parallèles déterminent la position d'un plan; car en leur menant une transversale, le plan de l'une des parallèles et de la transversale serait aussi le plan de l'autre parallèle.

PROPOSITION II.

(Théorème **2**.) *L'intersection de deux plans est une ligne droite.*

Ce n'est en effet que sur une ligne droite que deux plans peuvent avoir au moins trois points communs sans se confondre en un seul; ils ne peuvent donc se couper que suivant une ligne droite.

THÉORIE

DES LIGNES PERPENDICULAIRES, OBLIQUES ET PARALLÈLES AUX PLANS.

DÉFINITIONS.

Une ligne est dite *perpendiculaire à un plan* lorsqu'elle forme des angles adjacents égaux avec toutes les lignes menées par son pied dans le plan, autrement dit quand elle est perpendiculaire à toutes ces lignes. (Je désigne par le mot *pied* le point où la perpendiculaire perce le plan.)

Une ligne est *oblique à un plan* lorsqu'elle forme des angles adjacents inégaux avec les lignes menées par son pied dans le plan.

Une ligne est *parallèle à un plan* lorsqu'ils ne se rencontrent jamais quelque loin qu'on les prolonge. Réciproquement, le plan est dit parallèle à la ligne.

On appelle *projection d'un point* sur un plan le pied de la perpendiculaire abaissée de ce point sur le plan.

La *projection d'une ligne* sur un plan est la ligne formée par les pieds des perpendiculaires abaissées de tous les points de la ligne sur ce plan.

PROPOSITION III.

(THÉORÈME 1.) *Toutes les perpendiculaires menées autour d'un même point d'une ligne droite sont dans un même plan perpendiculaire à cette ligne.*

Soit la ligne AB, au point B de laquelle on mène diverses perpendiculaires BC, BD, BE; je dis que toutes ces perpendiculaires sont dans un même plan perpendiculaire à AB.

En effet, au point B concevons un plan MN, perpendiculaire à AB; d'après la définition de la perpendiculaire au plan, AB sera perpendiculaire à toutes les lignes menées par son pied dans ce plan; si maintenant nous concevons un plan passant par AB et une des perpendiculaires, BE par exemple, BE sera l'intersection de ce plan avec MN,

car cette intersection, étant dans le plan MN, doit être
perpendiculaire à AB, et étant aussi dans le plan ABE elle ne saurait être autre que BE, puisque du point B, dans un même plan, on ne peut élever qu'une perpendiculaire à AB. On démontrerait de même que les autres perpendiculaires BC, BD, et

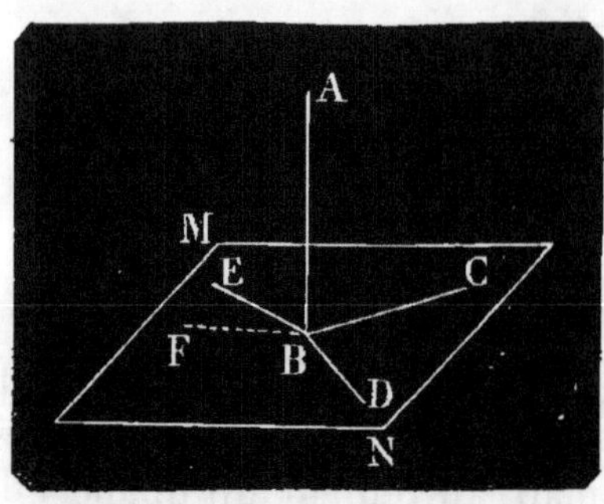

toute autre perpendiculaire à AB au point B, se trouvent dans le plan MN, donc leur ensemble détermine un plan, qui n'est autre que le plan MN perpendiculaire à AB.

(*Corollaire.*) Si une ligne AB est perpendiculaire à deux droites BD, BC passant par son pied dans un plan, elle est aussi perpendiculaire à toute autre droite BF passant par son pied dans ce plan, et par suite perpendiculaire au plan. En effet la droite BF menée par son pied dans ce plan lui sera perpendiculaire ; car si au point B, dans le plan passant par AB et BF, on mène une perpendiculaire à AB, cette perpendiculaire et les deux autres BC et BE déterminent un plan qui, ayant avec MN les deux lignes communes BC et BD, coïncide avec lui ; donc la troisième perpendiculaire coïncide avec BF.

PROPOSITION IV.

(Théorème **2**.) *Toute perpendiculaire à un plan est contenue dans un plan perpendiculaire à une ligne quelconque menée dans le premier plan.*

Soit la ligne AB perpendiculaire au plan MN, je dis que cette perpendiculaire est contenue dans un plan perpendiculaire à une ligne quelconque CD menée dans le plan MN.

En effet, du point B je mène BE perpendiculaire à CD, je joins AE ; je dis que le plan mené suivant BE et AE, et qui contient la perpendiculaire AB, est perpendiculaire à CD ; pour le démontrer il suffit de faire voir que AE est perpendiculaire à CD (*Prop. III*). Je prends ED = EC et je joins BD, BC, AD, AC ; les deux triangles ABD, ABC, sont

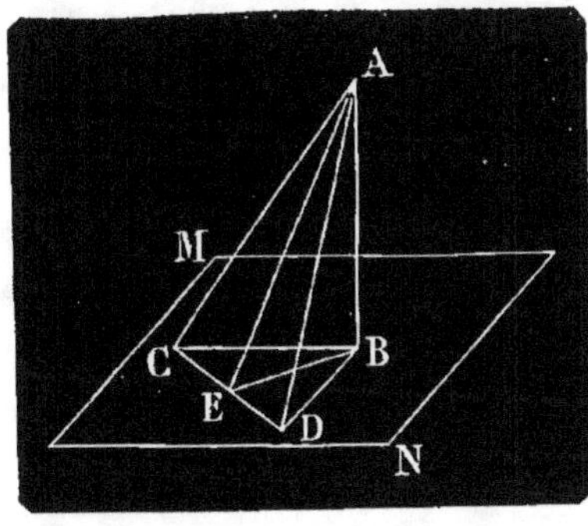

égaux comme étant rectangles, puisque AB est perpendiculaire au plan, et ayant BD = BC comme obliques s'écartant également du pied E de la perpendiculaire BE, donc AD = AC; mais ces deux lignes sont, par rapport à AE, dans la position d'obliques égales s'écartant également du pied E de AE, donc AE est perpendiculaire à CD, donc CD, perpendiculaire à EB et EA, l'est aussi au plan déterminé par ces deux lignes.

PROPOSITION V.

(THÉORÈME 5.) *Par un point donné on peut toujours mener une perpendiculaire à un plan et l'on n'en peut mener qu'une.*

Soit le plan MN, je dis que par un point quelconque, soit sur ce plan, soit hors de ce plan, on peut toujours lui mener une perpendiculaire.

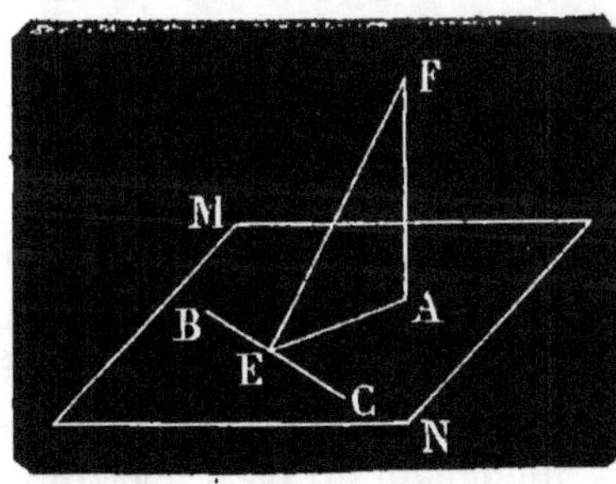

En effet, menant dans le plan une ligne quelconque BC, si le point donné A est sur le plan, abaissons AE perpendiculaire sur BC; au point E, dans un plan quelconque passant par BC, élevons EF perpendiculaire à BC; le plan passant par A E et EF doit contenir la perpendiculaire cherchée (*Prop. IV*), et comme celle-ci doit être perpendiculaire à EA passant par son pied dans le plan MN, il suffira d'élever au point A, dans le plan FEA, la perpendiculaire AF à EA, ce sera la perpendiculaire cherchée.

Si le point donné est hors du plan, en F, par exemple, on mènerait la ligne quelconque BC, puis FE perpendiculaire à BC, puis EA, perpendiculaire à BC dans le plan MN;

puis il suffirait, dans le plan FEA, d'abaisser FA perpendiculaire sur EA pour avoir la perpendiculaire cherchée, puisqu'elle serait contenue dans un plan perpendiculaire à BC menée dans le plan MN.

Je dis de plus que l'on ne peut mener qu'une perpendiculaire ; en effet, toute autre ligne devrait être contenue dans le plan FEA, passer par le point F, et être perpendiculaire à EA ; or, du point F, dans le plan FEA, on ne peut abaisser qu'une perpendiculaire à EA.

PROPOSITION VI.

(Théorème 4.) *Réciproquement, par un point quelconque on peut toujours faire passer un plan qui soit perpendiculaire à une ligne donnée, et l'on n'en peut faire passer qu'un.*

Soit la ligne AB, et le point C. je dis, 1°, que par ce point on peut faire passer un plan perpendiculaire à AB.

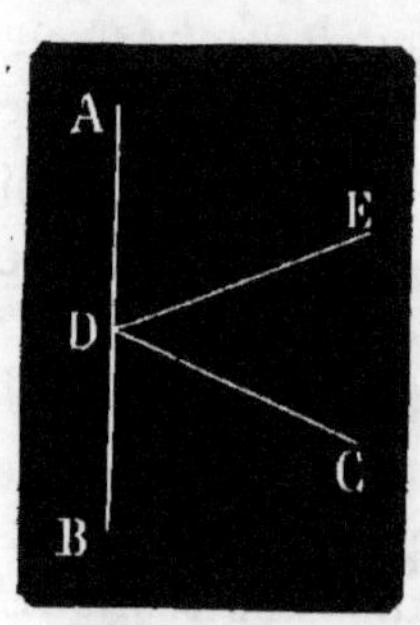

En effet, par AB et C faisons passer un plan, dans ce plan abaissons CD perpendiculaire sur AB, puis au point D, dans un autre plan quelconque passant par AB, élevons DE aussi perpendiculaire à AB ; le plan passant par CD et ED sera le plan cherché, car AB lui sera perpendiculaire comme perpendiculaire à deux lignes passant par son pied dans ce plan (*Prop. III, corol.*).

Si le point donné était sur la ligne donnée, en D par exemple, il suffirait, pour déterminer le plan, d'élever directement et dans deux plans quelconques passant par AB les deux perpendiculaires DE, DC.

Je dis, 2°, que l'on ne peut mener qu'un plan, car tout autre plan passant par le point C couperait le plan ADC suivant une oblique, par rapport à CD, et ne serait pas perpendiculaire à AB.

PROPOSITION VII.

(Théorème 5.) *Si d'un point pris hors d'un plan on mène à ce plan une perpendiculaire et diverses obliques,*

1° La perpendiculaire est plus courte que toute oblique ;

2° *Deux obliques s'écartant également du pied de la perpendiculaire sont égales ;*

3° *De deux obliques, celle qui s'écarte le plus du pied de la perpendiculaire est la plus longue.*

Soient la perpendiculaire AB, et diverses obliques AD,

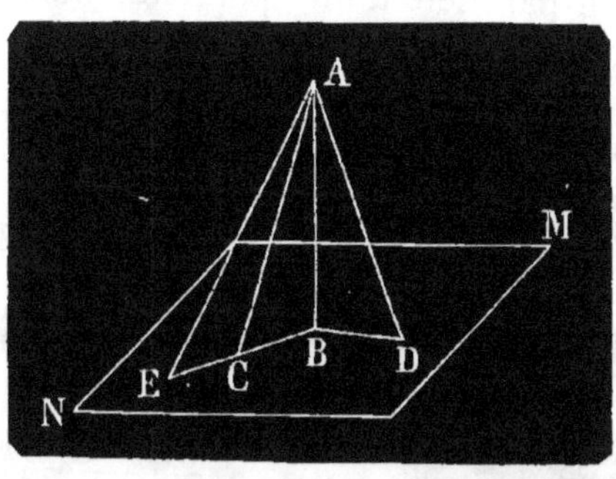

AC, AE ; je dis, 1°, que AB est plus courte que AD. En effet, si l'on joint BD, comme AB perpendiculaire au plan l'est aussi à BD, et comme les trois lignes AB, AD, BD sont dans un même plan, on a bien AB $<$ AD.

Je dis, 2°, que les distances BD, BC étant égales, on a AD $=$ AC ; en effet, les deux triangles rectangles ABD, ABC sont égaux comme ayant AB commun, et BD $=$ BC, donc AD $=$ AC.

Je dis, 3°, que la distance BE étant plus grande que BD, on a AE $>$ AD. En effet, joignant BE, prenons BC $=$ BD et joignons AC ; les lignes AE et AC étant dans le même plan, on a AE $>$ AC, mais les distances BC, BD étant égales, on a AC $=$ AD, donc AE $>$ AD.

PROPOSITION VIII.

(Théorème **6.**) *Deux droites perpendiculaires à un même plan sont parallèles.*

Soient les deux lignes AB, CD, toutes deux perpendicu-

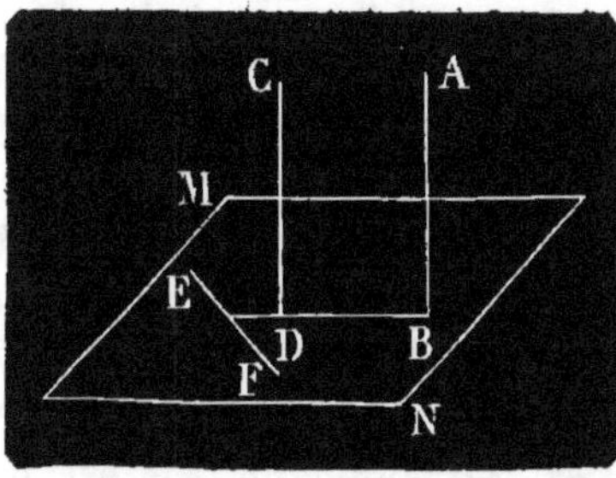

laires au plan MN, je dis que ces deux lignes sont parallèles.

Je joins DB, et je lui mène dans le plan MN une perpendiculaire EF ; si maintenant je conçois un plan passant par DB et perpendiculaire à EF, ce plan devra contenir les deux perpendiculaires AB et CD au plan MN (*Prop. IV*); ces deux lignes étant dans le même plan et perpendiculaires à une même ligne DB, sont parallèles.

(*Corollaire.*) Toute ligne parallèle à une perpendiculaire à un plan est aussi perpendiculaire à ce plan.

PROPOSITION IX.

(THÉORÈME **7**.) *Toute droite parallèle à une ligne dans un plan est aussi parallèle à ce plan.*

Soit la ligne AB parallèle à la ligne CD située dans le plan MN, je dis que AB est parallèle au plan.

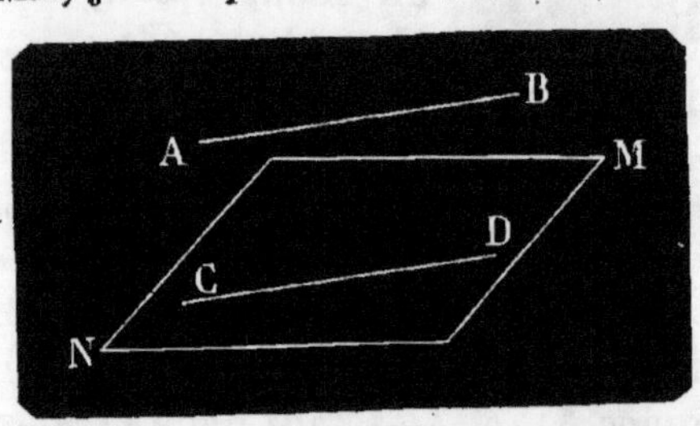

En effet, étant parallèle à CD, elle détermine avec elle un plan d'où elle ne peut sortir, quelque loin qu'on la prolonge; elle ne pourrait donc rencontrer le plan MN que suivant l'intersection de MN avec le plan des deux parallèles; mais cette intersection est CD, donc AB étant parallèle à CD est aussi parallèle au plan MN.

PROPOSITION X.

(THÉORÈME **8**.) *Toute ligne droite perpendiculaire à une autre, perpendiculaire elle-même à un plan, est parallèle à ce plan.*

Soit la ligne AC, perpendiculaire à AB, qui est elle-même perpendiculaire au plan MN, je dis que AC est parallèle à ce plan.

En effet, par AC et AB faisons passer un plan; son intersection BD avec le plan MN sera perpendiculaire à AB, puisque AB est perpendiculaire au plan, par suite elle sera parallèle à AC, donc A C est parallèle au plan M N.

PROPOSITION XI.

(Théorème **9**.) *D'un point donné on ne peut mener qu'une parallèle à une droite dans un plan.*

En effet, si par le point donné et la droite on fait passer un plan, ce plan contiendra la parallèle ; or on sait que dans un même plan et par un point donné on ne peut mener qu'une parallèle à une droite.

PROPOSITION XII.

(Théorème **10**.) *Deux lignes parallèles à une troisième qui n'est pas dans leur plan sont parallèles entre elles.*

En effet, il n'y a aucun point de l'espace d'où l'on puisse mener deux parallèles à une même droite, donc les deux lignes ne sauraient avoir aucun point commun, elles sont donc parallèles.

PROPOSITION XIII.

(Théorème **11**.) *La projection d'une droite sur un plan est ou un point ou une ligne droite.*

En effet, si la droite est perpendiculaire au plan, son pied sera sa propre projection, qui dans ce cas sera un point.

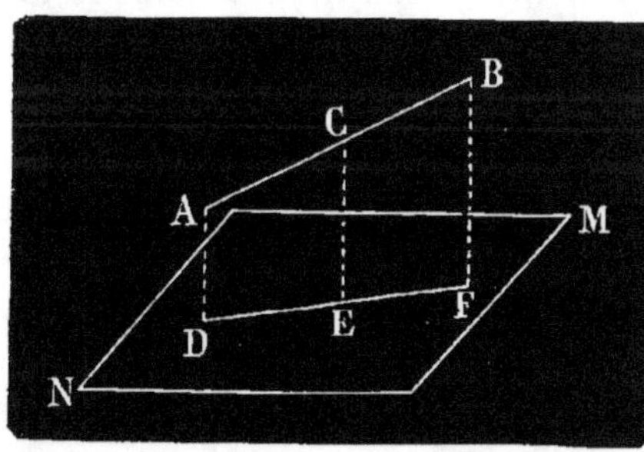

La droite est oblique au plan. Soit AB cette droite ; et de divers de ses points A, C, B abaissons sur le plan MN les perpendiculaires AD, CE, BF. Ces perpendiculaires, et toutes celles qu'on pourrait encore abaisser, sont parallèles et dans un même plan ; donc leurs pieds, dont l'ensemble forme la projection de la droite, sont sur l'intersection de ce plan avec le plan MN, et comme l'intersection de deux plans est une ligne droite, DF, projection de AB, est une ligne droite.

PROPOSITION XIV.

(THÉORÈME **12**.) *L'angle que forme une droite avec sa projection sur un plan est le plus petit de tous les angles qu'elle forme avec les autres lignes passant par son pied dans ce plan.*

Soit la droite AE, oblique au plan MN, soit AC sa projection sur ce plan, je dis que l'angle EAC est plus petit que tout autre angle EAD, par exemple, que fait la ligne AE avec une autre droite AD passant par son pied dans le plan.

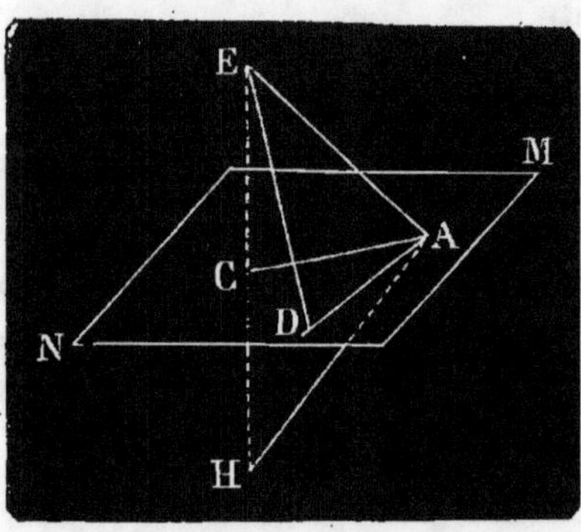

Par le point E menons la perpendiculaire EC au plan, elle a son pied C sur la projection AC ; puis, dans le plan passant par AE et AD, menons ED, faisant l'angle AED = AEC ; maintenant faisons tourner le triangle AED autour de AE, de manière à venir l'appliquer sur le plan du triangle AEC, le côté AE restant commun ; à cause des angles égaux le côté ED prendra la direction de EC, mais ED oblique au plan est plus longue que EC perpendiculaire, donc le point D tombera en H, au-dessous du plan MN, sur le prolongement de EC, la ligne AD tombera suivant AH, et alors il est évident que l'angle partie EAC est plus petit que l'angle total EAH, ou que son égal EAD.

(*Remarque.*) Cet angle minimum que fait une ligne avec sa projection est pris pour mesure de l'inclinaison de la droite sur le plan.

PROPOSITION XV.

(THÉORÈME **13**.) *Étant données deux lignes non situées dans le même plan, on peut toujours leur mener une perpendiculaire commune, qui mesure leur plus courte distance.*

Soient les deux droites AB, CD, situées dans des plans différents, je dis qu'on peut toujours leur mener une perpendiculaire commune.

En effet, faisons passer par CD un plan quelconque qui coupe la ligne AB en A; par le point A, dans ce plan, menons AE parallèle à CD, et par AB et AE faisons passer le plan MN, qui sera parallèle à CD (*Prop. IX*). Cela fait, d'un point quelconque F de CD

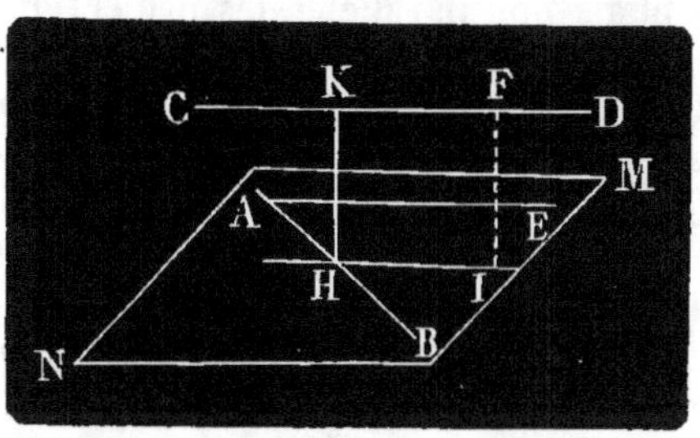

abaissons FI perpendiculaire sur MN, puis par CD et FI faisons passer un plan, dont l'intersection avec MN sera HI parallèle à CD, enfin par le point H, où cette parallèle coupe AB, élevons, dans le plan CFI, HK parallèle à IF, cette ligne HK sera la perpendiculaire commune cherchée.

En effet, elle est d'abord perpendiculaire commune, car étant parallèle à FI elle est perpendiculaire à CD, et comme FI est perpendiculaire au plan MN, elle est aussi perpendiculaire à ce plan et par suite à AB; de plus elle est unique, car toute autre ligne, pour être perpendiculaire au plan MN et à CD, devrait se trouver dans le plan de projection de CD, et devant être aussi perpendiculaire à AB, elle coïnciderait avec HK. Enfin HK est la plus courte ligne que l'on puisse mener entre AB et CD, car il suit de ce qui précède que toute autre ligne serait oblique au plan MN, et par suite plus longue que la perpendiculaire.

Exercices.

1. Démontrer que la ligne dont tous les points sont équidistants des sommets d'un triangle équilatéral est perpendiculaire au plan de ce triangle.

2. Mener une ligne droite qui en coupe deux autres, non situées dans le même plan, et soit parallèle à une ligne donnée.

3. D'un point pris sur un plan on mène dans ce plan des lignes en nombre illimité, puis d'un même point, extérieur au plan, on abaisse des perpendiculaires sur ces lignes, on demande le lieu géométrique de leurs pieds.

4. Par un point donné mener une ligne qui ait sur un plan une inclinaison donnée.

5. Démontrer que si deux lignes ont la même inclinaison

sur un même plan, ces deux lignes déterminent un plan.

6. On connaît sur deux plans non parallèles les projections d'une même droite, on demande de tracer cette droite.

7. Démontrer que tout point d'un plan perpendiculaire sur le milieu d'une ligne est également distant des deux extrémités de cette ligne.

8. Démontrer que le lieu géométrique des pieds des obliques égales menées d'un même point à un plan est une circonférence. Et déduire un moyen d'abaisser d'un point hors d'un plan une perpendiculaire à ce plan.

9. Mener à une ligne donnée une parallèle qui soit à une distance donnée d'une troisième ligne qui n'est pas dans le plan de la première.

10. Trouver sur un plan le lieu géométrique des points tels que la somme des carrés de leurs distances à deux points donnés hors du plan soit constante.

THÉORIE

DES PLANS PARALLÈLES.

DÉFINITION.

Deux plans sont dits parallèles lorsqu'ils ne se rencontrent jamais, quelque loin qu'on les prolonge.

PROPOSITION XVI.

(THÉORÈME 1.) *Deux plans perpendiculaires à une même ligne sont parallèles.*

En effet, ils ne sauraient se rencontrer, car il n'est aucun point de l'espace par lequel on puisse mener deux plans perpendiculaires à une même ligne droite (*Prop. VI*).

PROPOSITION XVII.

(THÉORÈME 2.) *Les intersections de deux plans parallèles par un troisième plan sont parallèles.*

En effet, les deux intersections ne sauraient se rencontrer, puisqu'elles sont situées dans deux plans parallèles, et qu'elles ne peuvent en sortir.

PROPOSITION XVIII.

(Théorème 3.) *Les parallèles comprises entre deux plans parallèles sont égales.*

Soient les deux parallèles AB, CD, comprises entre les plans parallèles MN, OP, je dis que ces deux lignes sont égales.

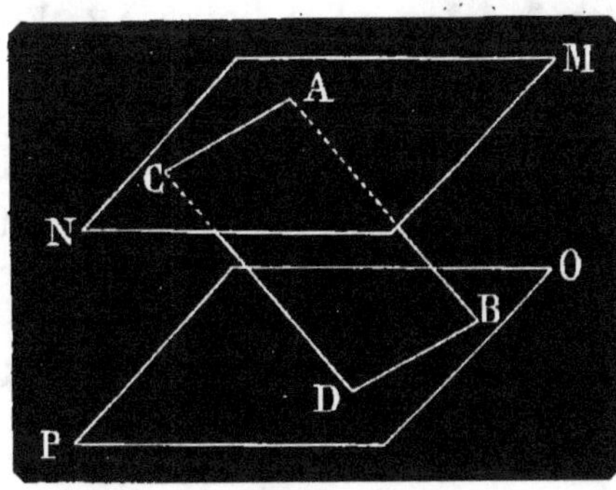

En effet, si par les deux parallèles nous faisons passer un plan, il coupera les deux plans MN, OP, suivant les lignes AC, BD, lesquelles sont parallèles (*Prop. XVII*), donc AB = DC comme parallèles comprises entre parallèles.

(*Corollaire.*) Deux plans parallèles sont partout également distants.

PROPOSITION XIX.

(Théorème 4.) *Par un point donné on peut mener à un plan un plan parallèle, et on n'en peut mener qu'un.*

(Se démontre comme la proposition xii de la théorie des lignes parallèles, page 15.)

PROPOSITION XX.

(Théorème 5.) *Deux plans parallèles à un troisième sont parallèles entre eux.*

(Se démontre comme la proposition xiv de la théorie des lignes parallèles, page 16.)

PROPOSITION XXI.

(Théorème 6.) *Si deux angles situés dans des plans différents ont les côtés parallèles et dans le même sens, ces angles sont égaux et leurs plans sont parallèles.*

Soient dans les deux plans MN et OP les angles ABC, DFE qui ont les côtés parallèles et dans le même sens, je dis que ces deux angles sont égaux et les plans parallèles.

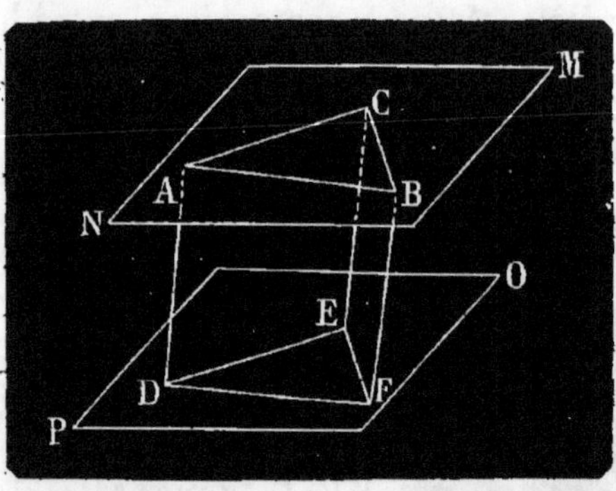

En effet, prenons BA=FD et BC=FE, puis joignons DE, AC, AD, CE, BF. Les lignes AB, FD étant égales et parallèles, la figure ADFB est un parallélogramme, et AD=BF; de même BC étant égal et parallèle à FE, BCEF est un parallélogramme, et EC=FB=AD; de plus ces trois lignes sont parallèles, donc aussi la figure ACDE est un parallélogramme, et AC=DE; dès lors le triangle ABC = DFE comme ayant les trois côtés égaux chacun à chacun, et enfin l'angle ABC est égal à l'angle DFE. De plus, de l'égalité des trois parallèles AD, CE, et BF, on conclut le parallélisme des plans.

(*Remarque.*) On démontrerait de même que si trois droites non dans le même plan sont égales et parallèles, les triangles formés en joignant leurs extrémités deux à deux sont égaux et dans des plans parallèles.

PROPOSITION XXII.

(THÉORÈME **7.**) *Deux droites comprises entre trois plans parallèles sont coupées en parties proportionnelles.*

Soient les deux droites AB, CD, que, pour plus de généralité nous ne supposerons pas dans le même plan; je dis qu'entre les segments de ces lignes déterminés par les trois plans M,N et O, on a la relation $\dfrac{AE}{EB} = \dfrac{CG}{GD}$.

En effet, joignons CB; par les deux lignes AB et CB faisons passer un plan, qui coupe les plans M et N suivant les lignes parallèles AC, EF (*Prop. XVII*), on aura donc, d'après une propriété connue de la géométrie plane (*Prop. LVII*, page 71),

$$\frac{AE}{EB} = \frac{CF}{FB}$$

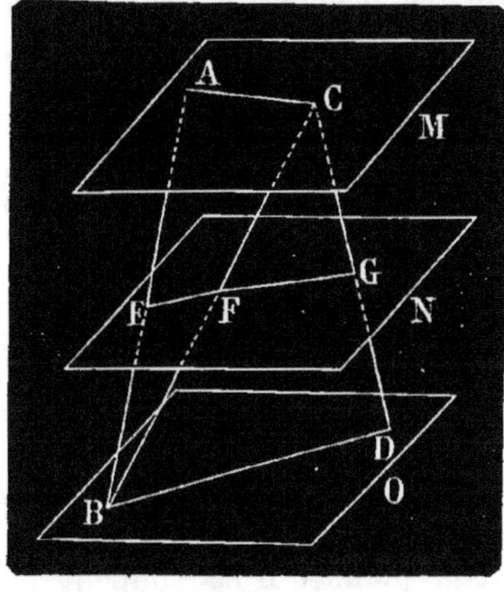

On démontrerait de même et par les mêmes raisons, en menant un plan par CB et CD, lequel coupe les plans N et O suivant FG et BD, que,

$$\frac{CF}{FB} = \frac{CG}{GD}$$

donc enfin, à cause du rapport commun,

$$\frac{AE}{EB} = \frac{CG}{GD}$$

Exercices.

1. Par un point donné mener un plan parallèle à un plan donné, en supposant qu'on ne puisse pas mener une perpendiculaire commune à ces deux plans.

2. Mener deux plans parallèles à un troisième plan donné, et tels que leurs distances à ce plan soient dans un rapport donné.

3. Démontrer que si deux droites sont coupées par quatre plans en parties proportionnelles, les plans sont parallèles entre eux.

4. Démontrer que les angles que fait une ligne avec ses projections sur divers plans parallèles sont égaux.

5. Démontrer qu'une droite et un plan perpendiculaires à la même droite ou parallèles à la même droite sont parallèles.

6. Dans quels cas peut-on mener un plan parallèle à deux droites données et comment le mène-t-on?

7. Entre deux plans parallèles on mène des lignes quelconques, on les partage toutes en un même rapport donné, trouver le lieu géométrique des points de division.

8. Deux lignes d'une longueur donnée et qui ne sont pas dans le même plan sont coupées par un plan, que faut-il pour que ce plan les partage dans le même rapport?

9. Dans deux plans parallèles on trace deux polygones semblables, et disposés de telle sorte que les lignes qui d'un plan à l'autre joignent les sommets homologues sont égales et font avec les plans des angles égaux ; on mène un troisième plan qui les coupe par la moitié, démontrer qu'en joignant les points de section on obtient un polygone semblable aux deux premiers, et en trouver le rapport, en supposant que les surfaces des premiers sont entre elles dans le rapport de 2 à 9.

THÉORIE

DES PLANS QUI SE COUPENT ET DES ANGLES DIÈDRES.

DÉFINITIONS.

L'espace compris entre deux plans qui se coupent se nomme angle *dièdre*.

Pour concevoir la formation des angles dièdres, supposons que par la ligne AB du plan MN on fasse passer un

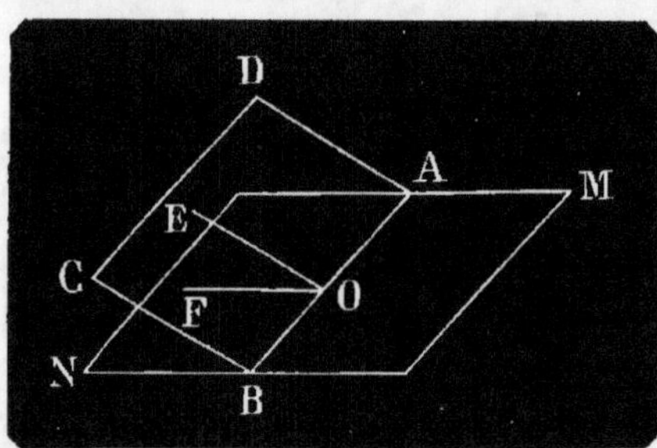

plan quelconque ABCD, puis que ce plan, d'abord couché sur la partie ABM du premier plan, tourne sur la ligne AB comme charnière ; de chaque côté du plan ABCD deux parties de l'espace seront limitées par ce plan et les deux parties du plan MN ; ce seront les deux angles dièdres.

Nous nommerons les angles dièdres en plaçant les deux lettres de l'intersection des plans entre deux lettres prises une dans chaque plan. Ainsi les deux angles dièdres de la figure se nommeront, celui de gauche DABN, celui de droite MABC.

Si, lorsque deux plans se coupent, on mène dans chacun d'eux une perpendiculaire à un même point de leur intersection, l'angle que forment entre elles ces deux droites se nomme l'angle *plan* de l'angle dièdre. Ainsi FOE est l'angle plan du dièdre DABN.

Deux plans sont dits perpendiculaires l'un à l'autre lorsque les deux dièdres qu'ils forment sont égaux. On les nomme alors dièdres droits.

Les angles dièdres sont dits obtus ou aigus lorsqu'ils sont plus grands ou plus petits qu'un dièdre droit.

PROPOSITION XXIII.

(Théorème 1.) *Si deux plans se coupent, les angles plans formés à des points différents de leur intersection sont égaux entre eux.*

Soient les deux plans MABN et OABP qui se coupent suivant AB; en deux points C et F de leur intersection je fais les deux angles plans DCE, GFH, je dis que ces deux angles sont égaux.

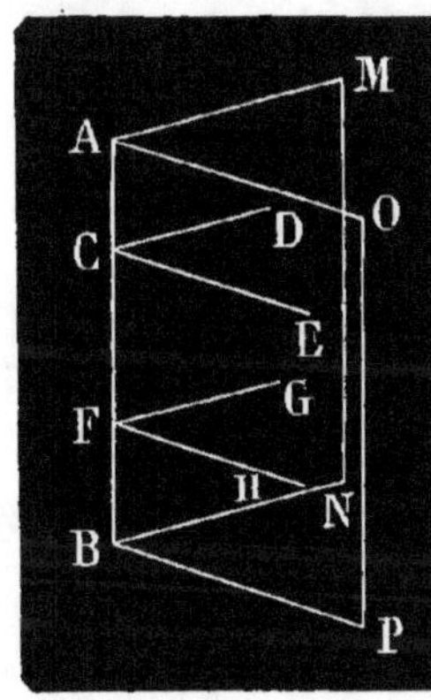

En effet les deux perpendiculaires DC et EC à AB déterminent un plan perpendiculaire à AB (*Prop. III*); il en est de même des deux autres perpendiculaires GF et FH. Les deux angles DCE, GFH sont donc situés dans deux plans parallèles (*Prop. XVI*), de plus ils ont leurs côtés parallèles, car les intersections du plan OABP par les deux plans de DCE et GFH sont parallèles; il en est de même pour CD et FG; donc les deux angles DCE GFH sont égaux.

(*Corollaire.*) Deux angles dièdres sont égaux si leurs angles plans sont égaux, et réciproquement, car en les superposant et faisant coïncider les intersections et les sommets des angles plans, la coïncidence des uns entraînera celle des autres.

PROPOSITION XXIV.

(Théorème 2.) *Deux angles dièdres sont dans le même rapport que leurs angles plans.*

Soient les deux angles dièdres MABN et OCDP, dont les

angles plans sont FEG et RQV, je dis que l'on a entre ces quatre quantités l'égalité

$$\frac{MABN}{OCDP} = \frac{FEG}{RQV}$$

En effet, supposons entre les deux angles plans une com-

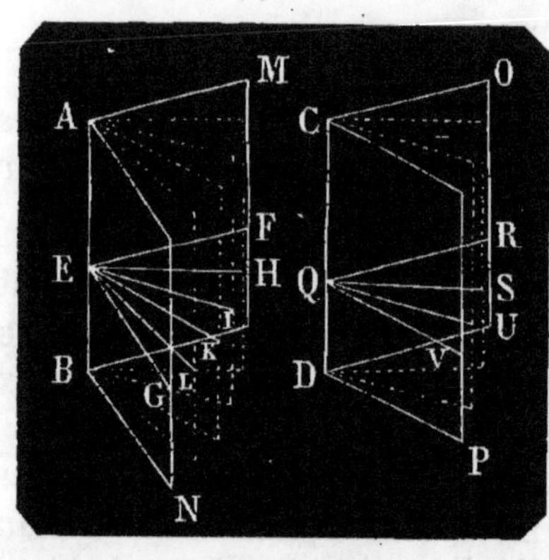

mune mesure FEH, contenue 5 fois dans FEG, et 3 fois dans RQV, on aurait alors $\frac{FEG}{RQV} = \frac{5}{3}$. Par les divisions H, I, K, etc... R, S, U, etc..... qui forment des angles tous égaux à la commune mesure, et les deux intersections faisons passer des plans, nous formerons

ainsi des angles dièdres dont les angles plans FEH, HEI... etc., RQS, SQU... etc. sont tous égaux entre eux, donc leurs dièdres le sont aussi ; or l'angle dièdre MABN contient 5 de ces angles dièdres, et le dièdre OCDP en contient

3 ; on a donc l'égalité $\qquad \frac{MABN}{OCDP} = \frac{5}{3}$

et comme on a déjà $\qquad \frac{FEG}{RQV} = \frac{5}{3}$

on a enfin $\qquad \frac{MABN}{OCDP} = \frac{FEG}{RQV}$

Il suit de là que pour comparer deux angles dièdres, il suffira de comparer leurs angles plans.

(*Corollaire* 1.) L'angle plan de deux plans perpendiculaires entre eux est droit.

(*Corollaire* 2.) Une ligne étant perpendiculaire à un plan, tout plan mené suivant cette ligne sera perpendiculaire au premier.

(*Corollaire* 3.) Tout plan perpendiculaire à une ligne dans un plan est perpendiculaire à ce plan.

PROPOSITION XXV.

(THÉORÈME 3.) *Si deux plans qui se coupent sont perpendiculaires à un troisième plan, leur intersection est perpendiculaire à ce plan.*

Soient les deux plans ABC et ABD, tous deux perpendiculaires au plan MN, je dis que leur intersection AB est perpendiculaire à MN.

En effet, si au point B on voulait élever une perpen-

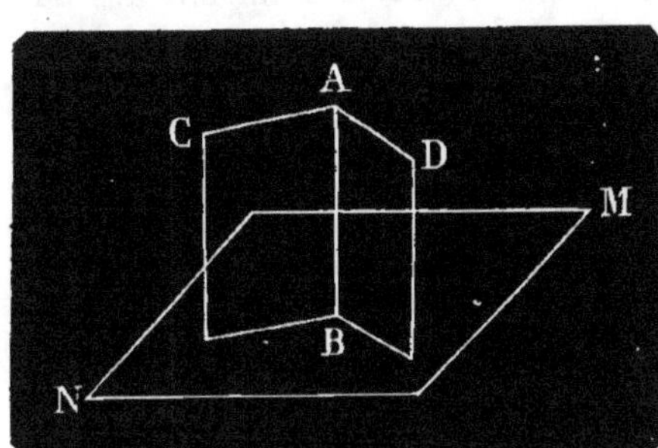

diculaire au plan MN, cette perpendiculaire devrait être contenue à la fois dans le plan ABC et dans le plan ABD (*Prop. IV et XXIV, corol.* 2); donc elle coïncide avec leur intersection.

Remarque. — Toutes les propositions déjà démontrées dans la première partie sur les propriétés des lignes qui se coupent sont également vraies pour les plans et se démontrent de même; il suffira donc de les rappeler.

Tout plan qui en rencontre un autre forme avec celui-ci deux dièdres adjacents dont la somme est égale à deux dièdres droits.

Si deux dièdres adjacents valent en somme deux dièdres droits, les plans extérieurs ne sont qu'un seul et même plan.

Si deux plans se coupent, les dièdres opposés par l'intersection sont égaux.

On peut toujours par une ligne mener un plan perpendiculaire à un plan donné.

Exercices.

1. Par une ligne donnée mener un plan qui en rencontre un autre de manière à former avec lui un dièdre donné.

2. Démontrer que si le dièdre formé par les plans bissecteurs de deux dièdres adjacents est droit, les plans extérieurs de ceux-ci ne font qu'un seul et même plan.

3. Démontrer que deux plans perpendiculaires à un troisième

sont parallèles si les dièdres intérieurs qu'ils forment avec un quatrième plan sont supplémentaires.

4. Mener le plan bissecteur d'un dièdre donné.

5. Démontrer que si deux plans parallèles sont coupés par un troisième plan, les quatre angles dièdres aigus ainsi formés sont égaux, ainsi que les quatre angles obtus.

6. Démontrer que si plusieurs plans sont parallèles, toute droite qui les rencontre tous est également inclinée sur chacun d'eux.

7. Démontrer que si par deux points de l'intersection de deux plans on mène dans chacun d'eux deux lignes faisant des angles égaux avec cette intersection, les angles plans qui en résultent sont égaux.

8. Étant donnés un plan et un point, mener par ce point deux plans perpendiculaires au premier et faisant entre eux un dièdre donné.

9. Étant donnés un plan et un point, mener par ce point deux plans faisant avec le premier des angles dièdres donnés et perpendiculaires l'un à l'autre.

THÉORIE

DES ANGLES TRIÈDRES, PROPRIÉTÉS ET CAS D'ÉGALITÉ.

On appelle angle *solide* ou *polyèdre* l'espace compris entre plusieurs plans qui se coupent deux à deux et passant par un même point. Ce point est le *sommet* et de l'angle solide; les intersections des plans qui le forment en sont les *arêtes*.

On distingue les angles polyèdres suivant le nombre des plans qui les forment; par suite l'angle *trièdre* est celui que forment trois plans; il a trois arêtes et trois faces angulaires, qui forment entre elles deux à deux trois dièdres.

L'inclinaison de deux faces est l'angle plan du dièdre qu'elles forment. On désigne un angle trièdre par la lettre du sommet seule, si on ne court aucun risque de le confondre avec d'autres qui auraient le même sommet; dans ce cas, après la lettre du sommet on nomme celles des arêtes.

L'espace compris dans un angle polyèdre doit être considéré comme infini, les arêtes et les plans devant être eux-mêmes considérés comme infinis.

Un angle polyèdre est dit convexe lorsque tout plan mené par le sommet ne peut le rencontrer suivant plus de deux

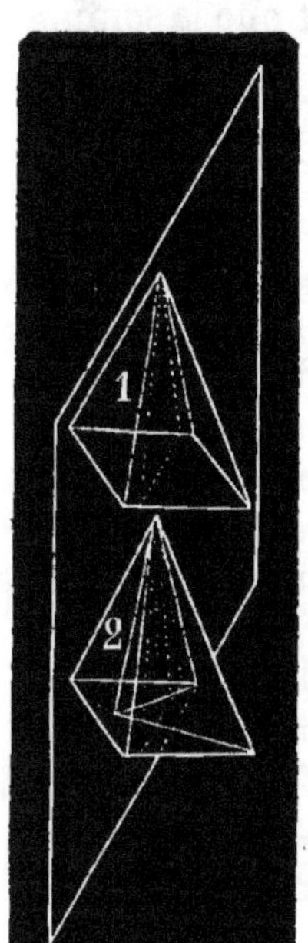

faces. Dans la figure ci-contre le polyèdre 1 est convexe, car le plan dont la section est indiquée en pointillé et qui passe par le sommet ne peut le couper que suivant deux de ses faces latérales.

Un angle polyèdre est dit concave, lorsque, au contraire, un plan passant par le sommet peut le couper suivant plus de deux faces. Exemple : le polyèdre 2 sera concave, car on voit, à l'aide du pointillé, que le plan passant par le sommet peut le rencontrer suivant quatre faces latérales.

(Dans ces deux figures il faut, bien entendu, faire abstraction du plan qui limite chaque polyèdre en dessous ; il n'en fait pas partie, mais il était nécessaire pour l'intelligence de la figure.)

Un angle polyèdre est dit rectangle, birectangle, trirectangle, etc., suivant que parmi ses angles dièdres, il y en a un, deux ou trois de droits.

Deux angles polyèdres sont dits opposés par le sommet lorsque les arêtes de l'un sont le prolongement de celles de l'autre.

Si, étant donné un angle polyèdre, on prolonge les plans des faces au delà du sommet, on forme un autre angle polyèdre, opposé par le sommet au premier et formé des mêmes éléments ; car les angles plans sont égaux chacun à chacun comme opposés par le sommet, et les angles dièdres le sont aussi, comme formés par les intersections des mêmes plans ; ces deux angles polyèdres sont dits *symétriques*. Nous verrons plus tard en quoi la symétrie diffère de l'égalité.

PROPOSITION XXVI.

(THÉORÈME 1.) *Un quelconque des trois angles plans d'un angle trièdre est plus petit que la somme des deux autres, et plus grand que leur différence.*

Soit l'angle trièdre SMNO, je dis qu'un quelconque de ses angles plans, MSO par exemple, est plus petit que la somme des deux autres MSN + NSO.

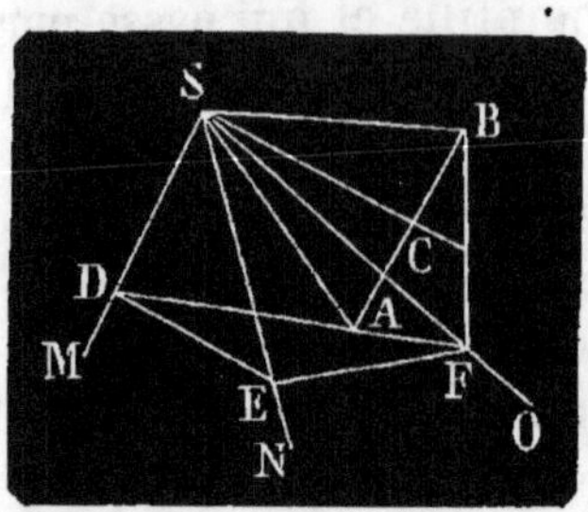

En effet, au point quelconque D de l'arête SM je mène DE et DF perpendiculaires à cette arête dans les deux plans dont elle est l'intersection, prenant DA égal à DE, et joignant SA, le triangle DSA ainsi construit est égal au triangle DSE, car ils ont chacun un angle droit D compris entre les côtés SD commun et DE = DA; donc l'angle plan DSA est égal à DSE. Il suffit alors de faire voir que l'angle restant ASO est plus petit que NSO. Or, dans le triangle DEF on a DF < DE + EF, et comme DA = DE, retranchant DE de part et d'autre, il reste AF < FE. Cela posé, faisons tourner le triangle SEF autour de SF, jusqu'à ce qu'il se trouve dans le plan de MSO, il aura alors la position SBF, et l'angle FSB n'est autre que la face OSN du trièdre. Joignons AB; comme SB = SE = SA, le triangle ASB est isocèle, et la bissectrice SC de l'angle ASB doit passer par le milieu de AB; mais alors, comme AF est plus petit que FB ou EF, le point F est hors de cette bissectrice, et plus rapproché du point A, donc SO est aussi de ce côté de la bissectrice, donc l'angle ASO est plus petit que OSB ou NSO; donc enfin MSO < MSN + NSO. On aurait aussi, par suite, MSN < MSO + NSO, donc aussi MSN — NSO < MSO.

PROPOSITION XXVII.

(THÉORÈME 2.) *La somme des angles plans qui forment un angle trièdre est moindre que quatre angles droits.*

Soit l'angle trièdre S, je dis que la somme des trois angles plans qui le forment est plus petite que quatre droits.

En effet, prenant trois longueurs égales SA, SB, SC, et joignant AB, BC et AC, les trois triangles ainsi formés sont isocèles, et chacun d'eux a les angles à la base égaux;

la somme de tous les angles des trois triangles vaut 6 angles droits; donc en désignant pour abréger par $2a$, $2b$, $2c$ la somme des angles à la base de chacun d'eux, on aurait

$$\text{MSN} + \text{MSO} + \text{NSO} + 2a + 2b + 2c = 6 \text{ droits} \qquad (A)$$

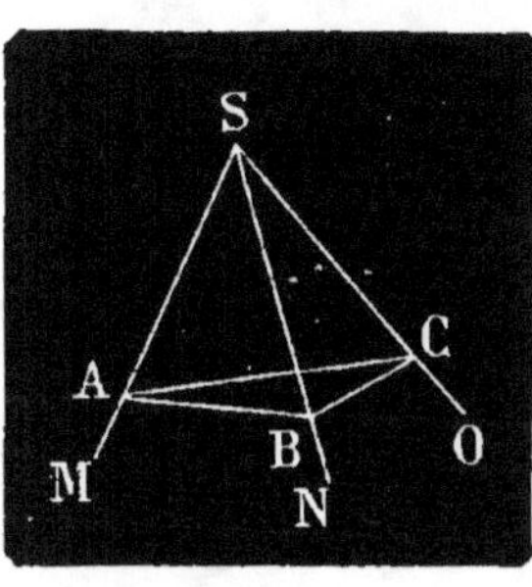

D'un autre côté, dans le plan ABC on aurait pour les trois angles solides formés autour des points A, B et C,

$$\text{ACB} < a + b \qquad \text{ABC} < a + c \qquad \text{CAB} < c + b$$

en ajoutant membre à membre, et remarquant que la somme des trois angles du triangle ABC vaut deux droits, on aurait

$$2 \text{ droits} < 2a + 2b + 2c$$

Si donc du premier membre de l'équation (A) on retranche $2a + 2b + 2c$, et qu'on retranche 2 droits du second membre, il vient enfin

$$\text{MSN} + \text{MSO} + \text{NSO} < 4 \text{ droits}.$$

(*Corollaire.*) La même démonstration peut se répéter pour un angle polyèdre d'un nombre quelconque de faces, donc dans un angle solide quelconque la somme des angles plans est moindre que quatre angles droits.

PROPOSITION XXVIII.

(THÉORÈME 3.) *Deux angles trièdres sont égaux lorsqu'ils ont deux faces égales chacune à chacune et semblablement placées faisant entre elles des angles dièdres égaux.*

Si, en effet, on superpose les deux trièdres suivant l'arête du dièdre égal, et en faisant coïncider les sommets, la coïncidence des faces égales entraînera la coïncidence complète et, par suite, l'égalité des deux trièdres.

PROPOSITION XXIX.

(THÉORÈME 4.) *Deux angles trièdres sont égaux lorsqu'ils ont une face égale et que les deux autres font avec celle-ci deux angles dièdres égaux chacun à chacun et semblablement placés.*

Si, en effet, on superpose les deux trièdres suivant la face égale, et en faisant coïncider les sommets, l'égalité des deux angles dièdres entraîne la coïncidence des deux autres faces et de leur arête, et, par suite, la coïncidence totale et l'égalité des deux trièdres.

PROPOSITION XXX.

(Théorème 5.) *Deux angles trièdres sont égaux lorsqu'ils ont les trois faces égales chacune à chacune et semblablement placées.*

Soient les deux angles trièdres S et S′, qui ont les trois faces égales chacune à chacune et semblablement placées, je dis qu'ils sont égaux.

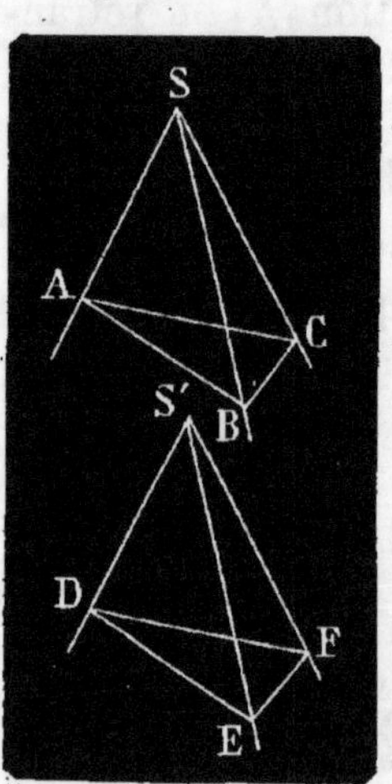

Je prends deux longueurs égales SA et S′D, puis, aux points A et D, je mène dans chacun des plans qui forment par leur intersection les deux arêtes SA, S′D les lignes AC, AB, DF, DE perpendiculaires à ces arêtes, et je joins BC et EF. Les triangles SAB SAC sont respectivement égaux aux triangles S′DE, S′DF, car ils ont chacun un côté égal adjacent à un angle droit et à un angle égal chacun à chacun par hypothèse, donc AC = DF et AB = DE, et aussi SC = S′F et SB = S′E; par suite le triangle BSC est égal au triangle ES′F, puisqu'ils ont un angle égal compris entre deux côtés égaux chacun à chacun, et l'on a BC = EF. Le triangle BAC ayant ses trois côtés égaux à ceux du triangle EDF lui est égal, et l'angle CAB = FDE; dès lors les deux trièdres rentrent dans le premier cas d'égalité (*Prop. XXVIII*), et sont égaux, car ils ont un angle dièdre égal chacun à chacun.

(*Corollaire.*) Lorsque deux angles trièdres ont leurs faces égales chacune à chacune et semblablement placées, les angles plans des dièdres qu'elles forment sont égaux chacun à chacun.

(*Remarque.*) Dans l'énoncé des trois cas d'égalité des angles trièdres, on a eu soin d'ajouter toujours cette condition que les faces doivent être semblablement placées; c'est

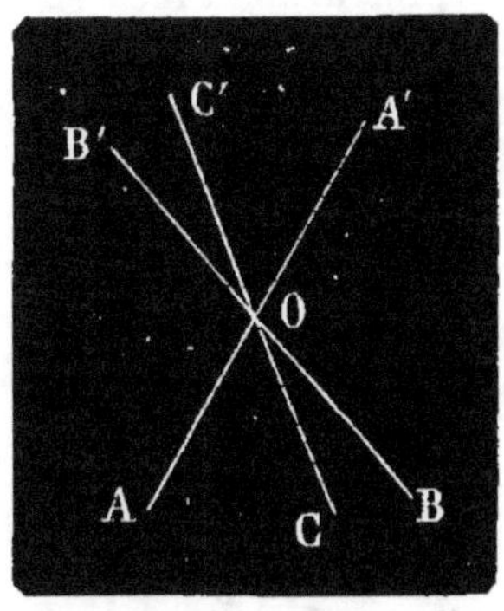

qu'en effet, deux trièdres symétriques OABC, OA'B'C' peuvent offrir dans l'égalité des faces et des angles dièdres toutes les conditions d'égalité, et pourtant ils ne sont pas égaux, c'est-à-dire superposables, car si l'on retournait le trièdre OA'B'C', pour essayer de le superposer au trièdre OABC, on voit que la face OA'C', par exemple, égale à la face OAC, viendrait s'appliquer sur le plan de la face OCB, avec laquelle elle ne peut coïncider; il en serait de même pour les autres faces et pour les angles dièdres. La symétrie est donc un cas tout particulier présenté par des polyèdres formés d'éléments égaux et en même nombre, mais disposés dans des sens différents, ce qui exclut la possibilité de l'égalité par superposition, excepté dans le seul cas où dans chaque trièdre les faces et les angles dièdres sont tous égaux entre eux; car alors dans la superposition chaque face et chaque angle, tout en ne rencontrant point leurs homologues, rencontreront du moins des faces et des angles égaux, avec lesquels ils pourront coïncider.

Exercices.

1. Quel serait l'angle trièdre limite dont les trois angles plans vaudraient quatre angles droits?

2. Les trois angles dièdres d'un angle trièdre peuvent-ils être droits à la fois; que sont alors les angles plans?

3. Deux angles trièdres qui auraient les trois dièdres égaux chacun à chacun sont-ils égaux, et dans quel cas le sont-ils?

4. Quel est le lieu géométrique des points équidistants des trois faces d'un angle trièdre?

5. Démontrer que les trois plans perpendiculaires aux trois

faces d'un angle trièdre et passant par le sommet se coupent suivant une même ligne passant aussi par le sommet du trièdre.

6. Démontrer dans quel cas, un plan perpendiculaire à une arête d'un angle trièdre déterminant pour section un triangle rectangle, le trièdre est lui-même rectangle.

7. Démontrer que dans tout trièdre la plus grande face est opposée au plus grand dièdre.

8. Couper un trièdre trirectangle de façon que la section soit un triangle scalène, isocèle ou équilatéral.

THÉORIE

DES POLYÈDRES, PROPRIÉTÉS ET CAS D'ÉGALITÉ.

DÉFINITIONS.

On appelle *solide polyèdre*, ou simplement polyèdre, la portion de l'espace complétement limitée de tous côtés par des plans qui se coupent.

Les polygones formés par les intersections de ces plans forment les *faces* des polyèdres, les intersections en sont les *arêtes*, et les sommets des angles solides en sont les *sommets*.

Les formes des polyèdres peuvent varier à l'infini; la géométrie n'en étudie spécialement que deux espèces, le *prisme* et la *pyramide*.

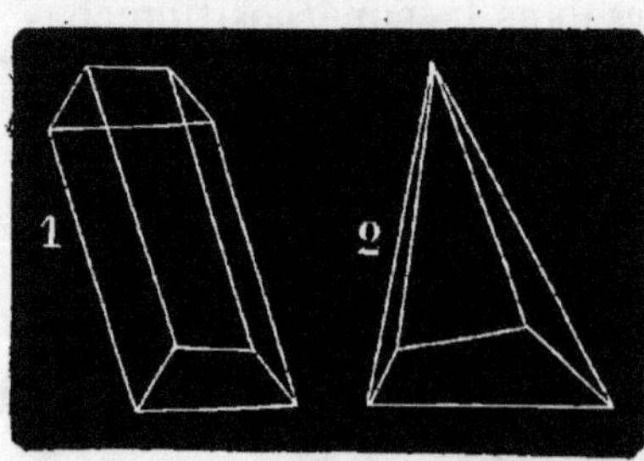

Le prisme (*fig.* 1) est un polyèdre formé par deux faces polygonales parallèles et semblablement placées, reliées entre elles par des faces parallélogrammiques, que l'on nomme *faces latérales*; les deux faces parallèles étant dites les *bases* du prisme. On voit que dans tout prisme toutes les arêtes sont parallèles deux à deux.

La pyramide (*fig.* 2) est un polyèdre formé d'une face polygonale, reliée à un point par plusieurs faces triangulaires. La face polygonale est la *base* de la pyramide, et le point en est le *sommet*.

Un prisme est dit *droit* lorsque les plans de ses bases sont perpendiculaires aux plans de ses faces latérales ; il est dit *oblique* dans le cas contraire.

Le plus simple de tous les prismes est le prisme triangulaire, dont les deux bases sont des triangles, il est·formé par cinq faces.

Le prisme formé par 6 faces, ce qui suppose que les deux bases sont des quadrilatères, prend le nom de *parallélipipède* lorsque les deux bases quadrilatères sont des parallélogrammes.

Un parallélipipède est dit *rectangle*, lorsque ses bases sont des rectangles, et qu'il est en même temps prisme droit ; tous ses angles plans sont droits, et toutes ses arêtes latérales sont perpendiculaires à celles des bases.

Le parallélipipède dont toutes les faces sont des carrés se nomme *cube*.

La *hauteur* d'un prisme est la perpendiculaire commune aux deux plans des bases.

Les prismes qui ont plus de six faces se désignent par des noms qui rappellent celui des polygones bases ; ainsi le prisme de sept faces, qui a pour bases des pentagones, se nomme prisme *pentagonal ;* celui de huit faces, prisme *hexagonal*, etc.

On appelle *tronc de prisme* le solide résultant de la section d'un prisme par un plan non parallèle à celui des bases.

La plus simple de toutes les pyramides est la pyramide *triangulaire*, dont la base est un triangle ; c'est aussi le plus simple de tous les polyèdres, quatre faces suffisent à le former ; par suite la pyramide triangulaire prend le nom de *tétraèdre* (quatre parois).

Les autres pyramides sont dites quadrangulaires, pentagonales, etc., suivant que leur base est un quadrilatère ou un pentagone, etc.

Une pyramide est dite *régulière*, lorsque le polygone base est un polygone régulier, et lorsque le pied de la perpendiculaire abaissée du sommet sur la base coïncide avec le centre du polygone.

La hauteur d'une pyramide quelconque est la perpendiculaire abaissée du sommet sur le plan de la base.

Un *tronc de pyramide* est le résultat de la section d'une pyramide par un plan qui coupe toutes les faces latérales.

PROPOSITION XXXI.

(THÉORÈME **1.**) *Deux prismes sont égaux lorsqu'ils ont un angle solide égal, compris entre trois faces planes égales et semblablement placées.*

Soient les deux prismes ABCDEFGH et *abcdefgh*, dans lesquels l'angle solide A, compris entre les faces ABCD ABEF, ADEH est égal à l'angle solide *a*, compris entre les faces *abcd*, *abef*, *adeh*, égales aux précédentes et semblablement placées, je dis que ces deux prismes sont égaux.

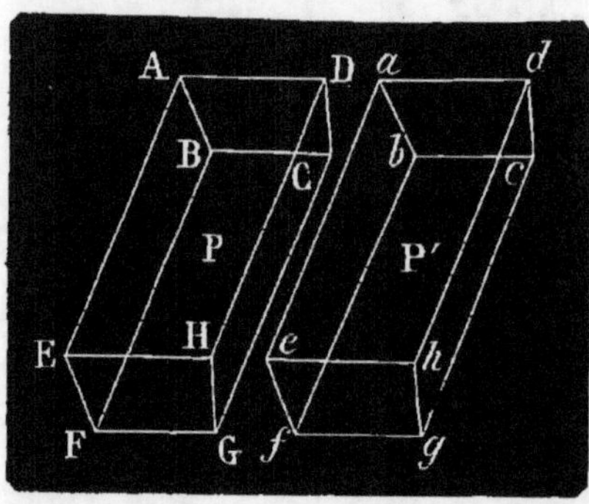

En effet, si nous les superposons, en faisant coïncider l'angle solide *a* et son égal A, de telle sorte que la face *abcd* coïncide avec son égale ABCD, par suite de l'égalité des angles solides A et *a*, *abef* prendra la direction de ABEF et coïncidera avec elle; il en sera de même de *adeh* et de ADEH; donc la face *bcfg* coïncidera avec BCFG, car elle a déjà de commun avec elle les deux arêtes BC et BF, et toutes les faces sont des parallélogrammes; il en sera de même des autres faces latérales, et aussi, par suite, des deux bases *efgh* et EFGH; donc les deux prismes sont superposables et égaux.

(*Corollaire.*) Deux prismes droits sont égaux lorsqu'ils ont des bases égales et même hauteur, car l'égalité des arêtes des bases et de la hauteur entraîne l'égalité des faces latérales, et celles-ci l'égalité des angles solides.

PROPOSITION XXXII.

(THÉORÈME **2.**) *Si l'on mène deux plans parallèles qui rencontrent toutes les arêtes latérales d'un prisme, les deux sections qu'ils déterminent sont des polygones égaux.*

Soit le prisme ABCDEFGHKL, dans lequel deux plans

parallèles forment par leurs intersections avec les faces latérales les deux polygones *abcde*, *fghik*. Je dis que ces deux polygones sont égaux.

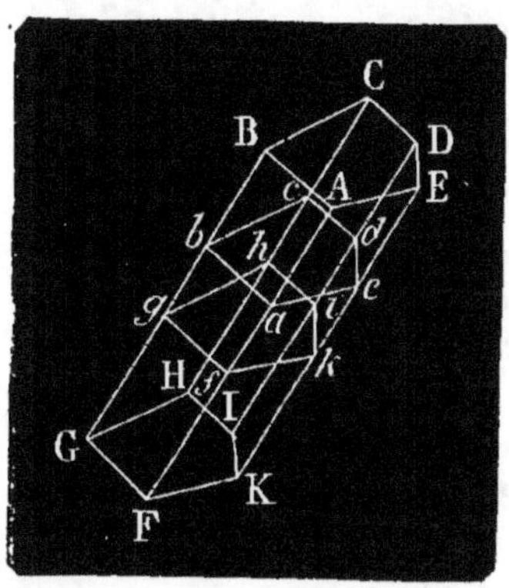

En effet, les intersections de deux plans parallèles par un troisième étant parallèles, les côtés *ab* et *gf*, *bc* et *gh*, *hi* et *cd*, etc., sont parallèles; de plus *ab* est égal à *gf* comme parallèles comprises entre les parallèles GB et AL, et ainsi des autres; donc les deux polygones ont leurs côtés égaux chacun à chacun, ils ont aussi leurs angles égaux chacun à chacun, car l'angle *bae* est égal à l'angle *gfk* comme angles situés dans deux plans parallèles et ayant leurs côtés parallèles, et ainsi des autres; donc les deux polygones sont égaux.

(*Corollaire.*) Toute section faite par un plan parallèle aux bases est égale aux bases.

PROPOSITION XXXIII.

(THÉORÈME 5.) *Les faces opposées d'un parallélipipède sont égales et parallèles.*

Soit le parallélipipède ABCDEFGH, je dis que les faces opposées BCGF et ADHE sont égales et parallèles.

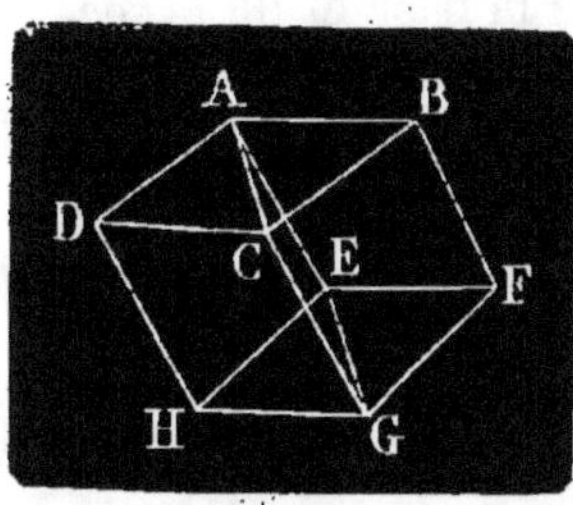

En effet, d'après la définition du parallélipipède, les deux bases ABCD, EFGH sont deux parallélogrammes égaux et parallèles, donc l'arête BC est égale et parallèle à GF; il en est de même de DA et de HE; donc les deux plans passant, l'un par CB et GF, l'autre par DA et HE, sont parallèles; mais de plus, de ce que CB est égale et parallèle à GF, il suit que CG est aussi égale et parallèle à BF; donc la face BCGF est un parallélogramme. On ferait voir de même que la face ADHE est aussi un parallélogramme ; donc les deux faces opposées sont des parallélogrammes parallèles. Quant à leur égalité, elle ressort évidemment de l'égalité des lignes GF et HE, BC et AD, côtés opposés de parallélogrammes égaux, et de l'égalité de BF et AE, CG et DH, que l'on démontrerait comme on a démontré celle de CG et BF, et de ce que leurs angles homologues sont égaux comme étant dans des plans parallèles et ayant leurs côtés parallèles.

(*Corollaire.*) Les diagonales d'un parallélipipède se coupent en parties égales ; car de ce que AE est égal et parallèle à CG, il suit que la figure ACGE est un parallélogramme ; donc ses diagonales, qui sont celles du parallélipipède, se coupent en leurs milieux.

PROPOSITION XXXIV.

(THÉORÈME 4.) *Si une pyramide est coupée par un plan parallèle à la base, les côtés et la hauteur sont coupés par ce plan en parties proportionnelles, et la section est un polygone semblable à la base.*

Soit la pyramide SABCDE, dans laquelle un plan parallèle à la base détermine la section *abcde*, je dis que : 1° les arêtes latérales et la hauteur sont coupées en parties proportionnelles, de sorte que l'on aura

$$\frac{SA}{Sa} = \frac{SB}{Sb} \cdots\cdots = \frac{SO}{So}$$

En effet, les intersections AB et *ab* du plan SAB par les deux

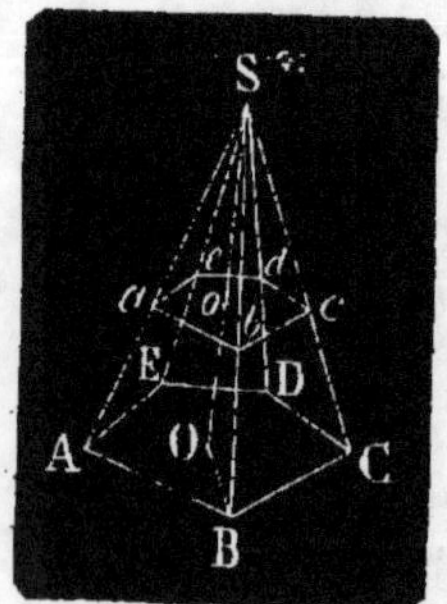

plans parallèles de la base et de la section sont parallèles, il en est de même pour les autres intersections BC et *bc*, CD et *cd*, etc. Donc dans chacun des triangles SAB, SBC, etc., les lignes *ab*, *bc*, etc., étant parallèles aux bases AB, BC, etc., on a

$$\frac{SA}{Sa} = \frac{SB}{Sb} \text{ puis } \frac{SB}{Sb} = \frac{SC}{Sc}, \text{ etc.}$$

ou, à cause du rapport commun,

$$\frac{SA}{Sa} = \frac{SB}{Sb} = \frac{SC}{Sc}, \text{ etc.}$$

Si maintenant on mène BO et bo, ces deux lignes représenteront les intersections des deux plans parallèles par un troisième passant par SO et SB, donc elles seront parallèles, donc aussi

$$\frac{SB}{Sb} = \frac{SO}{So}$$

Je dis 2° que la section et la base sont deux polygones semblables.

En effet, les angles des deux polygones sont d'abord égaux chacun à chacun, car dans les plans parallèles ils ont leurs côtés parallèles ; les côtés sont de plus proportionnels, car dans les triangles semblables SAB, Sab ; SBC, Sbc, on a

$$\frac{SA}{Sa} = \frac{AB}{ab} \qquad \frac{SB}{Sb} = \frac{BC}{bc}$$

et comme

$$\frac{SA}{Sa} = \frac{SB}{Sb}$$

on a aussi,

$$\frac{AB}{ab} = \frac{BC}{bc}$$

et ainsi des autres.

(*Corollaire* **1**.) Si dans une pyramide on fait plusieurs sections par des plans parallèles à la base, les surfaces de ces sections sont proportionnelles aux carrés de leurs distances au sommet.

En effet, appelant S et S′ les surfaces de deux sections et SO et SO′ les deux distances au sommet, on aurait en appelant ab et $a'b'$ deux côtés homologues,

$$\frac{S}{S'} = \frac{ab^2}{a'b'^2} \qquad (\textit{Prop. LXXIX}) ;$$

mais comme

$$\frac{ab}{a'b'} = \frac{SO}{SO'}$$

on a aussi

$$\frac{S}{S'} = \frac{SO^2}{SO'^2}.$$

(*Corollaire* **2**.) Si deux pyramides ont même hauteur, et si l'on mène dans chacune des sections parallèles aux bases et à des distances égales des sommets, ces sections seront entre elles comme les bases des deux pyramides, en sorte que si celles-ci sont équivalentes, les sections homologues le seront aussi.

Exercices.

1. Démontrer que les quatre diagonales d'un parallélipipède se coupent en un même point.

2. Faire dans un parallélipipède oblique, dont les arêtes font avec la base un angle de 45°, et dont les bases sont des losanges, une section qui soit un carré, et en calculer la surface en fonction du côté du losange, dont la surface est connue.

3. Calculer la hauteur d'une pyramide, sachant que la surface de sa base est de 29 mètres carrés, celle d'une section parallèle 19 mètres carrés, et qu'elle est menée à une distance de 10 mètres de la base.

4. Démontrer que le carré d'une diagonale d'un parallélipipède rectangle est égal à la somme des carrés de la hauteur du parallélipipède et des carrés des deux dimensions de sa base.

5. Démontrer que deux pyramides sont égales si elles ont des bases égales et un angle solide égal formant une arête latérale égale.

6. Combien peut-il y avoir de dièdres droits dans une pyramide triangulaire?

7. Démontrer que deux pyramides sont égales lorsqu'elles ont un angle dièdre égal compris entre la base et une face latérale égales chacune à chacune et semblablement placées.

THÉORIE

DE L'ÉQUIVALENCE DES POLYÈDRES.

DÉFINITIONS.

Deux polyèdres sont *équivalents* lorsque, n'étant point égaux par superposition, ils occupent néanmoins deux portions égales de l'espace, c'est-à-dire lorsqu'ils ont même volume.

PROPOSITION XXXV.

(THÉORÈME **1**.) *Deux parallélipipèdes rectangles qui ont même hauteur et des bases équivalentes sont équivalents.*

En effet, dire que les bases sont équivalentes, c'est dire que, sous une forme rectangulaire différente, elles renferment toutes deux le même nombre d'unités de surface. Si donc, considérant isolément ces deux bases, et leur unité commune étant, par exemple, le décimètre carré (et quelle qu'elle soit le même raisonnement est applicable), on peut aisément les concevoir partagées chacune en un même nombre de décimètres carrés. Si par chacune des lignes de division on mène dans les deux parallélipipèdes des plans perpendiculaires aux bases, ces plans partageront les deux parallélipipèdes en un même nombre de petits parallélipipèdes ayant tous pour hauteur la hauteur commune des deux premiers, et pour base un décimètre carré; or ces petits parallélipipèdes sont égaux entre eux, car ils sont superposables, les bases étant des carrés égaux, les hauteurs étant les mêmes, et tous les angles étant droits; donc, comme ils sont en même nombre dans les deux parallélipipèdes donnés, on est en droit d'en conclure l'équivalence de ceux-ci.

PROPOSITION XXXVI.

(THÉORÈME **2**.) *Tout parallélipipède peut être transformé en un parallélipipède rectangle équivalent, ayant même hauteur et une base équivalente.*

Soit le parallélipipède oblique ABCDEFGH, je dis que l'on peut le transformer en un parallélipipède rectangle équivalent, qui aurait pour hauteur la distance des deux bases EFGH et ABCD, hauteur du premier, et pour base un rectangle équivalent au parallélogramme ABCD.

En effet, par les points A et C, je mène deux plans perpendiculaires à l'arête AC, et par suite aussi aux arêtes parallèles à AC; ces plans déterminent deux sections, l'une CKIS dans le parallélipipède, l'autre ALMR dans son prolongement; le nouveau parallélipipède LKIMACSR ainsi

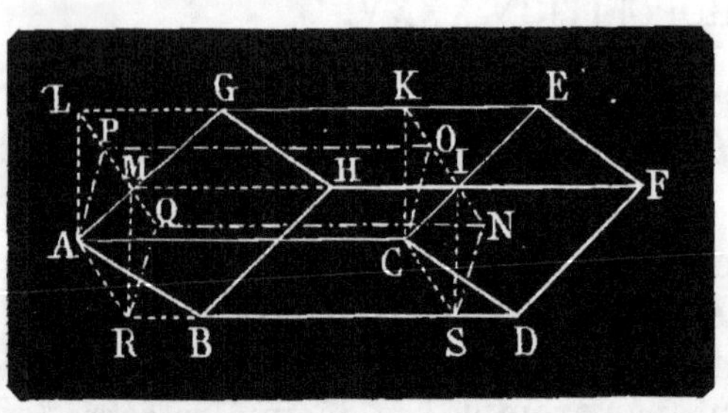

formé est équivalent au premier. En effet, les deux solides CKISEFD et ALMRGHB sont égaux et superposables, car leurs faces et leurs angles solides sont égaux chacun à chacun et semblablement placés; savoir les faces CKIS et CEFD, égales à ALMR et AGHB comme faces opposées de deux mêmes parallélipipèdes, puis KEFI = LGHM; ISDF = MRBH, etc., car ces faces ont les côtés égaux chacun à chacun, comme il est aisé de le démontrer, et tous leurs angles égaux comme ayant les côtés parallèles; enfin les angles solides sont égaux comme formés d'angles plans égaux. Or, si de la figure totale on retranche successivement les deux solides, les deux restes sont les deux parallélipipèdes, donc ils sont équivalents. (Remarquons en passant que la hauteur du second parallélipipède est toujours, comme celle du premier, la distance des deux plans des bases, et que la base du second parallélipipède est le rectangle ARSC, équivalent au parallélogramme ABCD base du premier.)

Si maintenant par les arêtes AC, RS, on mène dans le second parallélipipède deux plans perpendiculaires à la base ARSC et, par suite, à sa parallèle LMIK, ils détermineront dans le second parallélipipède deux sections représentées par un double pointillé, l'une intérieure APOC, l'autre extérieure RQNS, lesquelles complètent un troisième parallélipipède PQNOARSC équivalent au second, car on démontrerait, comme ci-dessus, que le solide ACOKLP est égal au solide RSNIMQ, et les retranchant successivement du solide formé par le second et le troisième parallélipipède, les deux restes seraient ces deux parallélipipèdes. Or, le troisième, qui a même base et même hauteur que le second, lui étant équivalent, l'est aussi au premier; il a même hauteur que celui-ci, une base équivalente, de plus il est rectangle, car toutes ses faces, par la manière même dont il a été construit, sont perpendiculaires entre elles; donc on a bien transformé le premier parallélipipède en un parallélipipède rectangle équivalent, ayant même hauteur et une base équivalente.

(*Corollaire.*) Deux parallélipipèdes quelconques de même hauteur et de bases équivalentes sont équivalents, car ils peuvent être transformés tous deux en deux parallélipipèdes rectangles qui, ayant même hauteur et des bases équivalentes, sont équivalents entre eux (*Prop. XXXV*).

<h3 style="text-align:center">PROPOSITION XXXVII.</h3>

(THÉORÈME 5.) *Tout prisme triangulaire est équivalent à la moitié du parallélipipède de base double et de même hauteur.*

Soit le prisme triangulaire ABCDEF; je dis que ce prisme est équivalent à la moitié du parallélipipède qui aurait pour hauteur la hauteur du prisme, c'est-à-dire la distance entre ses deux bases, et pour base le parallélogramme double du triangle EDF base du prisme.

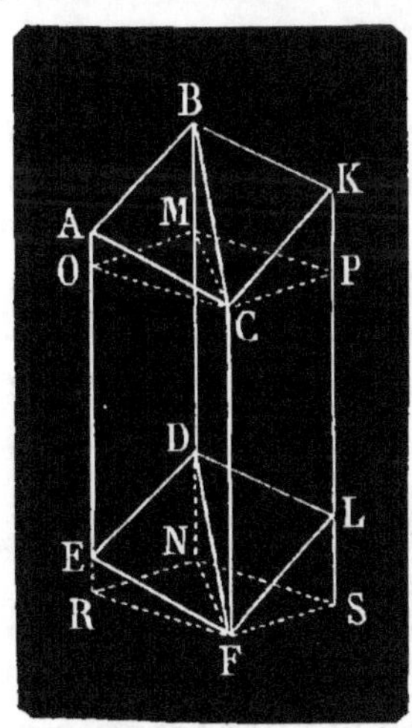

En effet, si par les arêtes BD, CF, je mène deux plans parallèles aux deux faces BAED, ACEF, ces deux plans, par leurs intersections entre eux et avec les plans des bases du prisme, déterminent un parallélipipède ABCKEDLF, qui a pour hauteur la hauteur du prisme, et pour base EDLF, parallélogramme double de EDF, base du prisme. Il reste donc à faire voir que le prisme est moitié de ce parallélipipède. En effet, si par les points C et F on mène deux plans perpendiculaires à l'arête CF, on transforme le parallélipipède primitif en un autre MOCPNRFS, qui lui est équivalent, car en considérant comme base du premier la face KCFL, et pour base du second le rectangle PCFS, on voit qu'ils ont des bases équivalentes; quant à leur hauteur commune, c'est la distance des deux plans KCFL et BAED. Or, le prisme primitif ABCDEF est équivalent au prisme droit MOCNRF, car les deux solides CMBAO et FNDER sont égaux; il est facile de reconnaître, en effet, que leurs faces sont égales chacune à chacune et leurs angles solides égaux, de telle sorte que si l'on superposait la base BAOM de l'un sur celle DENR de l'autre, ils coïncideraient dans toutes leurs parties; donc les deux prismes, formés d'une partie commune MOCDEF et d'un de ces deux solides, sont équivalents, mais le prisme droit MOCNRF est égal au prisme droit adjacent MCPNFS, car ils ont les trois faces qui forment l'angle solide P de l'un égales aux trois faces qui forment l'angle solide O de l'autre et elles sont semblablement placées; superposés ils coïncideraient; donc chacun de ces prismes droits est moitié du parallélipipède droit constitué par leur assemblage, et aussi du parallélipipède primitif, ABCKDEFL, qui lui est équivalent; donc enfin le prisme oblique primitif, ABCDEF, équivalent à l'un de ces prismes droits, est équivalent à la moitié du parallélipipède oblique qui a même hauteur que lui et une base double.

(*Corollaire* 1.) Deux prismes triangulaires quelconques ayant même hauteur et des bases équivalentes sont équivalents, puisque les parallélipipèdes doubles de ces prismes seraient équivalents entre eux.

(*Corollaire* 2.) Deux prismes polygonaux quelconques ayant même hauteur et des bases équivalentes sont équivalents; car on peut toujours les décomposer en un même nombre de prismes triangulaires ayant même hauteur et des bases équivalentes et par suite équivalents.

En effet, l'on peut toujours partager deux polygones équivalents en un même nombre de triangles équivalents chacun à chacun (*Première partie, prob. I*, page 104), et en menant ensuite par chacune des lignes de division des bases des plans parallèles aux arêtes, la décomposition des prismes en prismes triangulaires équivalents est effectuée.

PROPOSITION XXXVIII.

(Théorème 4.) *Deux pyramides quelconques qui ont même hauteur et des bases équivalentes sont équivalentes.*

Comme les bases des pyramides sont des polygones, que l'on peut toujours partager deux polygones équivalents en un même nombre de triangles équivalents, et qu'en faisant passer des plans par les lignes de division des polygones bases et les sommets on peut toujours partager les deux pyramides quelconques en un même nombre de pyramides triangulaires ayant même hauteur et des bases équivalentes chacune à chacune, il suffira de démontrer la proposition pour deux pyramides triangulaires.

Soient donc les deux pyramides triangulaires SABC, S'DEF, qui ont les hauteurs SI, S'I' égales, et les bases ABC, DEF équivalentes, je dis que ces deux pyramides sont équivalentes.

En effet, ayant partagé les deux hauteurs égales SI, S'I'

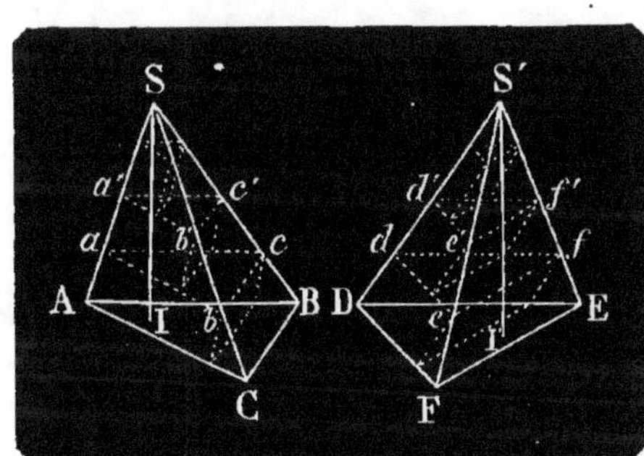

en un même nombre de parties égales, par chacun des points de division, dans chaque pyramide, je mène des plans parallèles aux bases. Les sections que ces plans déterminent sont toutes semblables aux bases, et semblables entre elles dans chaque pyramide (*Prop. XXXIV, Corol.* 2); et chacune d'elles, les bases étant équivalentes, trouve son équivalente dans la section de l'autre pyramide correspondant à la même division de la hauteur. Si maintenant par les lignes *fe*, *f'e'*, etc., *bc*, *b'c'*, etc., dans chaque pyramide, je fais passer des plans parallèles aux arêtes SA et S'D, ces plans déterminent des prismes triangulaires D*def*, *dd'e'f'*, etc., A*abc*, *aa'b'c'*, etc., en même nombre dans chaque pyramide, et équivalents chacun à chacun ; donc les deux sommes des prismes sont équivalentes. Mais la différence entre chaque somme de prismes et la pyramide correspondante devient d'autant plus petite que, la hauteur étant partagée en parties plus petites, le nombre des prismes augmente; or, comme l'on peut toujours, quelque petite que soit la division de la hauteur, en concevoir une plus petite, on peut aussi concevoir que la différence entre la somme des prismes et la pyramide peut être rendue plus petite que toute quantité donnée, et comme les deux sommes de prismes ne cessent pas néanmoins d'être équivalentes, à la limite, c'est-à-dire lorsque chaque somme de prismes sera devenue la pyramide elle-même, les deux pyramides seront évidemment équivalentes.

PROPOSITION XXXIX.

(Théorème 5.) *Toute pyramide triangulaire est le tiers de tout prisme de même hauteur et de base équivalente.*

Soit la pyramide triangulaire SABC, je dis qu'elle est équivalente au tiers d'un prisme de même hauteur et de bases équivalentes à ABC.

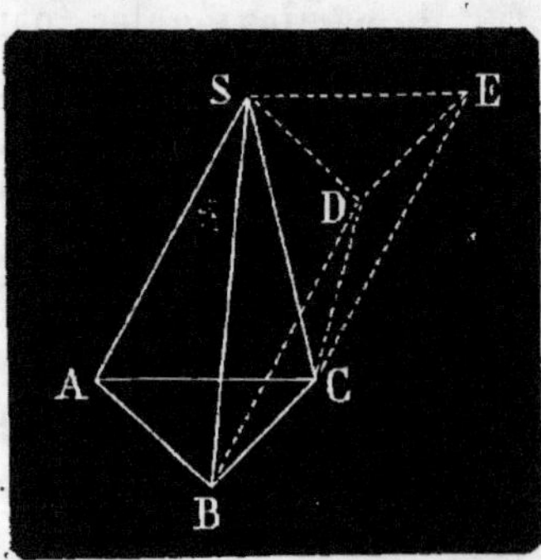

En effet, si par le sommet S je mène un plan parallèle à la base, puis que par l'arête BC j'en mène un autre parallèle à l'arête SA, ces deux plans par leurs intersections entre eux et avec les plans des faces SAB, SAC achèveront un prisme triangulaire SDEABC, qui a même hauteur que la pyramide et même base. Si par les trois points S, D et C on fait passer un plan, ce plan partage le solide SBCDE, excès du prisme sur la pyramide, en deux autres pyramides triangulaires, que l'on peut considérer comme ayant leur sommet commun au point S, et pour bases les deux triangles BCD, CDE, égaux comme moitiés d'un même parallélogramme, les deux pyramides seraient SBDC, et SCDE; et comme elles ont aussi pour hauteur commune la distance du point S au plan BCDE, ces deux pyramides sont équivalentes. Mais l'une d'elles

SCDE peut aussi être considérée comme ayant son sommet au point C et pour base SDE, elle se trouve alors avoir même hauteur que la pyramide primitive SABC et même base, le triangle SDE étant égal au triangle ABC, donc elle lui est équivalente. Par suite, les trois pyramides dont l'ensemble constitue le prisme étant équivalentes entre elles, chacune d'elles est le tiers du prisme; et comme ce prisme est équivalent à tout autre ayant même hauteur que la pyramide SABC et une base équivalente à ABC, la pyramide SABC sera aussi le tiers de tout autre prisme ayant même hauteur qu'elle et une base équivalente.

(*Corollaire.*) Une pyramide quelconque est aussi le tiers d'un prisme quelconque ayant même hauteur et une base équivalente; car on peut construire une pyramide triangulaire équivalente à la pyramide donnée, et le prisme dont celle-ci sera le tiers sera équivalent au prisme quelconque donné.

PROPOSITION XL.

(Théorème 6.) *Le tronc de pyramide que l'on forme en coupant une pyramide par un plan parallèle à la base est équivalent à la somme de trois pyramides qui auraient pour hauteur la hauteur du tronc, et pour base, l'une la base supérieure, l'autre la base inférieure, et la troisième une moyenne proportionnelle entre les deux bases.*

Il suffit de démontrer cette proposition pour un tronc de pyramide triangulaire; car, comme l'on peut toujours construire une pyramide triangulaire équivalente à la pyramide quelconque donnée, c'est-à-dire ayant même hauteur qu'elle et une base équivalente, en menant dans les deux et à une même distance du sommet un plan parallèle à la base, les petites pyramides terminales ayant même hauteur et des bases équivalentes seront par suite équivalentes; il en sera de même pour les deux troncs de pyramides, donc ce qui sera vrai pour le tronc de pyramide triangulaire sera également vrai pour tous les autres.

Soit donc ABCDEF un tronc de pyramide triangulaire

produit par une section parallèle à la base, je dis qu'il est équivalent à la somme de trois pyramides qui auraient pour hauteur commune IH, hauteur du tronc, et pour base $\overline{ABC, DEF \text{ et } \sqrt{ABC \times DEF}}$.

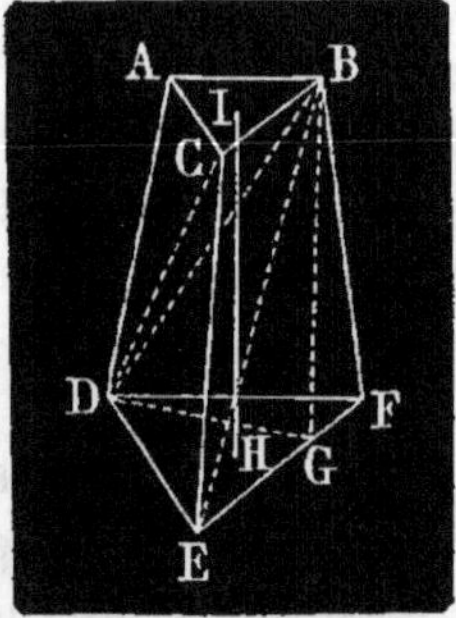

En effet, si par les points B, C et D je fais passer un plan, il sépare du tronc une première pyramide DABC, qui, ayant pour sommet D et pour base ABC, a pour hauteur IH, et est une des trois pyramides de l'énoncé. De même, si par les points B, D et E je fais passer un plan, il sépare du solide restant une seconde pyramide BDEF, qui, ayant pour sommet B et pour base DEF, a pour hauteur IH, et est la seconde pyramide de l'énoncé. Il reste donc à faire voir que le reste définitif, quand on a retranché du tronc ces deux premières pyramides, c'est-à-dire la pyramide BDCE, est équivalent à une pyramide ayant IH pour hauteur, et pour base $\sqrt{ABC \times DEF}$. Or cette pyramide peut être considérée comme ayant son sommet au point D et pour base BCE; si par le point B on mène BG parallèle à CE, puis qu'on joigne DG, on voit que la pyramide ci-dessus est équivalente à une autre DBEG; car ayant son sommet en D et pour base BEG, elle a même hauteur et une base équivalente, BEG et BCE étant les deux moitiés d'un même parallélogramme BCEG. Mais cette nouvelle pyramide DBEG peut être considérée comme ayant son sommet en B et pour base DEG, ce qui lui donne pour hauteur la hauteur IH du tronc. Or, le triangle base DEG et le triangle DFE ayant même hauteur, leur sommet étant en D, sont entre eux comme leurs bases EG, EF; de plus ABC et DEF sont semblables, et BC = EG; on peut donc écrire :

$$\frac{DEF}{DEG} = \frac{EF}{EG} \qquad \frac{DEF}{ABC} = \frac{EF^2}{CB^2} = \frac{EF^2}{EG^2}$$

d'où

$$\frac{DEF^2}{DEG^2} = \frac{DEF}{ABC} \quad \text{ou} \quad \frac{DEF}{DEG^2} = \frac{1}{ABC}$$

ou enfin $\quad\quad\quad DEG = \sqrt{ABC \times DEF}$.

On voit donc que la pyramide BDEG a pour hauteur la hauteur du tronc et pour base une moyenne proportionnelle entre les deux bases du tronc ; donc la pyramide restante DCBE, équivalente à BDEG, est bien la troisième pyramide de l'énoncé.

PROPOSITION XLI.

(Théorème **7**.) *Si l'on coupe un prisme triangulaire par un plan oblique à la base, le tronc de prisme qui en résulte est équivalent à la somme de trois pyramides triangulaires qui auraient pour sommets les sommets des trois angles de la section, et pour base commune la base du prisme.*

Soit le tronc de prisme ABCDEF, produit par une section ABC oblique à la base, je dis qu'il est équivalent à la somme de trois pyramides qui auraient pour sommets les points A, B, C, et pour base commune DEF.

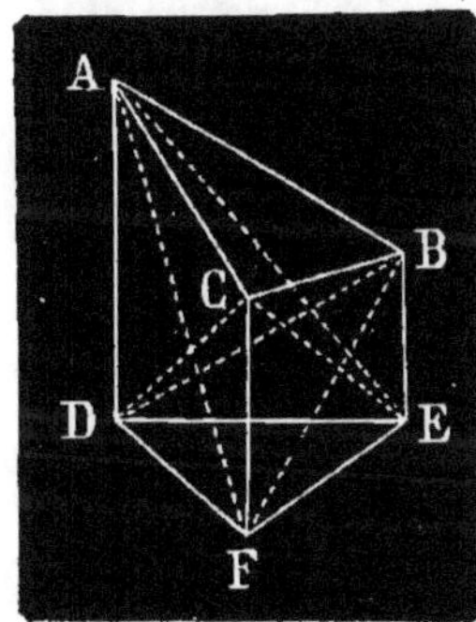

En effet, si par les trois points A, F et E je fais passer un plan, il sépare du tronc une pyramide ADEF qui, ayant son sommet en A et pour base DEF, est une des pyramides de l'énoncé. Si par les trois points A, C et E je fais passer un nouveau plan, il coupe le restant du tronc en deux pyramides, l'une CAEF, l'autre CABE ; la première peut être considérée comme ayant son sommet en E, et pour base ACF ; mais si l'on mène CD, le triangle CDF étant équivalent au triangle FCA, comme ayant même base CF et même hauteur, les sommets A et D étant sur une même parallèle à la base, la pyramide EACF est équivalente à celle ECDF, que l'on peut à son tour considérer comme ayant son sommet en C et pour base DEF, et qui forme ainsi la deuxième pyramide de l'énoncé. De même la troisième pyramide CABE serait équivalente à la pyramide FABE, équivalente elle-même à la pyramide FBDE, dont la base BDE est équivalente à ABE comme triangles ayant même base et même hauteur; or cette pyramide peut aussi être considérée comme ayant son sommet en B et pour base DEF, et constitue ainsi la troisième pyramide de l'énoncé.

Exercices.

1. Démontrer que deux cubes sont entre eux comme le cube de leurs arêtes.

2. Construire un prisme triangulaire équivalent à un prisme polygonal donné.

3. Pourquoi les deux prismes triangulaires en lesquels on peut décomposer un parallélipipède oblique sont-ils équivalents mais non superposables?

4. Deux polyèdres quelconques sont formés de faces égales chacune à chacune, que faut-il de plus pour qu'ils soient équivalents?

5. Démontrer que deux pyramides qui ont des bases équivalentes sont entre elles comme leurs hauteurs.

6. Démontrer qu'un prisme quelconque est toujours décomposable en un certain nombre de pyramides triangulaires équivalentes, trouver quelle relation il y a entre le nombre de ces pyramides et le nombre des côtés de la base du prisme.

7. Déterminer dans une pyramide triangulaire un point tel que, le joignant à tous les sommets, on partage le solide en quatre pyramides triangulaires équivalentes.

8. Mener un plan oblique aux bases qui partage un prisme en deux troncs équivalents.

9. Mener un plan qui, coupant les arêtes d'une pyramide triangulaire, la partage en deux parties équivalentes.

10. Sur un triangle semblable à la base d'une pyramide triangulaire on veut construire une autre pyramide équivalente à la première, on demande le rapport des hauteurs.

THÉORIE

DE LA PROPORTIONNALITÉ DES POLYÈDRES ET DE LEUR SIMILITUDE.

DÉFINITIONS.

On entend par *dimensions* d'un parallélipipède, sa *hauteur*, c'est-à-dire la distance des deux bases, et les deux lignes qui forment la *base* et la *hauteur* du parallélogramme base.

Si le parallélipipède est rectangle, ses trois dimensions sont les trois arêtes d'un même angle solide.

Les dimensions d'un prisme triangulaire sont la hauteur du prisme, et la base et la hauteur du triangle qui lui sert de base.

Les dimensions d'une pyramide triangulaire sont de même sa hauteur, et la base et la hauteur du triangle qui lui sert de base.

Si le prisme ou la pyramide ont pour base un polygone régulier, les trois dimensions seront leur hauteur, et le périmètre et l'apothème du polygone régulier qui leur sert de base.

Enfin si les bases sont des polygones irréguliers, comme on peut toujours partager un prisme ou une pyramide en prismes ou pyramides triangulaires, on retombera dans les cas précédents; ou bien encore on peut prendre pour dimensions du prisme et de la pyramide à base polygonale irrégulière les dimensions du prisme ou de la pyramide triangulaire équivalents, de même hauteur et de base équivalente.

Deux polyèdres sont dits *semblables* lorsque, toutes leurs faces étant en même nombre et semblablement placées sont des polygones semblables, et que leurs angles solides homologues sont égaux.

PROPOSITION XLII.

(THÉORÈME 1.) *Deux parallélipipèdes quelconques qui ont deux dimensions communes sont entre eux comme la troisième dimension.*

Il suffit de démontrer cette proposition pour deux parallélipipèdes rectangles, car tout parallélipipède peut être transformé en un parallélipipède rectangle équivalent, ayant même hauteur et une base équivalente, c'est-à-dire, ayant mêmes dimensions. Du reste, la démonstration serait la même pour des parallélipipèdes quelconques, et si nous l'appliquons à des parallélipipèdes rectangles, c'est que sur eux elle nous paraît plus claire, tout en restant aussi générale.

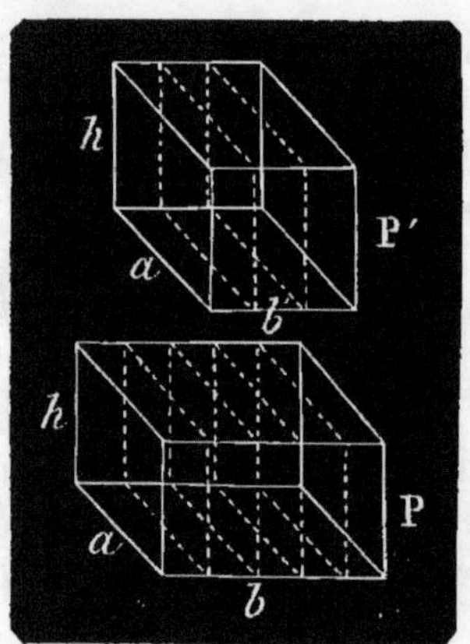

Soient donc deux parallélipipèdes rectangles P et P′ qui ont les deux mêmes dimensions h et a, je dis qu'ils sont entre eux comme leur troisième dimension b et b' et que l'on a la relation

$$\frac{P}{P'} = \frac{b}{b'}$$

Soit m une commune mesure entre b et b', qui portée sur ces lignes y soit contenue, par exemple, 5 fois dans b et 3 fois dans b'; si par chacun des points de division déterminés sur b et b' on mène des plans parallèles aux faces latérales, dans P on détermine 5 parallélipipèdes égaux entre eux, car il y a égalité complète dans toutes leurs parties, et égaux aux 3 parallélipipèdes formés dans P′, car leurs bases et leurs hauteurs sont égales et ils sont rectangles; donc on peut écrire

$$\frac{P}{P'} = \frac{5}{3} \quad \text{mais déjà} \quad \frac{b}{b'} = \frac{5}{3}$$

donc
$$\frac{P}{P'} = \frac{b}{b'}$$

(*Corollaire.*) De ce que les deux dimensions a et h sont communes, il suit que les deux rectangles dont ces lignes sont les dimensions sont ici égaux, et dans deux parallélipipèdes quelconques ils seraient deux faces équivalentes; or on peut à volonté prendre ces deux faces pour bases des parallélipipèdes, on peut donc énoncer ainsi la proposition ci-dessus :

Deux parallélipipèdes qui ont des bases équivalentes sont entre eux comme leurs hauteurs.

PROPOSITION XLIII.

(Théorème **2**.) *Deux parallélipipèdes qui ont une dimension commune sont entre eux comme les produits des deux autres dimensions.*

Soient P et P′ deux parallélipipèdes, a, b, c les dimensions du premier, a', b', c les dimensions du second, c étant une dimension commune, je dis que l'on a

$$\frac{P}{P'} = \frac{a \times b}{a' \times b'}$$

En effet, soit p un troisième parallélipipède qui, ayant pour dimensions a, b', c aurait avec P et P′ deux dimensions communes, d'après le théorème précédent on aurait alors

$$\frac{P}{p} = \frac{b}{b'} \quad \text{et} \quad \frac{p}{P'} = \frac{a}{a'}$$

Multipliant membre à membre ces deux équations, et effaçant le facteur commun p, il vient successivement

$$\frac{P \times p}{p \times P'} = \frac{a \times b}{a' \times b'}$$

et enfin

$$\frac{P}{P'} = \frac{a \times b}{a' \times b'}$$

(*Corollaire.*) La dimension commune pouvant toujours être prise pour hauteur des parallélipipèdes, les deux autres dimensions sont celles des bases, et leurs produits représentent les aires de ces bases ; on peut donc encore énoncer ainsi la proposition ci-dessus :

Deux parallélipipèdes de même hauteur sont entre eux comme leurs bases.

PROPOSITION XLIV.

(THÉORÈME 3.) *Deux parallélipipèdes quelconques sont entre eux comme les produits de leurs trois dimensions.*

Soient P et P′ deux parallélipipèdes ; a, b, c les dimensions du premier, a', b', c' celles du second, je dis que l'on a la relation :

$$\frac{P}{P'} = \frac{a \times b \times c}{a' \times b' \times c'}$$

En effet, soit p un troisième parallélipipède ayant pour dimensions a, b, c', c'est-à-dire ayant avec P deux dimensions communes, et une avec P′, on aura les deux relations

$$\frac{P}{p} = \frac{c}{c'} \quad \text{et} \quad \frac{p}{P'} = \frac{a \times b}{a' \times b'}$$

Multipliant membre à membre ces deux équations, et effaçant le facteur commun p, il vient enfin

$$\frac{P}{P'} = \frac{a \times b \times c}{a' \times b' \times c'}$$

(*Corollaire.*) Les trois propositions précédentes s'appliquent également aux prismes et aux pyramides triangulaires, car la proposition étant démontrée pour des parallélipipèdes de mêmes dimensions que les prismes ou les pyramides donnés, comme le prisme est la moitié du parallélipipède, et la pyramide le tiers du prisme ou le sixième du parallélipipède, il suffit, dans la relation entre les parallélipipèdes, de diviser par 2 ou par 6 les deux termes du premier rapport pour passer au prisme ou à la pyramide. Enfin, ces propositions peuvent encore s'étendre aux prismes et aux pyramides quelconques, car on peut les remplacer par des prismes ou des pyramides triangulaires équivalents.

PROPOSITION XLV.

(Théorème **4**.) *Deux polyèdres semblables ont les arêtes homologues proportionnelles.*

Soient ABCDEF deux faces d'un polyèdre, homologues aux faces *abcdef* d'un polyèdre semblable, je dis que l'on a

$$\frac{AF}{af} = \frac{BE}{be} = \frac{CD}{cd}, \text{ etc.}$$

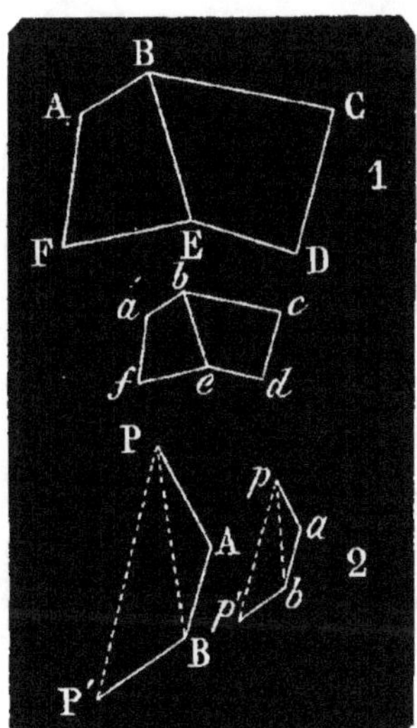

En effet, les deux polyèdres étant semblables, les deux polygones homologues ABEF, *abef* sont semblables, et l'on a

$$\frac{AF}{af} = \frac{BE}{be}$$

De même les deux polygones semblables BCDE, *bcde*, donnent

$$\frac{BE}{be} = \frac{CD}{cd}$$

donc enfin, à cause du rapport commun,

$$\frac{AF}{af} = \frac{BE}{be} = \frac{CD}{cd}, \text{ etc.}$$

(*Corollaire.*) Les diagonales homologues des faces homologues sont aussi proportionnelles et dans le même rapport que les arêtes.

Les diagonales intérieures joignant les sommets homologues sont aussi proportionnelles et dans le rapport des arêtes.

Car soient P et P′, *p* et *p*′ (*fig.* 2) quatre sommets homologues, PP′ et *pp*′ les diagonales homologues qui joignent ces sommets, et PA, AB, BP′, *pa, ab, bp*′ les arêtes extérieures allant de P en P′ et de *p* en *p*′, lesquelles peuvent ne pas être dans le même plan ; joignons PB, *pb*, ces deux diagonales sont proportionnelles aux côtés PA, *pa*, etc., car l'angle plan PAB est égal à son homologue *pab ;* les angles solides des polyèdres étant égaux chacun à chacun, les arêtes d'un même sommet font entre elles sur les mêmes plans des angles égaux, et les côtés PA, AB, pa, ab sont proportionnels; donc on .a $\dfrac{PB}{pb} = \dfrac{PA}{pa}$, etc. De même le triangle PP'B est semblable à $pp'b$, car ils ont les côtés PB, pb, P'B, $p'b$ proportionnels, et les angles PP'B, $pp'b$ formés dans les deux polyèdres semblables par les lignes homologues PB, P'B et pb, $p'b$ sont égaux ; donc on a

$$\frac{PP'}{pp'} = \frac{PB}{pb} = \frac{P'B}{p'b}, \text{ etc.}$$

PROPOSITION XLVI.

(Théorème 5.) *Deux pyramides triangulaires sont semblables lorsqu'elles ont un angle dièdre égal compris entre deux faces semblables chacune à chacune et semblablement placées.*

Soient les deux pyramides SABC et $sabc$ qui ont l'angle dièdre formé par les faces SAB et ABC égal au dièdre formé par les faces sab et abc, lesquelles sont de plus semblables aux deux premières et semblablement placées ; je dis que ces deux pyramides sont semblables, c'est-à-dire ont toutes leurs faces semblables et leurs trièdres égaux chacun à chacun.

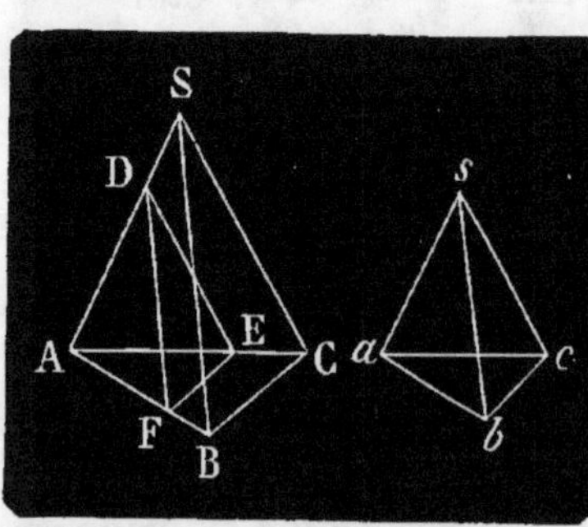

En effet, je porte la pyramide $sabc$ dans la pyramide SABC, de sorte que l'arête ab prenne la direction AB, le point a en A; elle devient AF. Comme l'angle dièdre correspondant à ab est égal au dièdre correspondant à AB, la face sab s'appliquera sur la face SAB, et lui étant semblable, comme l'angle sab est égal à SAB, l'arête as prendra la direction AS, et deviendra AD; par la même raison l'arête ac deviendra AE, et la pyramide entière deviendra DAEF; donc le trièdre a est égal au trièdre A. De la similitude des faces sab et SAB, abc et ABC, on tire les relations :

$$\frac{AS}{AD}=\frac{AB}{AF} \quad et \quad \frac{AB}{AF}=\frac{AC}{AE}$$

donc aussi
$$\frac{AS}{AD}=\frac{AC}{AE}$$

donc les deux faces DAE ou *sac* et SAC sont semblables, et par suite équiangles ; donc aussi

$$\frac{SC}{DE}=\frac{SB}{DF}=\frac{BC}{FE}$$

et la face DFE ou *sbc* est semblable à la face SBC, et lui est équiangle. Donc toutes les faces des deux pyramides sont semblables chacune à chacune, et comme elles sont semblablement placées et équiangles, il en résulte l'égalité des angles trièdres, car ils sont formés d'angles plans égaux, donc enfin les deux pyramides sont semblables.

(*Corollaire* 1.) Tout plan coupant une pyramide parallèlement à sa base, ou une pyramide triangulaire parallèlement à une de ses faces, détermine une petite pyramide semblable à la pyramide totale, car ce plan fait avec chaque face des dièdres égaux à ceux que forme avec elles la base ou la face parallèle à la section, et il coupe les faces et leurs côtés en parties proportionnelles.

(*Corollaire* 2.) Si l'on divise dans le même rapport et dans le même sens celles des arêtes d'une pyramide quelconque qui aboutissent à son sommet, en joignant les points de division ces lignes sont sur un même plan parallèle à la base, lequel détermine une pyramide semblable à la première, car leurs faces sont semblables chacune à chacune, semblablement placées, et leurs dièdres sont égaux.

PROPOSITION XLVII.

(THÉORÈME 6.) *Deux polyèdres semblables sont toujours décomposables en un même nombre de pyramides triangulaires semblables chacune à chacune et semblablement placées.*

Soient ABCD et BCFE deux faces d'un polyèdre, homologues aux deux faces *abcd* et *bcfe* d'un polyèdre semblable au premier. Je dis que sur ces deux faces on peut, dans chaque polyèdre, construire un même nombre de pyramides triangulaires semblables et semblablement placées.

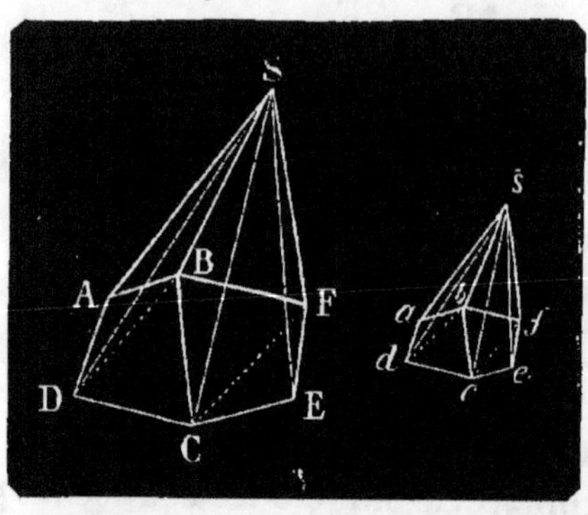

En effet, si menant les diagonales BD et CF, je fais passer des plans par un point S quelconque du premier polyèdre et par tous les côtés des deux faces ABCD, BCEF et les deux diagonales, j'aurai construit ainsi quatre pyramides triangulaires; et en faisant la même construction pour toutes les faces du polyèdre, on conçoit qu'il sera partagé en totalité en pyramides triangulaires ayant toutes leurs sommets au point S. Si maintenant, ayant mené dans le second polyèdre, les diagonales homologues *bd*, *cf*, je construis sur le triangle *abd* homologue de ABD, une pyramide triangulaire semblable à SABD (ce qui est toujours possible, car il suffit de mener un plan *sad* faisant avec *abd* le même dièdre que SAD fait avec ABD, puis dans ce plan de faire sur *ad* un triangle semblable à SAD, et d'achever la pyramide *sabd* (*Prop. XLVI*), qui sera semblable à SABD comme ayant un dièdre égal compris entre deux faces semblables), le point *s*, sommet de cette pyramide, est l'homologue de S, et sera le sommet de toutes les pyramides triangulaires en lesquelles je puis décomposer le second polyèdre, comme j'ai déjà décomposé le premier.

Or ces pyramides seront en même nombre dans les deux polyèdres, car les faces des polyèdres sont en même nombre, et, en ayant le soin de mener des diagonales homologues, elles sont décomposées en un même nombre de triangles semblables, dont chacun devient la base d'une de ces pyramides; il reste donc à faire voir que ces pyramides sont semblables chacune à chacune.

En effet, les deux pyramides SABD, *sabd* sont déjà semblables par construction, mais leur similitude entraîne celle de leurs voisines SBDC et *sbdc*, car les faces SBD, *sbd*, sont communes dans chaque couple et semblables, les faces BDC, *bdc* sont semblables aussi puisque les polyèdres le sont ; enfin, de plus, le dièdre formé par SBD et ABD étant égal au dièdre formé par *sbd* et *abd*, leurs dièdres supplémentaires, formés par les deux faces SBD, BDC ; *sbd*, *bdc* de chacune des nouvelles pyramides sont aussi égaux, donc les deux pyramides SBDC et *sbdc* sont semblables ; leur similitude entraîne pareillement celle de leurs voisines, et ainsi de suite pour toutes les pyramides dont l'ensemble constitue les deux polyèdres. Ceux-ci sont donc décomposables en un même nombre de pyramides semblables et semblablement placées.

(*Remarque.*) Les points S et *s*, sommets communs des pyramides, pourraient tout aussi bien être deux sommets homologues des polyèdres; en ce cas, les arêtes de ces pyramides seraient des diagonales homologues des polyèdres, et l'on a une autre démonstration de la proposition déjà démontrée (pag. 159), savoir que les diagonales homologues de deux polyèdres semblables sont proportionnelles entre elles, et dans le rapport des arêtes des polyèdres et des diagonales de leurs faces.

PROPOSITION XLVIII.

(Théorème **7**.) *Deux polyèdres composés d'un même nombre de pyramides triangulaires semblables et semblablement disposées sont semblables entre eux.*

Soient ABCD, BCEF deux faces d'un polyèdre décomposé en pyramides triangulaires SABD, SBDC, etc., et *abcd*, *bcef* deux faces d'un autre polyèdre qui, décomposé en pyramides triangulaires *sabd*, *sbdc*, etc., donne des pyramides semblables chacune à chacune à celles du premier et semblablement placées, je dis que ces deux polyèdres sont semblables, c'est-à-dire que les faces homologues sont semblables et les angles dièdres et solides égaux.

En effet, supposons un troisième polyèdre, semblable au premier, prenons-en les deux faces homologues et semblables à ABCD et BCEF, et supposons que l'arête de ce nouveau polyèdre homologue à AD, et que nous appellerons A'D', soit avec AD dans le rapport de $\dfrac{AD}{A'D'} = \dfrac{AD}{ad}$. Si du point S' homologue à S, on construit dans ce troisième polyèdre les

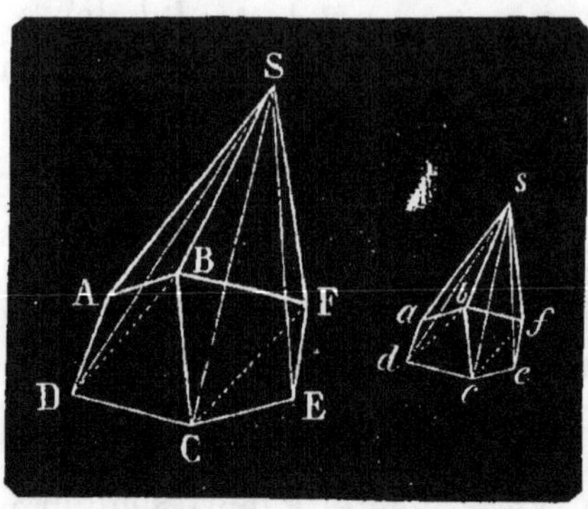

pyramides homologues à SABD, SBDC, etc., la première S′A′B′D′ étant semblable à SABD l'est aussi à *sabd*, et de plus lui est égale, car comme on a supposé que

$$\frac{AD}{A'D'} = \frac{AD}{ad}$$

il faut que A′D′=*ad*. Dès lors si on les superposait, elles coïncideraient ; la pyramide suivante S′B′D′C′, à cause de la face désormais commune *sbd*, coïnciderait aussi avec *sbdc*, et ainsi de suite pour toutes les autres ; donc le polyèdre dont *abcd*, *bcdf* sont les faces coïncidera tout entier avec le polyèdre supposé, et comme lui il sera semblable au premier polyèdre.

PROPOSITION XLIX.

(THÉORÈME 8.) *Les volumes de deux pyramides triangulaires, et en général de deux polyèdres quelconques semblables, sont entre eux comme les cubes des arêtes homologues.*

Soient les deux pyramides triangulaires semblables SABC, *sabc*, en représentant leurs volumes par V et *v*, je dis que l'on a :

$$\frac{V}{v} = \frac{AC^3}{ac^3}$$

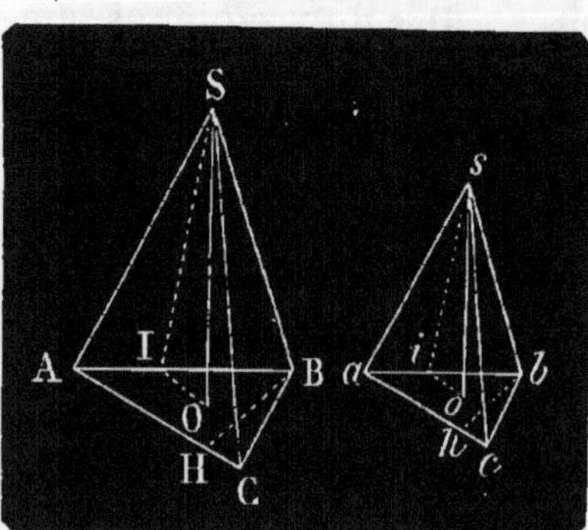

En effet, menons les hauteurs SO et *so* des deux pyramides, on a, en appelant H et *h* les hauteurs BH, *bh* des bases (*Prop. XLIV*),

$$\frac{V}{v} = \frac{AC \times H \times SO}{ac \times h \times so}$$

Mais H et *h*, SO et *so* sont des lignes homologues de deux polyèdres semblables, donc elles sont dans le rapport commun des arêtes; on peut donc écrire :

$$\frac{AC}{ac} = \frac{H}{h} = \frac{SO}{so}$$

et par suite

$$\frac{V}{v} = \frac{AC^3}{ac^3}$$

Soient maintenant deux polyèdres semblables quelconques P et p, on peut les décomposer tous deux en un même nombre de pyramides triangulaires semblables (*Prop. XLVII*); soient

$$T \quad T_1 \quad T_2 \quad T_3 \ldots\ldots T_n \text{ celles du polyèdre P}$$

et

$$t \quad t_1 \quad t_2 \quad t_3 \ldots\ldots t_n \text{ celles du polyèdre } p$$

et soient

$$A, \ B, \ C, \ D \ldots\ldots U$$
$$a, \ b, \ c, \ d \ldots\ldots u$$

les arêtes homologues des pyramides semblables des deux polyèdres, on aurait alors la suite de rapports

$$\frac{T}{t} = \frac{A^3}{a^3}, \ \frac{T_1}{t_1} = \frac{B^3}{b^3}, \ \frac{T_2}{t_2} = \frac{C^3}{c^3}, \ \frac{T_3}{t_3} = \frac{D^3}{d^3} \ldots\ldots \ \frac{T_n}{t_n} = \frac{U^3}{u^3}$$

Faisant la somme membre à membre, et remarquant que les rapports $\frac{A^3}{a^3} = \frac{B^3}{b^3} = \frac{U^3}{u^3}$, on a,

$$\frac{T + T_1 + T_2 + T_3 \ldots\ldots + T_n}{t + t_1 + t_2 + t_3 \ldots\ldots + t_n} = \frac{n \times A^3}{n \times a^3} = \frac{A^3}{a^3}$$

Mais les deux sommes $T + T_1 +$ etc., et $t + t_1 +$ etc., ne sont autre chose que les deux polyèdres, donc enfin

$$\frac{P}{p} = \frac{A^3}{a^3}$$

Exercices.

1. Étant donné un tronc de pyramide à bases parallèles, et dont la hauteur est H, dans lequel les côtés homologues des bases sont dans le rapport de m à n, partager ce tronc en deux troncs équivalents par un plan parallèle aux bases.

2. L'arête d'un cube étant donnée, trouver l'arête d'un cube double du premier.

3. Sur une base donnée construire un prisme équivalent à un parallélipipède donné.

4. Étant données la base et la hauteur d'une pyramide, trouver la base et la hauteur d'une pyramide triangulaire équivalente, et telle que les deux bases soient dans un rapport donné.

5. On sait que les volumes de deux polyèdres semblab es sont dans le rapport de deux lignes données, trouver deux lignes qui soient dans le rapport des côtés homologues.

6. Trouver le rapport des surfaces de deux pyramides semblables.

7. Trouver le rapport des volumes de deux polyèdres tels que les distances de leurs faces à un point intérieur pris dans chacun d'eux sont égales chacune à chacune, les faces étant d'abord en même nombre, puis les faces étant en nombre différent.

8. Construire un polyèdre semblable à un polyèdre donné, et tel que leurs volumes soient dans un rapport donné.

9. Deux pyramides ont leurs faces homologues parallèles chacune à chacune, sont-elles semblables?

10. Construire une pyramide équivalente à une pyramide donnée, et telle que, les bases étant semblables, la seconde soit n fois plus haute que la première.

THÉORIE

DE LA MESURE DES SURFACES ET DES VOLUMES
DES POLYÈDRES.

DÉFINITIONS.

La surface d'un polyèdre est la somme des surfaces polygonales qui forment ses faces.

La surface *latérale* d'un prisme, d'un parallélipipède, d'une pyramide, est la somme des surfaces qui ne sont point bases de ces polyèdres.

PROPOSITION L.

(THÉORÈME 1.) *La surface latérale d'un parallélipipède et d'un prisme quelconque est égale au périmètre de la base multiplié par la distance de deux arêtes parallèles des bases.*

Soit le prisme ACEFHK, je dis que sa surface latérale, c'est-à-dire sa surface abstraction faite des deux pentagones bases, est égale au périmètre FGHIK, multiplié par la distance constante entre ED et KI, ou AE et FK, etc.

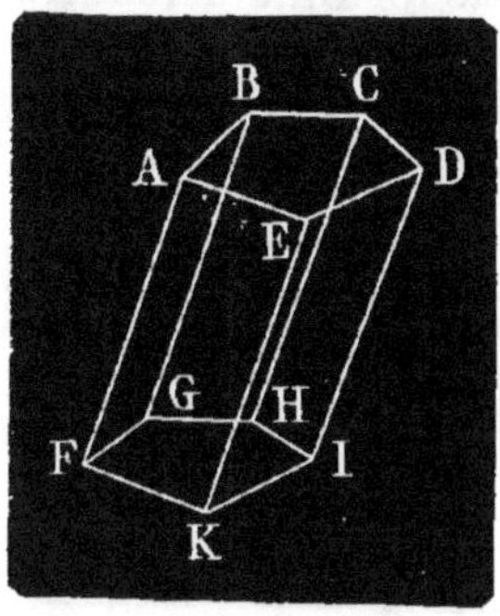

En effet, cette surface est égale à la somme des parallélogrammes AEFK + EKID + etc. ; or pour tous ces parallélogrammes la hauteur est constante, car, les bases étant parallèles, la hauteur d'une des faces est la hauteur de toutes les autres ; si on la représente par h, l'expression ci-dessus de la somme des faces pourrait donc s'écrire

$$\text{Surf. lat.} = (GH + HI + IK + KF) \times h$$

ou

$$\text{Surf. lat.} = \text{Périm. } FGHIK \times h$$

|PROPOSITION LI.

(THÉORÈME **2**.) *La surface latérale d'une pyramide régulière est égale à la moitié du produit du périmètre de sa base par la hauteur commune des faces latérales.*

Soit la pyramide SABCD, dont la base est un polygone régulier et les arêtes égales, je dis que sa surface latérale, en appelant h la hauteur d'une face latérale, est égale à $\frac{1}{2}(AB + BC + CD + DA) \times h$, ou, comme les côtés sont égaux, le polygone étant régulier, en appelant n leur nombre, $\dfrac{nAB \times h}{2}$.

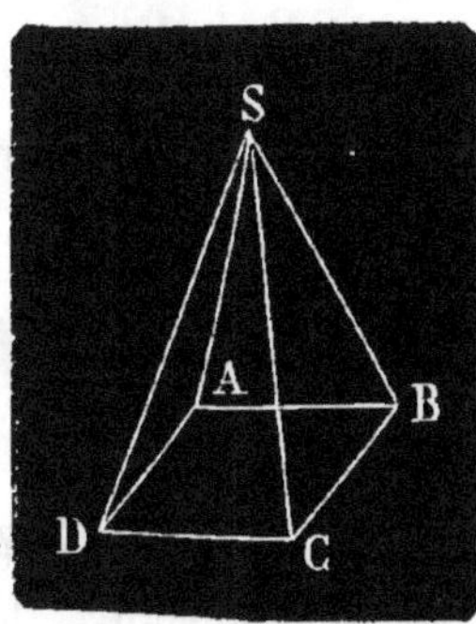

En effet, la surface latérale cherchée est la somme des triangles qui forment les faces latérales ; or la pyramide étant régulière, tous ces triangles sont égaux et ont même base et même hauteur ; si donc ils sont en nombre n, en appelant AB la base de l'un et h sa hauteur, on aura pour la valeur de la surface latérale $\dfrac{nAB \times h}{2}$.

et comme nAB n'est autre chose que le périmètre du polygone régulier base de la pyramide, cette formule démontre l'énoncé.

(*Corollaire.*) Une pyramide irrégulière, mais dont la distance du sommet aux arêtes de la base est constante, a aussi pour mesure de sa surface latérale la moitié du produit du périmètre de sa base par la hauteur commune des faces latérales, car si a, b, c, etc., sont les côtés de la base, et h la distance constante du sommet à ces côtés, la surface latérale sera la somme des surfaces :

$$\frac{a \times h}{2} + \frac{b \times h}{2} + \frac{c \times h}{2} + \text{etc., ou } \frac{(a + b + c + \ldots) \times h}{2}.$$

PROPOSITION LII.

(Théorème 5.) *La surface latérale d'un tronc de pyramide régulière est égale à la demi-somme des périmètres des deux bases multipliée par la hauteur commune des faces latérales.*

Soit un tronc de pyramide régulière ABCDE $abcde$, en appelant pour abréger P le périmètre de la base inférieure, et p celui de la base supérieure, je dis que la surface latérale est égale à $\dfrac{P + p}{2} \times d$H, ou en général $\dfrac{P + p}{2} \times h$.

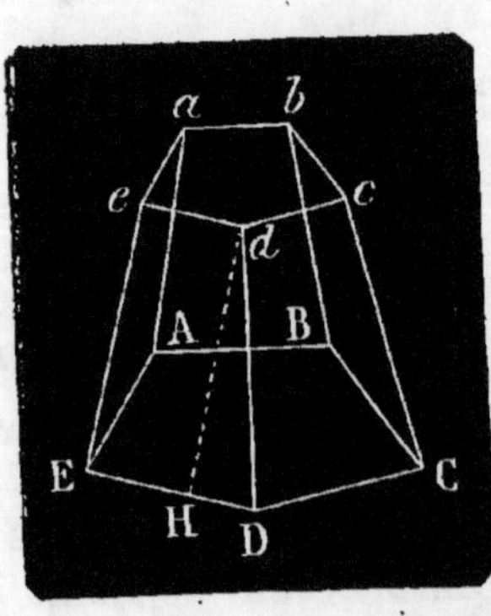

En effet, la surface latérale est la somme des trapèzes EDed, AEae, etc., tous égaux entre eux et ayant même hauteur dH, de sorte que la surface de DEde, l'un d'eux, étant $\dfrac{DE + de}{2} \times d$H, s'ils sont en nombre n, leur somme sera

$$n \times \frac{DE + de}{2} \times dH$$

ou $\quad \dfrac{n \times DE + n \times de}{2} \times d$H

mais $n \times$ DE et $n \times de$ ne sont autre chose que les périmètres P et p des deux bases inférieure et supérieure, donc enfin la surface latérale du tronc de pyramide régulière a bien pour mesure $\dfrac{P+p}{2} \times h$.

PROPOSITION LIII.

(THÉORÈME 4.) *Le volume d'un parallélipipède quelconque a pour mesure le produit de ses trois dimensions.*

En effet, soient P un parallélipipède ayant pour dimensions a, b et c, et p le parallélipipède unité, le mètre cube, dont les trois dimensions sont égales à l'unité de longueur, on aurait (*Prop. XLIV*)

$$\frac{P}{p} = \frac{a \times b \times c}{1} \cdot \text{ ou } \frac{P}{p} = a \times b \times c$$

Or le rapport de P à p, rapport d'un parallélipipède quelconque au parallélipipède unité, n'est autre chose que la mesure cherchée, égale comme on le voit à $a \times b \times c$, produit des trois dimensions du parallélipipède.

(*Remarque.*) Comme dans le produit des trois facteurs a, b, c le produit de deux quelconques d'entre eux donne toujours la superficie d'une des faces du parallélipipède, laquelle peut toujours être prise pour base, on dit aussi que la mesure d'un parallélipipède est le produit de la base par la hauteur.

PROPOSITION LIV.

(THÉORÈME 5.) *Le volume d'un prisme triangulaire a pour mesure la moitié du produit de ses trois dimensions.*

En effet, soient a, b et c les dimensions d'un prisme triangulaire P; soit P' le parallélipipède ayant les mêmes dimensions, et par conséquent double du prisme (*Prop. XXXVII*), enfin soit p le parallélipipède unité, on aurait

$$\frac{P'}{p} = a \times b \times c$$

et comme $\qquad P = \dfrac{P'}{2} \qquad$ on a $\qquad \dfrac{P}{p} = \dfrac{a \times b \times c}{2}$

(*Remarque.*) On peut dire aussi que le volume du prisme triangulaire est le produit de sa base par sa hauteur, car la base étant un triangle, et a et b ses dimensions, elle a pour mesure $\dfrac{a \times b}{2}$, et d'après le nouvel énoncé la mesure du volume du prisme serait encore $\dfrac{a \times b \times c}{2}$.

(*Corollaire.*) Le volume d'un prisme quelconque est égal au produit de sa base par sa hauteur, car un prisme quelconque P est décomposable en n prismes triangulaires, ayant tous une dimension commune c, la hauteur du prisme total, et pour bases les produits :

$$\frac{a \times b}{2} \quad \frac{a' \times b'}{2} \quad \frac{a'' \times b''}{2} \dots \frac{a^n \times b^n}{2}$$

de leurs deux autres dimensions, on aura donc pour le volume total, somme de ces prismes partiels

$$P = \left(\frac{ab + a'b' + \dfrac{a''b'' \dots a^n b^n}{}}{2} \right) \times c$$

Mais le facteur entre parenthèses n'est autre chose que la somme des bases des prismes triangulaires, c'est-à-dire la base du prisme total ; donc celui-ci a bien pour mesure le produit de sa base par sa hauteur.

PROPOSITION LV.

(Théorème **6**.) *Le volume d'une pyramide triangulaire a pour mesure le sixième du produit de ses trois dimensions.*

En effet, soient une pyramide triangulaire T ; a, b, c, ses trois dimensions, et P le prisme triangulaire qui, ayant les mêmes dimensions, serait le triple de la pyramide (*Prop. XXXIX*), enfin soit p le parallélipipède unité, on aurait

$$\frac{P}{p} = \frac{a \times b \times c}{2}$$

et comme $\quad T = \dfrac{P}{3} \quad$ on aura $\quad \dfrac{T}{p} = \dfrac{a \times b \times c}{6}$

(*Remarque.*) On peut dire aussi que le volume d'une pyramide triangulaire a pour mesure le produit de sa base par le tiers de sa hauteur, car la base étant un triangle, si a et b sont ses dimensions, sa surface est $\dfrac{a\times b}{2}$; or

$$\frac{a\times b\times c}{6}=\frac{a\times b}{2}\times\frac{c}{3}$$

(*Corollaire.*) Le volume d'une pyramide quelconque est égal au produit de sa base par le tiers de sa hauteur. Car une pyramide quelconque T peut se décomposer en n pyramides triangulaires ayant une dimension commune, la hauteur c de la pyramide totale, et pour bases les produits

$$\frac{a\times b}{2}\quad\frac{a'\times b'}{2}\ \ldots\ \frac{a^n\times b^n}{2}$$

de leurs autres dimensions ; on aura donc, pour la pyramide totale, somme de ces pyramides partielles,

$$\mathrm{T}=\left(\frac{ab+a'b'+a''b''\ldots+a^n b^n}{2}\right)\times\frac{c}{3}$$

Mais le facteur entre parenthèses n'est autre chose que la somme des bases des pyramides triangulaires, c'est-à-dire la base de la pyramide totale ; donc celle-ci a bien pour mesure le produit de sa base par sa hauteur.

PROPOSITION LVI.

(THÉORÈME **7.**) *Le volume d'un tronc de prisme triangulaire a pour mesure le produit des deux dimensions de sa base par le sixième de la somme des distances des trois sommets de la section à cette base.*

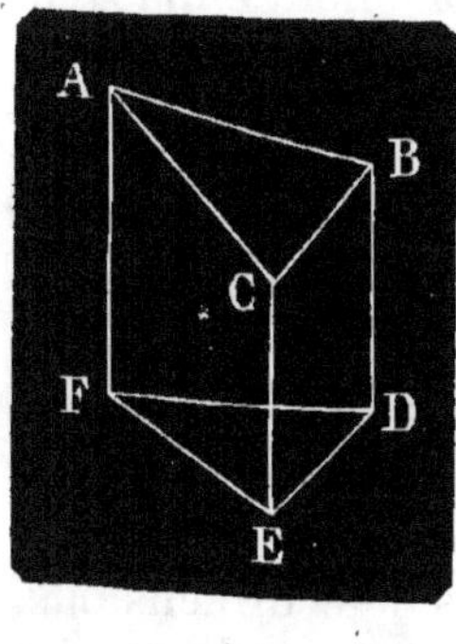

En effet, soit un tronc de prisme, P, soient a et b les dimensions de sa base DEF, le tronc de prisme est (*Prop. XLI*) équivalent à la somme de trois pyramides triangulaires, dont les volumes sont, en les désignant par t, t', t'',

$$t=\frac{a\times b\times \mathrm{AF}}{6}\qquad t'=\frac{a\times b\times \mathrm{CE}}{6}$$

$$t''=\frac{a\times b\times \mathrm{BD}}{6}$$

donc $\quad\mathrm{P}=t+t'+t''=a\times b\times\left(\dfrac{\mathrm{AF}+\mathrm{CE}+\mathrm{BD}}{6}\right)$

PROPOSITION LVII.

(Théorème **8**.) *Le volume d'un tronc de pyramide trian-*
gulaire, formé par une section parallèle à la base, a pour
mesure un sixième du produit de la hauteur par la somme
des produits des deux dimensions de chaque base et d'une
moyenne proportionnelle entre ces deux produits.

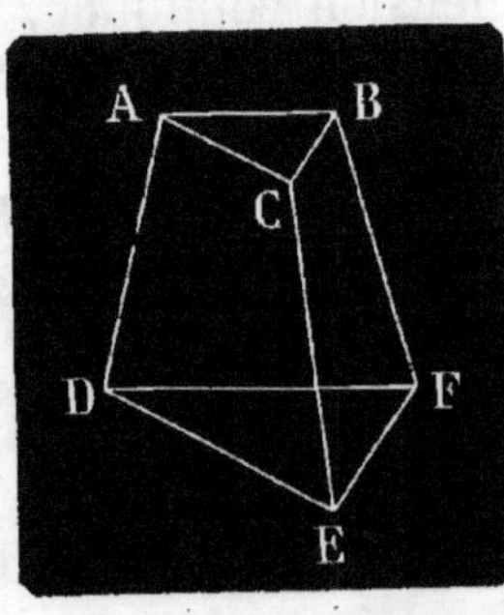

Soit, en effet, T un tronc de pyramide triangulaire, il est (*Prop. XL*)
équivalent à la somme de trois
pyramides triangulaires t, t', t'', qui
ont une dimension commune, la
hauteur c du tronc, et dont les volumes, en appelant a et b, a' et b' les
dimensions des deux bases du tronc,
sont :

$$t = \frac{a \times b \times c}{6} \quad t' = \frac{a' \times b' \times c}{6} \quad t'' = \left(\frac{\sqrt{a \times b \times a' \times b'}}{6}\right) \times c$$

donc $\quad T = \frac{c}{6}\left(a \times b + a' \times b' + \sqrt{a \times b \times a' \times b'}\right)$ (1)

(*Remarque.*) Les bases du tronc étant des triangles, $a \times b$
et $a' \times b'$ représentent ici le double de leur surface, de sorte
que si l'on appelle B et b les surfaces de ces bases et h la
hauteur du tronc, on a la formule généralement employée,

$$T = \frac{h}{3} \times (B + b + \sqrt{B \times b})$$

Un tronc de pyramide quelconque aura même mesure,
car on peut toujours concevoir un tronc de pyramide triangulaire qui lui soit équivalent et qui ait même hauteur h
et des bases B et b équivalentes. La deuxième formule ci-
dessus s'applique surtout aux cas d'un tronc de pyramide
polygonale, dans lequel les bases ne peuvent pas être rempla-
cées par les produits $a \times b$, $a' \times b'$ de leurs deux dimensions.

On peut simplifier la formule ci-dessus pour la rendre
plus aisément calculable, voici comment :

$a \times b$ et $a' \times b'$ représentent le double des surfaces DEF et ABC ; or ces deux triangles étant semblables, on a

$$\frac{\text{DEF}}{\text{ABC}} = \frac{a \times b}{a' \times b'} = \frac{a^2}{a'^2}$$

d'où

$$a' \times b' = \frac{a \times b \times a'^2}{a^2} = \frac{a'^2 \times b}{a}$$

remplaçant $a' \times b'$ par cette valeur dans la formule (1) il vient

$$T = \frac{1}{6} c \left(a \times b + \frac{a'^2 \times b}{a} + \frac{\sqrt{a \times a'^2 \times b^2}}{a} \right)$$

d'où $T = \dfrac{1}{6} c \left(a \times b + \dfrac{a'^2 \times b}{a} + a' \times b \right) = \dfrac{1}{6} \dfrac{b \times c}{a} (a^2 + a'^2 + a \times a')$

Exercices.

1. Trouver l'arête d'un cube équivalent à un parallélipipède dont les trois dimensions sont entre elles comme les nombres 2, 7, 9, sachant que la pyramide qui aurait les mêmes dimensions a pour volume 125 mètres cubes.

2. Trouver le volume d'une pyramide hexagonale dont l'apothème de la base est égal à 27 centimètres et moitié de la hauteur.

3. Trouver le volume du polyèdre construit en faisant passer des plans par une ligne droite parallèle et égale à la plus grande base d'un rectangle, dont les dimensions sont $0^m,8$ et $0^m,42$, et qui est terminé par deux triangles égaux et équilatéraux. La parallèle est éloignée du plan du rectangle de $1^m,22$. On mène tous les plans nécessaires pour enfermer complétement l'espace entre la ligne, le rectangle et les deux triangles.

4. Quelles seraient les dimensions du tétraèdre régulier dont toutes les faces seraient des triangles équilatéraux égaux, et dont le volume serait 1 mètre cube ?

5. Un tronc de pyramide à bases carrées a un volume de 148 mèt. cub., le côté de la base inférieure est de 3 mèt. ; calculer le côté de l'autre base, et le volume de la pyramide totale dont il fait partie, sachant que la hauteur du tronc est 50 mèt.

6. Un tombereau a les dimensions suivantes, $0^m,75$ de profondeur, $0^m,52$ de largeur au fond, 0,82 de largeur au bord supérieur ; $0^m,86$ de longueur au fond, $0^m,88$ de longueur au bord supérieur, on demande son volume.

7. Dans un cercle de 10 mètres de circonférence on inscrit un pentagone régulier, quel est le volume de la pyramide régu-

lière qui aurait pour base ce polygone, et pour hauteur le côté du triangle équilatéral inscrit dans la même circonférence.

8. La hauteur d'un prisme est de $0^m,25$, chaque base est un rectangle dont un des côtés est triple de l'autre, et la surface totale est de 285 mèt. carrés, trouver sa surface latérale et son volume.

9. Un bassin a pour fond un octogone régulier de 10 mèt. de côté, le bord supérieur est un autre octogone régulier de 15 mèt. de côté, la profondeur totale est de $2^m,50$, quel volume d'eau peut-il contenir ?

10. Par quel point de la hauteur d'une pyramide faut-il mener un plan parallèle à la base, pour que les volumes des deux parties en lesquelles la pyramide est partagée soient dans le rapport de m à n ?

11. Démontrer que le volume d'un prisme triangulaire est égal au produit d'une quelconque des faces latérales par la moitié de la distance de cette face à l'arête opposée.

12. Un prisme triangulaire droit a un angle dièdre droit; la face opposée à cet angle est un carré, démontrer que le cube construit sur cette face est équivalent à la somme des parallélipipèdes construits sur les deux autres faces, de façon que les sections de ces parallélipipèdes par un plan perpendiculaire aux arêtes soient des carrés.

SURFACES COURBES

ET VOLUMES DES TROIS CORPS RONDS.

GÉNÉRALITÉS.

De même que l'on peut concevoir une ligne droite ou courbe comme décrite par le mouvement de translation d'un point sur un plan, de même on peut concevoir une surface comme décrite par le mouvement latéral de translation d'une ligne.

Ainsi, un plan peut être conçu comme décrit par une ligne droite qui se meut en restant constamment parallèle à sa première position et tangente à une droite.

Lorsque l'on considère une surface comme ayant pour origine le mouvement de translation d'une ligne, cette ligne est dite la *génératrice* de la surface, et les lignes que tracent dans l'espace chacun des points de la génératrice sont les *directrices* de la surface ; ce qui signifie que si ces lignes étaient tracées d'avance dans l'espace, pour décrire la courbe voulue il faudrait diriger le mouvement de la génératrice de manière que, à chaque instant, elle touchât toutes les directrices.

Si les directrices sont des lignes droites et parallèles, la surface engendrée est plane. Si les directrices sont, ou droites et non parallèles, ou courbes, la surface engendrée est dite courbe.

Parmi toutes les surfaces courbes, la géométrie étudie plus spécialement les surfaces engendrées par la révolution d'une ligne droite, ou circulaire, ou polygonale, d'une longueur déterminée, autour d'une ligne droite qui sert d'axe de révolution, de telle sorte que dans toutes ses positions successives tous les points de la ligne mobile ou génératrice restent toujours dans un même plan avec l'axe, et conservent par rapport à lui les mêmes distances initiales.

Ces surfaces, en raison même de leur mode de formation, prennent le nom de surfaces de *révolution*.

THÉORIE

DES SURFACES ET DES VOLUMES CONIQUES ET TRONCONIQUES.

DÉFINITIONS.

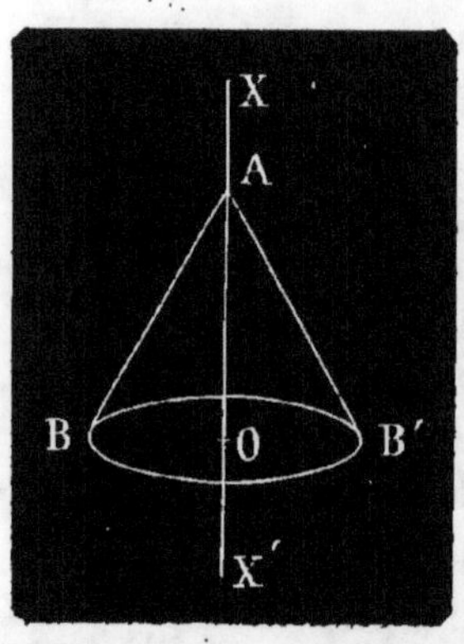

Une ligne droite d'une longueur limitée tournant autour d'un axe rectiligne, en restant constamment dans son plan, et en conservant par rapport à lui les mêmes conditions de distance et d'inclinaison, peut occuper par rapport à cet axe trois positions, qui donnent naissance à trois surfaces courbes différentes.

1° La génératrice AB fait un angle avec l'axe XX' qu'elle rencontre au point A ; la surface ABB' décrite par AB s'appelle surface conique, et le volume compris entre la surface conique, l'axe et la base OBB' se nomme *cône*.

La génératrice AB est l'apothème de la surface conique, et la courbe décrite par le point B en est la base.

La surface entourée par la courbe BB' est la base du cône, le point A en est le sommet, et la portion AO de l'axe, comprise entre le sommet et la base du cône, en est la hauteur.

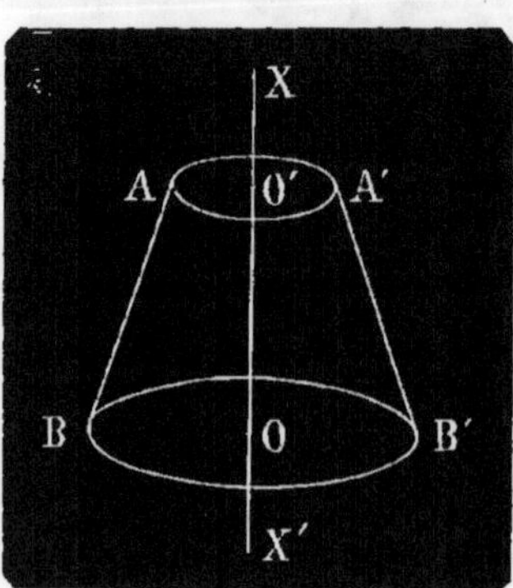

2° La génératrice AB est inclinée sur l'axe, et, suffisamment prolongée, elle ferait un angle avec lui, mais elle est trop courte pour le rencontrer.

La surface ABA'B' est appelée surface tronconique, et le volume compris entre cette surface et les surfaces BB' et AA' se nomme *tronc de cône* ; car, comme on le verra plus tard, on obtiendrait le même volume si l'on coupait un cône par un plan perpendiculaire à l'axe.

Les courbes AA' et BB' sont les bases de la surface tronconique, et les surfaces limitées par ces courbes sont les bases du tronc de cône; la portion OO' de l'axe, comprise entre les deux bases, en est la hauteur, et la génératrice AB est l'apothème de la surface.

Un polyèdre est dit inscrit dans une surface courbe quand tous les sommets de ses angles solides touchent cette surface.

Un polyèdre est dit circonscrit à une surface courbe lorsque toutes ses faces sont tangentes à la surface courbe.

PROPOSITION LVIII.

(Théorème 1.) *Dans les surfaces coniques et tronconiques, et en général dans toutes les surfaces de révolution, tous les points de la génératrice décrivent des circonférences dont les plans sont perpendiculaires à l'axe.*

Soit une surface conique indéfinie ACB, je dis qu'un point quelconque D de sa génératrice AB décrit une circonférence dont le plan est perpendiculaire à l'axe XX'.

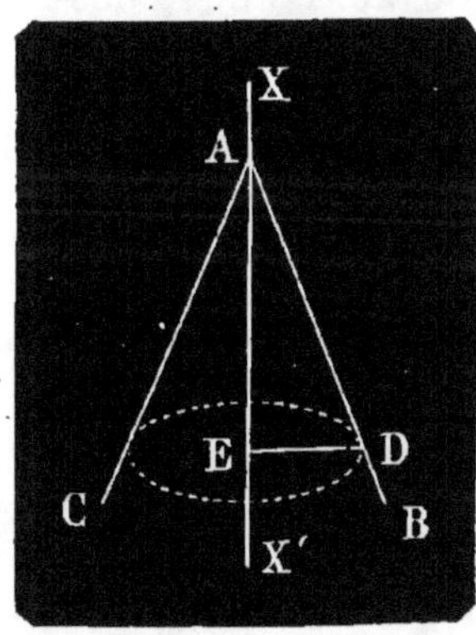

En effet, si du point D j'abaisse une perpendiculaire DE sur l'axe, et si je fais tourner cette perpendiculaire autour de l'axe, en lui conservant toujours sa direction perpendiculaire, elle décrira dans sa rotation un plan perpendiculaire à XX' (*Prop. III, pag. 115*), et son extrémité D tracera sur ce plan une circonférence dont ED est le rayon.

Mais dans la révolution de la ligne AB autour de XX', le point D, comme tous les autres points de la ligne devant conserver les mêmes distances par rapport à tous les points de l'axe, c'est-à-dire rester à la même distance AD du point A et ED du point E, il s'ensuit que le point D devra, dans sa révolution autour de l'axe, rester à l'extrémité de la perpendiculaire ED, et par suite sur la circonférence et le plan qu'elle décrit elle-même.

(*Corollaire* 1.) Les bases des surfaces coniques et tronco-niques sont des circonférences, et les bases des cônes et des troncs de cône sont des cercles.

(*Corollaire* 2.) Toute section faite à un cône par un plan perpendiculaire à l'axe est un cercle.

PROPOSITION LIX.

(Théorème 2.) *La surface conique a pour mesure le produit de la circonférence de sa base par la moitié de l'apothème.*

Soit une surface conique SEB, je dis qu'elle a pour mesure le produit de la circonférence OA par la moitié de SA.

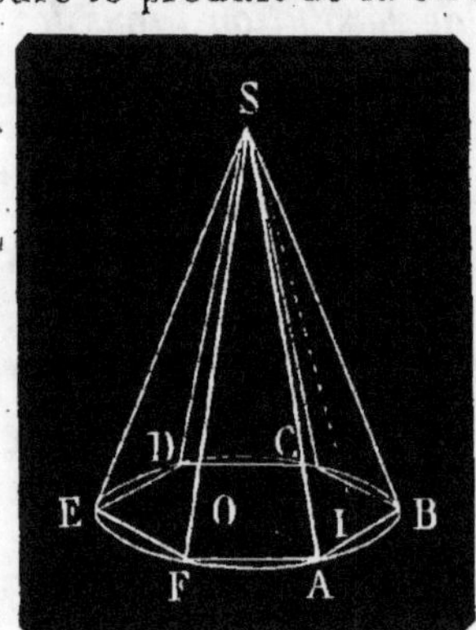

En effet, inscrivons dans la circonférence dont OA est le rayon un polygone régulier quelconque ABCDEF, puis faisons passer des plans par les côtés successifs AB, BC, CD, etc., et le sommet S, on aura ainsi construit une pyramide régulière inscrite dans le cône; or, si l'on double indéfiniment le nombre des côtés du polygone inscrit dans la base, et qu'on achève chaque fois la même construction, on obtient ainsi des pyramides inscrites successives, dont les surfaces se rapprochent d'autant plus de la surface conique que le polygone inscrit dans la base se rapproche de la circonférence; on peut donc considérer la surface conique comme la limite des surfaces latérales des pyramides inscrites successives ; or, on a pour mesure de la surface latérale de la pyramide régulière inscrite (*Prop. LI*) :

$$\text{Surf. lat. pyr.} = \frac{1}{2}\, SI\, (AB + BC + CD, \text{ etc.})$$

Or, à la limite, la surface de la pyramide devient la surface conique, SI devient SA, et BA+BC+CD, etc., devient la circonférence OA; donc :

$$\text{Surf. con. } SEB = \frac{1}{2} SA \times \text{circ. } OA$$

et comme la circonférence OA a elle-même pour mesure $2\pi OA$,

$$\text{Surf. con. } SEB = \frac{1}{2} SA \times 2\pi OA = \pi OA \times SA$$

ou, en général, en appelant R le rayon de la base et H l'apothème,

$$\text{Surf. con. } = \pi RH$$

(*Corollaire.*) La surface conique a aussi pour mesure le produit de la projection de la génératrice sur l'axe par la circonférence qui a pour rayon la perpendiculaire élevée sur le milieu de la génératrice et prolongée jusqu'à l'axe.

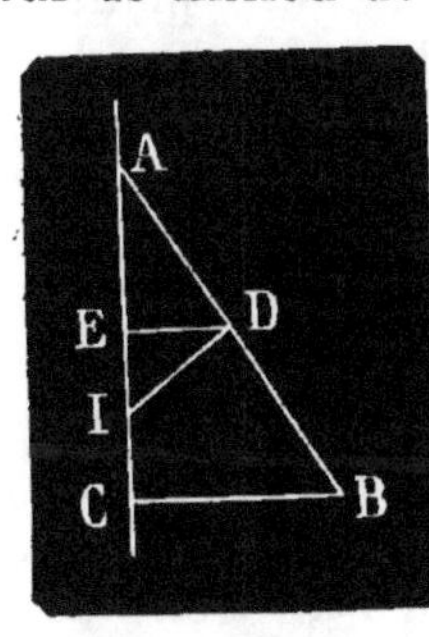

En effet, soient AB la génératrice, AC l'axe, et DI la perpendiculaire sur le milieu D de la génératrice, menons DE et BC perpendiculaires sur AC, et remarquons qu'à cause des triangles semblables $DE = \frac{1}{2} BC$, la formule déjà connue donne pour mesure de la surface conique

$$\text{surf. con. } = \pi BC \times AB$$

Mais les triangles ABC, DEI, semblables comme ayant les côtés perpendiculaires chacun à chacun, donnent :

$$\frac{AB}{DI} = \frac{AC}{DE}$$

d'où

$$DE \times AB = AC \times DI$$

et comme

$$DE = \frac{1}{2} BC$$

il vient

$$AB \times BC = 2 DI \times AC$$

donc enfin

$$\text{Surf. con. } = 2\pi DI \times AC$$

or, 2πDI est la circonférence ayant DI pour rayon, et AC est la projection de AB sur l'axe.

PROPOSITION LX.

(Théorème 5.) *La surface tronconique a pour mesure le produit de son apothème par la demi-somme des circonférences des deux bases.*

Soit la surface tronconique décrite par aA, je dis qu'elle a pour mesure le produit de aA par la demi-somme des circonférences OA et oa.

En effet, si l'on inscrit dans la circonférence de la base inférieure un polygone régulier quelconque, ABCD....

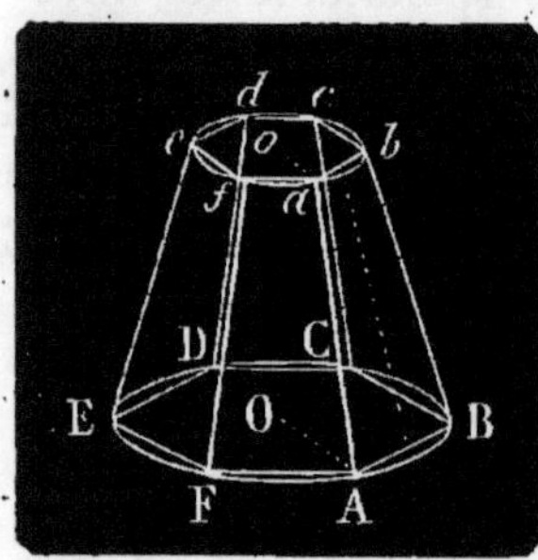

puis que par chacun des sommets et l'axe oO on mène des plans, ils couperont la circonférence de la base supérieure aux points a, b, c, d.... et en joignant ces points deux à deux, on aura inscrit dans la base supérieure un polygone régulier semblable au premier et ayant ses côtés parallèles aux côtés homologues du premier. Si maintenant on fait passer des plans par les côtés homologues, on construit ainsi un tronc de pyramide régulière inscrit dans la surface tronconique, et l'on ferait voir aisément que la surface tronconique est la limite des surfaces latérales des troncs de pyramide que l'on obtiendrait en doublant indéfiniment le nombre des côtés des polygones inscrits. Or, la surface du tronc de pyramide (*Prop. LII*) a pour mesure

$$\text{Surf. tronc pyr.} = \text{IH}\left(\frac{\text{périm. ABC...} + \text{périm. } abc...}{2}\right)$$

or, à la limite, la surface du tronc de pyramide devient surface du tronc de cône, IH devient aA, et les deux périmètres deviennent les deux circonférences OA et oa, donc

enfin $$\text{Surf. troncon.} = a\text{A}\left(\frac{\text{circ. OA} + \text{circ. } oa}{2}\right)$$

ou

$$\text{Surf. troncon.} = a\text{A}\,(\pi\text{OA} + \pi oa)$$

et, en général, en appelant H l'apothème, et R et r les rayons des deux bases,

$$\text{Surf. troncon.} = \pi H (R + r)$$

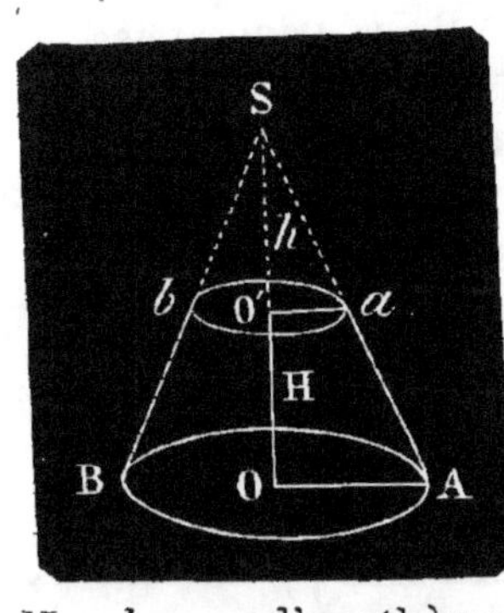

On peut encore déduire par les calculs suivants cette formule de la formule qui donne la mesure de la surface conique.

En effet, soit un cône S, dans lequel une section parallèle à la base détermine un tronc de cône. Soient R et r les rayons OA, O'a des deux bases, H l'apothème SA du cône total, et h celui Sa du petit cône, H—h sera l'apothème aA du tronc de cône. La surface tronconique est égale à la différence des surfaces coniques décrites par SA et Sa, or ces surfaces ont pour mesure :

$$\text{Surf. con. SA} = \pi R H$$
$$\text{Surf. con. S}a = \pi r h$$

leur différence ou

$$\text{Surf. troncon. } a\text{A} = \pi (R H - rh). \quad \text{(A)}$$

Or, les deux triangles SOA, SO'a étant semblables donnent :

$$\frac{SA}{Sa} = \frac{OA}{O'a} \quad \text{ou} \quad \frac{H}{h} = \frac{R}{r}$$

d'où l'on tire

$$rH = Rh \quad \text{ou} \quad rH - Rh = 0$$

Si donc au deuxième membre de l'équation (A) on ajoute $rH - Rh$, on n'altère pas sa valeur, et il vient :

$$\text{Surf. troncon. } a\text{A} = \pi (RH - rh + rH - Rh)$$

ou

$$\text{Surf. troncon. } a\text{A} = \pi [H (R + r) - h (R + r)]$$

ou enfin

$$\text{Surf. troncon. } a\text{A} = \pi (H - h) (R + r)$$

et comme H — h n'est autre chose que l'apothème aA de la surface tronconique, on voit que cette formule est identique à la précédente.

(*Corollaire.*) La surface tronconique peut, comme la surface conique, s'exprimer par une autre formule ; la surface tronconique a pour mesure le produit de la projection sur l'axe de la génératrice par la circonférence qui aurait pour rayon la perpendiculaire élevée sur le milieu de la génératrice et prolongée jusqu'à l'axe.

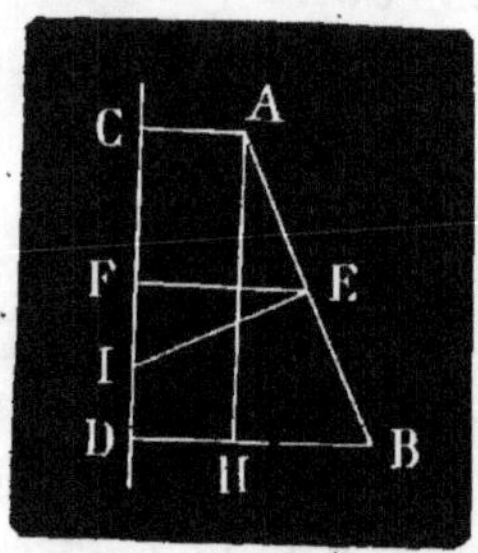

En effet, soit AB la génératrice d'une surface tronconique, CD sa projection sur l'axe, IE la perpendiculaire élevée sur le milieu de AB; menons EF perpendiculaire, et AH parallèle à CD, d'après la formule connue on a :

$$\text{Surf. troncon. } AB = 2\pi AB \left(\frac{DB + CA}{2} \right)$$

mais comme dans le trapèze CABD, $\dfrac{DB + CA}{2} = EF$, on a la nouvelle formule :

$$\text{Surf. troncon. } AB = 2\pi AB \times EF$$

or, les deux triangles BAH, FEI sont semblables comme ayant les côtés perpendiculaires chacun à chacun; on a donc, en remarquant que $AH = CD$:

$$\frac{AB}{EI} = \frac{AH}{EF} = \frac{CD}{EF}$$

d'où $\qquad AB \times EF = EI \times CD$

donc aussi $\quad$ Surf. troncon. $AB = 2\pi EI \times CD$

PROPOSITION LXI.

(THÉORÈME 4.) *Le volume d'un cône a pour mesure le produit du cercle qui lui sert de base par le tiers de la hauteur.*

En effet, si dans un cône de hauteur H et de rayon R, on fait la construction déjà employée (*Prop. LIX*) pour trouver la mesure de la surface conique, on voit que le volume du cône est la limite des volumes des pyramides inscrites successives; or le volume de la pyramide est (*Prop. LV. Rem.*) :

$$\text{vol. pyr.} = \frac{1}{3} H \times (\text{surf. polyg. base})$$

à la limite, la hauteur de la pyramide restant toujours celle
du cône, la surface du polygone base devient celle du
cercle base du cône ;

donc $\qquad$ vol. cône $= \dfrac{1}{3}\, \mathrm{H} \times$ (cercle base),

et comme la surface du cercle base, en appelant R son
rayon, a pour mesure $\pi \mathrm{R}^2$, on a, en général :

$$\text{vol. cône} = \frac{1}{3}\, \pi \mathrm{R}^2 \mathrm{H}$$

(*Corollaire.*) De même que la surface conique, le volume du cône a une autre mesure. Le volume du cône a
pour mesure le produit de la surface conique par le tiers de
la perpendiculaire abaissée du pied de l'axe sur la génératrice.

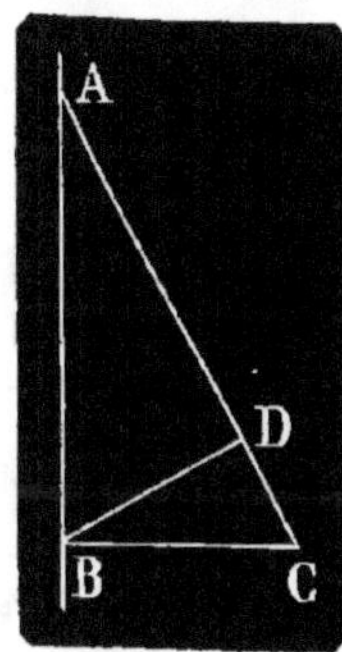

En effet, soient AC la génératrice d'un
cône, AB sa hauteur et la projection de
la génératrice sur l'axe, BD la perpendiculaire menée du point B, pied de l'axe, sur
la génératrice, on a :

$$\text{vol. cône AC} = \frac{1}{3}\, \pi \mathrm{BC}^2 \times \mathrm{AB}$$

mais les deux triangles ABC, ADB, rectangles, l'un en B, l'autre en D, ont de
plus l'angle A commun, dont ils sont équiangles et par suite semblables, et l'on a

$$\frac{\mathrm{AB}}{\mathrm{AC}} = \frac{\mathrm{DB}}{\mathrm{BC}}$$

d'où

$$\mathrm{AB} \times \mathrm{BC} = \mathrm{AC} \times \mathrm{DB}$$

donc

$$\text{vol. cône AB} = \frac{1}{3}\, \pi \mathrm{BC} \times \mathrm{AC} \times \mathrm{DB}$$

Mais $\pi \mathrm{BC} \times \mathrm{AC}$ n'est autre chose que la surface conique
engendrée par AC, donc enfin :

$$\text{vol. cône AC} = \text{surf. con. AC} \times \mathrm{DB}$$

PROPOSITION LXII.

(Théorème 5.) *Le volume d'un tronc de cône a pour mesure le produit du tiers de sa hauteur par la somme des deux cercles bases et d'une moyenne proportionnelle entre ces bases.*

Si dans un tronc de cône de hauteur H, dont R et r sont les rayons des bases, on fait la construction déjà employée (*Prop. LX*) pour trouver la mesure de la surface tronconique, on voit que le volume du tronc de cône est la limite des volumes des troncs de pyramides inscrits successifs ; or le tronc de pyramide, en appelant B et b ses bases, a pour mesure :

$$\text{vol. tronc pyr.} = \frac{1}{3} H \left(B + b + \sqrt{B \times b} \right)$$

or, à la limite, H restant le même, B devient πR^2 ; b devient πr^2, et $\sqrt{B \times b}$ devient $\sqrt{\pi R^2 \times \pi r^2}$ ou $\pi \sqrt{R^2 r^2}$, ou $\pi R r$, donc

$$\text{vol. tronc con.} = \frac{1}{3} H \left(\pi R^2 + \pi r^2 + \pi R r \right)$$

ce qui démontre la formule de l'énoncé, et qui, simplifiée, devient :

$$\text{vol. tronc con.} = \frac{1}{3} \pi H \left(R^2 + r^2 + R r \right)$$

On peut encore déduire cette formule de celle du volume du cône, de la manière suivante :

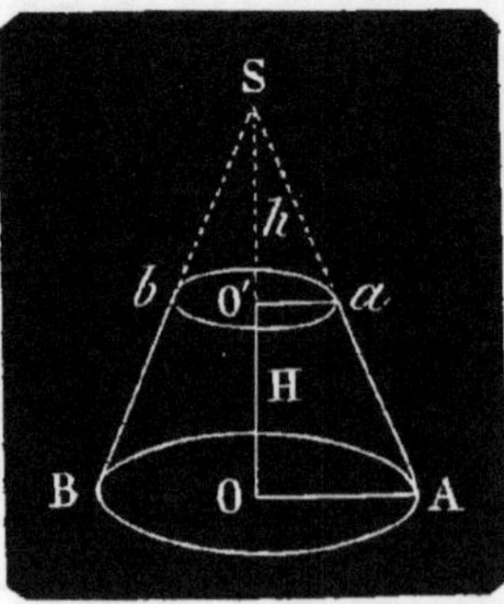

Soit un cône S, dans lequel une section parallèle à la base détermine un tronc de cône ; soient R et r les rayons de ses bases, H la hauteur du cône total et h celle du petit cône, H — h sera la hauteur du tronc de cône, or le volume de celui-ci est évidemment égal à la différence des volumes des deux cônes ; donc, comme

$$\text{vol. cône } SA = \frac{1}{3} H \pi R^2$$

et
$$\text{vol. cône } Sa = \frac{1}{3} h \pi r^2$$

$$\text{vol. tronc } aA = \frac{1}{3} H \pi R^2 - \frac{1}{3} h \pi r^2 = \frac{1}{3}(H \pi R^2 - h \pi r^2)$$

$$= \frac{1}{3} \pi (H R^2 - h r^2) \qquad \text{(A)}$$

or les deux triangles SAO et SaO′ sont semblables, on a donc

$$\frac{AO}{aO'} = \frac{SO}{sO'} \text{ ou } \frac{R}{r} = \frac{H}{h}$$

multipliant successivement le premier rapport par R et r, et exprimant chaque fois l'égalité des produits des extrêmes et des moyens, il vient :

$$h R r = H r^2 \text{ et } h R^2 = H R r$$

ajoutant membre à membre, et faisant tout passer dans le premier membre, il vient :

$$h R r - H r^2 + h R^2 - H R r = 0$$

On peut retrancher cette quantité du second membre de la formule (A) sans changer sa valeur, il vient alors :

$$\text{vol. tronc. } aA = \frac{1}{3} \pi (HR^2 - hr^2 - hRr + Hr^2 - hR^2 + HRr)$$

d'où $$\text{vol. tronc. } aA = \frac{1}{3} \pi (H - h)(R^2 + r^2 + Rr)$$

et comme $H - h$ n'est autre chose que la hauteur du tronc, cette formule est identique à celle déjà trouvée.

Exercices.

1. Démontrer que lorsque dans un tronc de cône la génératrice est égale à la somme des rayons des bases, la moyenne

géométrique entre les rayons est égale à la moitié de la hauteur, et que le volume est alors égal au produit de la surface tronconique par le sixième de la hauteur.

2. Dans un réservoir tronconique, plein d'eau aux trois quarts, on plonge un cube de marbre dont le côté est 0^m,53, on demande de combien montera le niveau de l'eau, les rayons des bases du vase étant 0^m,92, 0^m,75 et la hauteur 1^m,25.

3. Étant donné un cône dont la base et la hauteur sont exprimées par le même nombre 18^m,28, trouver la hauteur d'un tronc de cône équivalent, et dont les surfaces des bases seraient entre elles dans le rapport de 3 à 5.

4. Trouver la différence de volume entre une pyramide hexagonale inscrite dans un cône et le volume du cône, la hauteur étant la même (18 mèt.) et le volume du cône étant de 18953 mèt. cub.

5. Une génératrice de 12 mètres de long et faisant avec un axe un angle de 53°, décrit un cône en 28′, on demande l'espace que parcourt en 5 minutes un point distant du sommet de 3^m,50.

6. À quelles distances de la base faut-il mener deux plans parallèles pour couper la surface d'un cône en trois surfaces équivalentes, le rayon étant 12 et la génératrice 17.

7. Sur un axe de 0^m,75 on fait tourner une génératrice décrivant un cône dont le volume est 0$^{m.\,c.}$,459875, on demande la distance du pied de l'axe à la génératrice.

8. Trouver le rapport des volumes des cônes engendrés par un triangle rectangle tournant successivement autour des deux côtés de l'angle droit, qui sont eux-mêmes dans le rapport de 17 à 25.

9. Trouver approximativement le volume d'un tonneau, en le considérant comme formé de deux troncs de cônes égaux accolés par leur grande base; les circonférences du tonneau étant, aux deux bouts 1^m,26 et au milieu 1^m,53, et la longueur 1^m,35.

10. Un triangle équilatéral dont le côté est 0^m,08, entre en tournant verticalement dans un bloc de terre glaise, jusqu'à ce que sa base affleure l'orifice du trou produit, on demande la capacité du trou, et quel devrait être le côté du triangle pour que le trou eût une capacité de 1 mètre cube.

THÉORIE

DES SURFACES ET DES VOLUMES CYLINDRIQUES.

DÉFINITIONS.

Une génératrice tournant autour d'un axe peut occuper par rapport à celui-ci une troisième position, celle de parallèle; telle est la génératrice AB par rapport à l'axe XX'.

La surface décrite par une génératrice parallèle à l'axe se nomme surface *cylindrique*.

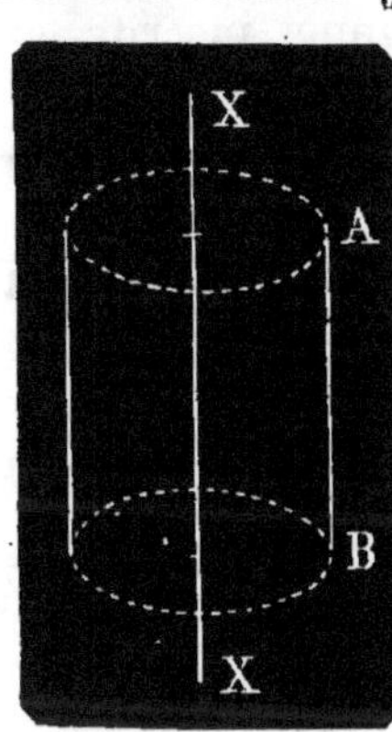

La génératrice AB est l'apothème de la surface cylindrique, et les circonférences (*Prop. LVIII*) décrites par les points A et B en sont les bases.

Le volume compris entre la surface cylindrique et les deux cercles de ses bases se nomme *cylindre*.

La portion de l'axe comprise entre les deux cercles décrits par les deux extrémités de la génératrice est la hauteur du cylindre, et les deux cercles en sont les bases.

Le cylindre auquel se limitera notre étude est le cylindre droit à base circulaire, dans lequel les plans des bases sont perpendiculaires à l'axe, ces bases étant elles-mêmes des cercles. Lors donc qu'il nous arrivera de parler du cylindre dans un sens que l'on pourrait croire général, il faut se souvenir que nous n'entendons parler au contraire que du cylindre droit à base circulaire.

PROPOSITION LXIII.

(THÉORÈME 1.) *La surface cylindrique a pour mesure le produit de la circonférence d'une de ses bases par l'apothème.*

Soit la surface cylindrique décrite par AB; je dis qu'elle

a pour mesure le produit de la circonférence OC par AB.

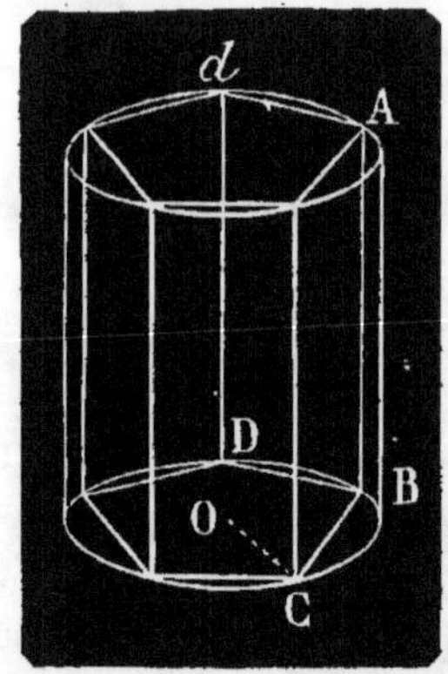

En effet, si dans la circonférence décrite par OC on inscrit un polygone régulier DBC...., d'un nombre quelconque de côtés, faisant ensuite passer des plans par les sommets D, C, B, etc., et l'axe, ces plans couperont la circonférence de la base supérieure en d, A, etc., et en joignant ces points deux à deux, et faisant passer des plans par les côtés homologues des polygones supérieurs et inférieurs, on aura ainsi construit un prisme polygonal régulier inscrit dans la surface cylindrique. Or, si l'on double indéfiniment le nombre des côtés des polygones inscrits, et que chaque fois l'on achève la même construction, on voit que la surface latérale du prisme augmente et se rapproche de la valeur de celle du cylindre, en sorte qu'à la limite, c'est-à-dire lorsque le polygone inscrit se confondra avec la circonférence, la surface du prisme se confondra avec celle du cylindre ;

or,   surf. prisme = périm. DBC... $\times$ AB

et à la limite, AB restant le même, le périmètre DBC... devient circonférence OC, et la surface du prisme la surface du cylindre ; donc,

surf. cylind. AB = circ. OC $\times$ AB

et si l'on représente le rayon OC par R et l'apothème AB par H, on a en général

$$\text{surf. cylind.} = 2\,\pi\,RH$$

(*Corollaire.*) La surface conique est la moitié de la surface cylindrique de même base et de même apothème, car

surf. con. = π RH   et surf. cylind. = $2\,\pi$ RH

(*Remarque.*) Le cylindre peut être considéré comme le tronc d'un cône dont le sommet serait à l'infini, alors les deux bases seraient égales, et comme

surf. troncon. = π H $(R + r)$

on retrouverait

surf. cylind. = π H $(R + R)$ ou = $2\,\pi$ RH

PROPOSITION LXIV.

(Théorème **2.**) *Le volume d'un cylindre quelconque à base circulaire a pour mesure le produit du cercle qui lui sert de base par sa hauteur.*

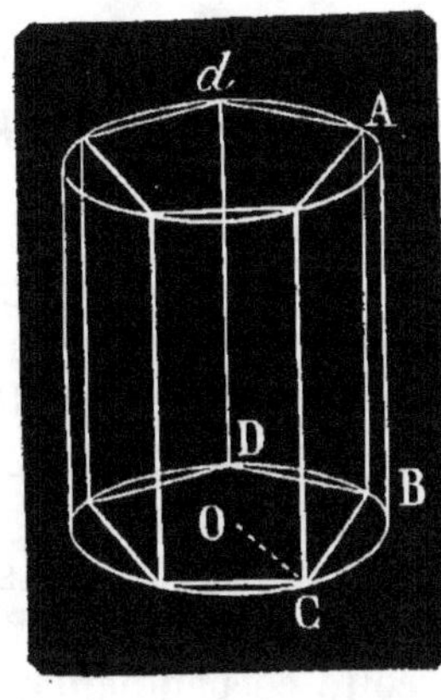

Soit le cylindre droit à base circulaire, engendré par la révolution de AB, soient R le rayon de sa base et H sa hauteur ; si par la même construction que dans la proposition précédente on inscrit dans ce cylindre un prisme polygonal régulier, puis qu'on double indéfiniment le nombre des faces latérales de celui-ci, le volume du cylindre peut être considéré comme la limite des volumes des prismes inscrits successifs ; or le prisme a pour mesure

$$\text{vol. prisme} = \text{surf. DBC}\ldots \times \text{H}$$

à la limite, le volume du prisme devient le volume du cylindre, la surface du polygone DBC... devient la surface du cercle OC ; donc

$$\text{vol. cylind.} = \text{cercle OC} \times \text{H}$$

et en général,

$$\text{vol. cylind.} = \pi \, \text{R}^2 \, \text{H}$$

On démontrerait de même, pour tout autre cylindre à base non circulaire, que son volume a pour mesure le produit de sa base par sa hauteur ; mais comme dans ce cas la base n'est plus un cercle, mais une surface enveloppée par une ligne courbe dont nous n'avons point étudié la mesure, ce cas particulier sort des limites de ce traité. De même, si le cylindre n'est pas droit, la hauteur n'est plus la portion de l'axe comprise entre les deux bases, mais bien la plus courte distance de ces bases.

(*Remarque.*) Il est aisé de reconnaître que le volume du cylindre, de même que sa surface, peut se déduire du volume du tronc de cône en y supposant les deux bases égales, car,

$$\text{vol. troncon.} = \frac{1}{3}\,\pi\,H\,(R^2 + r^2 + Rr)$$

et si $R = r$,

$$\text{vol. troncon. ou vol. cylind.} = \frac{1}{3}\,\pi\,H \times 3\,R^2 = \pi\,R^2 H$$

De même la surface et le volume cylindriques pourraient s'exprimer par des formules analogues à celles données pour les surface et volume coniques, savoir :

La surface du cylindre a pour mesure le produit de la circonférence qui aurait pour rayon la perpendiculaire élevée sur le milieu de la génératrice et prolongée jusqu'à l'axe, par la projection de la génératrice sur l'axe. Car cette circonférence est égale à celle de la base, et la projection est égale à l'apothème.

Le volume cylindrique a pour mesure le produit de sa surface par la moitié de la perpendiculaire menée à la génératrice par le pied de l'axe. Car cette perpendiculaire étant égale au rayon R de la base, on aurait

$$\text{surf. cylind.} \times \frac{R}{2} = 2\,\pi\,R\,H \times \frac{1}{2}\,R = \pi\,R^2\,H$$

(*Corollaire.*) Aux surfaces et volumes de révolution s'appliquent les relations de proportionnalité déjà démontrées pour les surfaces et volumes des pyramides et des prismes.

Ainsi les surfaces coniques et cylindriques étant formées de deux facteurs variables R et H, si l'un d'eux est commun, les surfaces sont entre elles dans le rapport des deux facteurs différents.

Les volumes coniques et cylindriques étant formés de deux facteurs variables H et R^2, les volumes de même hauteur seront entre eux comme les carrés des rayons des bases, et les volumes de même base seront entre eux comme les hauteurs.

Quant à deux cylindres ou cônes semblables, c'est-à-dire ayant les rayons des bases et les hauteurs proportionnels, ils seront entre eux, soit comme le cube des hauteurs, soit comme celui des rayons, soit comme celui des apothèmes.

La démonstration de ces diverses propositions n'offrirait

aucune difficulté, puisque chaque volume de révolution peut être considéré comme la limite des volumes de polyèdres inscrits successifs, dont à la limite il partage toutes les propriétés.

Exercices.

1. On donne un tronc de cône dont les rayons des bases sont 8 et 44 mètres, trouver le rayon d'un cylindre équivalent au tronc de cône et de même hauteur.

2. Un cylindre et un tronc de cône ont même base et même hauteur, le volume du tronc est moitié de celui du cylindre, quel est le rapport de la base du cylindre à l'autre base du tronc?

3. Deux lignes parallèles, distantes de $2^m,20$ et de même longueur, $5^m,30$, tournent autour d'un même axe situé à 3^m de la parallèle la plus proche, trouver le volume compris entre les deux surfaces qu'elles décrivent.

4. Trouver les trois hauteurs d'un cylindre, d'un cône et d'un tronc de cône, équivalents tous trois à 5 mèt. cub. et dont les trois bases seraient équivalentes, les deux bases du tronc de cône devant être dans le rapport de 3 à 5.

5. Inscrire dans un cône droit un cylindre dont la hauteur soit égale au diamètre de la base.

6. Mener une section parallèle à la base d'un cylindre et qui partage, soit la surface, soit le volume dans un rapport donné.

7. Le piston d'une pompe fait en une minute 20 allées et venues complètes, valant en totalité 70 mètres, il verse dans le même temps 3 mèt. cub., 333 d'eau, on demande le rayon du corps de pompe.

THÉORIE

DES POLYGONES TOURNANTS.

DÉFINITIONS.

Lorsqu'une fraction de polygone tourne autour d'un axe, de telle sorte que tous ses éléments rectilignes restent avec l'axe dans un même plan, il est aisé de reconnaître que chacun des côtés du polygone décrit une surface et un volume, soit conique, soit tronconique, soit cylindrique, suivant sa position relativement à l'axe, et la somme de ces surfaces ou de ces volumes constitue la surface ou le volume décrit par le polygone tournant. Mais, quoique les mesures des surfaces ou volumes partiels soient déjà connues, comme les éléments varient avec chaque génératrice, dans le cas d'un polygone quelconque il n'y a point de formule générale à établir, et la surface ou le volume total s'obtiendra par la somme des surfaces ou des volumes partiels. Il n'en est point ainsi dans le cas d'une fraction de polygone régulier tournant autour d'un axe passant par son centre et par deux sommets opposés, ce qui implique pour le polygone total un nombre pair de côtés; on peut alors exprimer ces surfaces et ces volumes par des formules générales; tel est le but des propositions suivantes.

PROPOSITION LXV.

(THÉORÈME 1.) *La surface décrite par un demi-polygone régulier d'un nombre pair de côtés, tournant autour d'un axe passant par son centre et deux sommets, a pour mesure le produit de sa projection sur l'axe par la circonférence inscrite dans le polygone.*

Soit le demi-polygone ABCDEF tournant autour de l'axe AF passant par le centre O et les sommets A et F; je dis que la surface décrite par la génératrice brisée a pour mesure AF $\times$ circ. ON.

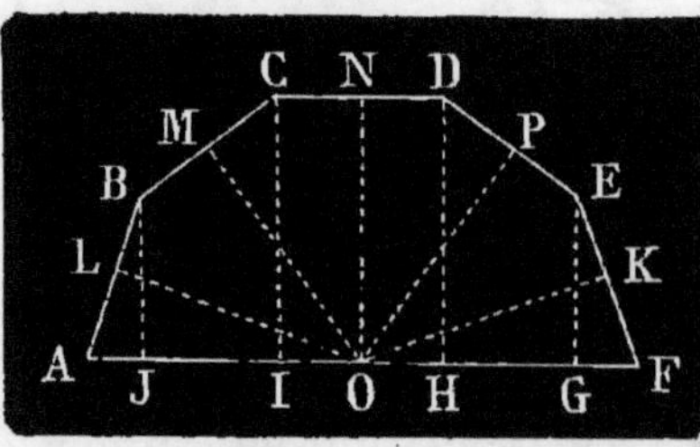

En effet, les lignes AB, EF décrivent des surfaces coniques égales, les lignes BC, DE, des surfaces tronconiques égales, et la ligne CD une surface cylindrique, et la surface cherchée est la somme de ces cinq surfaces. Or, remarquant que OL = OM = OP, etc., comme rayons du cercle inscrit, on a :

$$\text{surf. AB} + \text{surf. EF} = 2\pi \, OL \times AJ + 2\pi \, OK \times GF$$
$$= 2\pi \, OL \, (AJ + GF)$$
$$\text{surf. BC} + \text{surf. DE} = 2\pi \, OM \times JI + 2\pi \, OP \times HG$$
$$= 2\pi \, OM \, (JI + HG)$$
$$\text{surf. CD} = 2\pi \, DH \times CD = 2\pi \, ON \times IH.$$

faisant leur somme, et remplaçant par ON les lignes égales OL, OM, il vient :

$$\text{surf. ABCDEF} = 2\pi \, ON \, (AJ + JI + IH + HG + GF)$$
$$= 2\pi \, ON \times AF$$

Une démonstration identique donnerait la même formule pour mesure de la surface décrite par une fraction plus petite de polygone régulier tournant.

(*Corollaire.*) Remarquant que AF est ici le diamètre du cercle circonscrit, on peut dire aussi que la surface engendrée par un demi-polygone tournant a pour mesure le produit de la circonférence inscrite par le double du rayon du cercle circonscrit, ou, appelant R le rayon OA, r l'apothème ON, on aurait pour expression générale de la surface :

$$\text{surf. ABCDEF} = 4\pi R r.$$

PROPOSITION LXVI.

(THÉORÈME 2.) *Le volume engendré par un demi-polygone régulier tournant autour d'un axe passant par son centre et deux sommets, a pour mesure le produit de la surface engendrée par le tiers du rayon du cercle inscrit.*

Soit D′FABCD un demi-polygone régulier d'un nombre pair de côtés, tournant autour de l'axe DD′ passant par le centre O et deux sommets D et D′, je dis que le volume décrit a pour mesure :

$$\text{surf. D'F|ABCD} \times \frac{1}{3} OI$$

En effet, joignons OA, OB, OC, etc. On voit que le volume cherché est la somme des volumes décrits par les triangles OCD, OBC, OAB, etc., il suffit donc de calculer ces volumes.

$$\text{or,} \qquad \text{vol. OCD} = \text{vol. OCH} + \text{vol. CHD}$$

$$\text{et comme} \qquad \text{vol. OCH} = \frac{1}{3}\pi \, CH^2 \times OH$$

et
$$\text{vol. CHD} = \frac{1}{3}\,\pi\,\text{CH}^2 \times \text{HD}$$

on a
$$\text{vol. OCD} = \frac{1}{3}\,\pi\,\text{CH}^2 \times \text{OH} + \frac{1}{3}\,\pi\,\text{CH}^2 \times \text{HD}$$

$$= \frac{1}{3}\,\pi\,\text{CH}^2\,(\text{OH} + \text{HD}) = \frac{1}{3}\,\pi\,\text{CH} \times \text{CH} \times \text{OD}$$

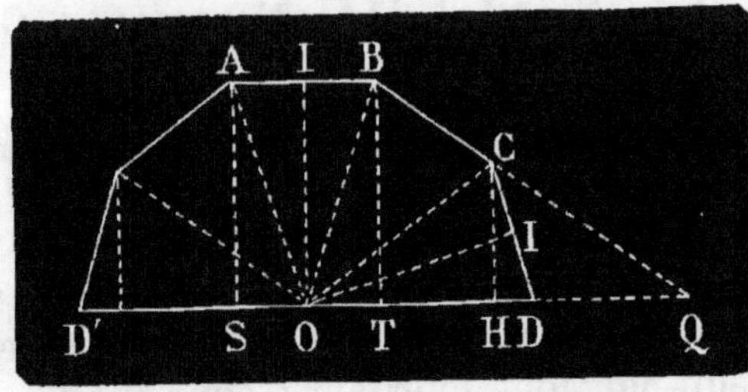

Or, $\text{CH} \times \text{OD}$, double de la mesure du triangle OCD, est équivalent à $\text{CD} \times \text{OI}$, double du même triangle, donc

$$\text{vol. OCD} = \frac{1}{3}\,\pi\,\text{CH} \times \text{CD} \times \text{OI}$$

et comme $\pi\,\text{CH} \times \text{CD}$ n'est autre chose que surf. CD, on a enfin
$$\text{vol. OCD} = \text{surf. CD} \times \frac{1}{3}\,\text{OI}$$

On démontrerait de même que

$$\text{vol. OFD}' = \text{surf. FD}' \times \frac{1}{3}\,\text{OI} \quad \text{(A)}$$

Pour avoir le volume décrit par le triangle OBC, prolongeons BC en Q, on a
$$\text{vol. OBC} = \text{vol. OBQ} - \text{vol. OCQ}$$
et l'on démontrerait, comme on l'a fait pour vol. OCD, que

$$\text{vol. OBQ} = \text{surf. BQ} \times \frac{1}{3}\,\text{OI}$$

et que

$$\text{vol. OCQ} = \text{surf. CQ} \times \frac{1}{3}\,\text{OI}$$

donc

$$\text{vol. OBC} = \frac{1}{3}\,\text{OI}\,(\text{surf. BQ} - \text{surf. CQ})$$

$$= \text{surf. BC} \times \frac{1}{3}\,\text{OI}$$

et aussi

$$\text{vol. OAF} = \text{surf. AF} \times \frac{1}{3}\,\text{OI}$$

Pour avoir le volume décrit par le triangle AOB, dont la base AB est parallèle à l'axe, abaissons les perpendiculaires AS et BT, on a :

$$\text{vol. AOB} = \text{vol. cylind. AB} - 2\,\text{vol. AOS}$$

or,

$$\text{vol. cylind. AB} = \pi\,\text{OI}^2 \times \text{AB}$$

et

$$2\,\text{vol. AOS} = 2 \times \frac{1}{3}\pi\,\text{OI}^2 \times \text{OS} = \frac{1}{3}\pi\,\text{OI}^2 \times \text{AB}$$

donc

$$\text{vol. AOB} = \pi\,\text{OI}^2 \times \text{AB} - \frac{1}{3}\pi\,\text{OI}^2 \times \text{AB}$$

$$\text{vol. AOB} = \frac{2}{3}\pi\,\text{OI}^2 \times \text{AB} = 2\pi\,\text{OI} \times \text{AB} \times \frac{1}{3}\,\text{OI}$$

et comme $2\pi\,\text{OI} \times \text{AB}$ n'est autre chose que surf. AB, on a enfin,

$$\text{vol. AOB} = \text{surf. AB} \times \frac{1}{3}\,\text{OI}$$

Faisant la somme des volumes décrits par les cinq triangles OCD, OBC, OAB, OAF et OFD', on obtient pour le volume total décrit par le polygone tournant,

$$\text{vol. D'FABCD} = \frac{1}{3}\text{OI}\,(\text{surf. DC} + \text{surf. CB} + \text{surf. AB} + \text{surf. AF} + \text{surf. FD'}),$$

ou enfin vol. $\text{D'FABCD} = \frac{1}{3}\,\text{OI} \times \text{surf. D'FABCD}$

Si maintenant, pour généraliser, on représente par R le rayon du cercle circonscrit, par r celui du cercle inscrit, comme on a déjà,

$$\text{surf. polyg. tourn.} = 4\pi\text{R}r$$

on aura pour le volume du même polygone tournant :

$$\text{vol. polyg. tourn.} = \frac{4}{3}\pi\text{R}r^2$$

(*Corollaire.*) De la démonstration précédente il suit que le volume décrit par un triangle tournant autour d'un axe passant par un de ses sommets a pour mesure le produit de la surface décrite par le côté opposé à ce sommet par le tiers de la hauteur correspondante à ce côté; et cela quelle que soit la position du triangle par rapport à son axe, car la démonstration précédente considère des triangles dans les trois seules positions possibles: 1° l'axe passant par un côté; 2° l'axe passant par un sommet, et le côté opposé ne lui étant pas parallèle; 3° le côté opposé étant parallèle à l'axe. Il n'y a point lieu d'étudier le cas où l'axe couperait le triangle, car dans ce cas le volume décrit par une des fractions du triangle se confondrait, au moins en partie, avec le volume décrit par l'autre partie.

Exercices.

1. Calculer le volume décrit par un demi-octogone régulier inscrit dans un cercle dont le rayon est $0^m,254$.

2. Calculer le volume décrit par un demi-hexagone régulier tournant autour du diamètre du cercle circonscrit, le côté étant égal à $0^m,75$.

3. Un triangle isocèle tourne autour d'un axe passant par un sommet et perpendiculaire à la hauteur de ce sommet, calculer les trois volumes qu'il engendre, suivant le sommet par lequel l'on fait passer l'axe, sachant que la base du triangle et le côté adjacent ont 7 et 12 mètres.

4. A une circonférence de 8 mèt. de rayon on a inscrit un hexagone régulier et circonscrit un dodécagone, trouver le volume décrit par la bande polygonale comprise entre les deux demi-périmètres, en la faisant tourner autour du diamètre.

5. Quel est le volume maximum que peut décrire le côté d'un hexagone régulier tournant autour du diamètre, le rayon du cercle inscrit étant $2^m,50$.

6. Trouver le rapport des volumes décrits par un parallélogramme tournant successivement autour de deux côtés adjacents.

7. Un triangle tournant autour d'un de ses côtés, mener par un des sommets de ce côté une ligne qui partage le triangle en deux parties telles que les deux volumes qu'elles engendrent soient égaux.

8. Un triangle isocèle rectangle tourne autour de son hypoténuse égale à 8 mèt., trouver quelle serait la hauteur du triangle isocèle qui, tournant sur sa base égale à 4 mèt., engendrerait le même volume.

DE LA SPHÈRE

PRÉLIMINAIRES.

Si l'on fait tourner une demi-circonférence autour d'un axe qui passe par son centre, c'est-à-dire autour de son diamètre, la ligne courbe décrit une surface courbe de révolution dont tous les points sont également distants du centre de la circonférence primitive ; cette surface se nomme *surface sphérique*.

Le volume limité de toutes parts par la surface sphérique se nomme *sphère*.

Le *rayon* de la sphère est la ligne allant du centre à un point quelconque de la surface sphérique. Il suit de la définition que dans une sphère tous les rayons sont égaux.

Le *diamètre* de la sphère est la ligne inscrite dans la surface sphérique et passant par son centre. Tous les diamètres sont égaux entre eux et doubles du rayon.

THÉORIE

DES PLANS TANGENTS ET SÉCANTS.

DÉFINITIONS.

Un plan est dit *tangent* à la sphère, lorsqu'il n'a avec elle qu'un point commun.

Un plan est dit *sécant* lorsqu'il a plusieurs points communs avec la sphère.

PROPOSITION LXVII.

(Théorème **1**.) *Tout plan sécant coupe la sphère suivant un cercle, et la surface sphérique suivant une circonférence.*

Soit le plan MN qui coupe une sphère, je dis que la ligne courbe qu'il détermine sur la surface sphérique est une circonférence.

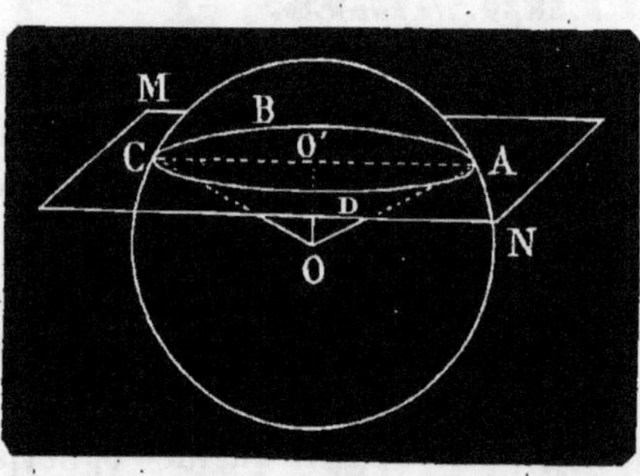

En effet, du centre O de la sphère, j'abaisse sur le plan MN une perpendiculaire OO′, puis je mène les rayons OA et OC et les lignes O′A, O′C. Les deux lignes OA, OC sont égales entre elles, donc elles s'écartent également du pied O′ de la perpendiculaire (*Prop. VII*); donc les lignes O′A et O′C sont égales, et comme il en serait de même pour toute autre ligne menée du point O′ à un point quelconque de la section, il en résulte que celle-ci est une circonférence; par suite la section de la sphère par le plan MN est un cercle. Le point O′ en est le centre.

(*Corollaire*.) La perpendiculaire élevée sur un plan sécant, au centre de la section, passe par le centre de la sphère.

PROPOSITION LXVIII.

(Théorème **2**.) *Tout plan perpendiculaire à l'extrémité d'un rayon est tangent à la surface sphérique, et réciproquement.*

Soit le plan MN perpendiculaire à l'extrémité du rayon OA, je dis qu'il est tangent à la surface sphérique; c'est-à-dire qu'il n'a avec elle qu'un point commun, le point A.

En effet, tout autre point, B par exemple, serait plus

éloigné du centre O que le point A, car OB est une oblique,

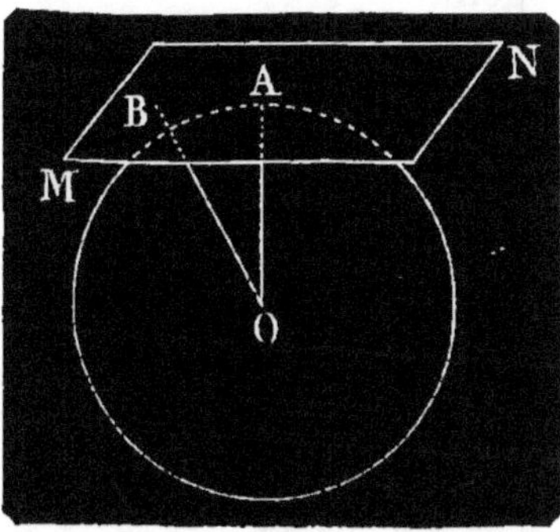

et OA une perpendiculaire; donc le point B est hors de la surface sphérique.

Réciproquement, le rayon OA mené au point de tangence A du plan MN est perpendiculaire à ce plan, car il est la plus courte ligne que l'on puisse mener du point O sur MN.

(*Corollaire*.) Par un point pris sur la surface sphérique on peut toujours lui mener un plan tangent, et l'on n'en peut mener qu'un seul.

Exercices.

1. Étant donnés deux plans, et sur chacun d'eux trois points non en ligne droite, trouver le centre et le rayon de la sphère passant par ces six points.

2. Trouver le centre et le rayon d'une sphère tangente à un plan et passant par trois points donnés dans l'espace.

3. Mener à une sphère un plan tangent passant par un point donné.

4. Mener à une sphère un plan tangent passant par une ligne donnée.

5. Mener par un point donné un plan tangent à deux sphères données.

6. Mener une sphère d'un rayon donné inscrite dans un angle trièdre.

THÉORIE

DES SPHÈRES TANGENTES ET SÉCANTES.

DÉFINITIONS.

Deux surfaces sphériques sont dites *tangentes* lorsqu'elles n'ont qu'un point commun ; elles peuvent être tangentes intérieurement ou extérieurement.

Deux sphères ou deux surfaces sphériques sont dites *sécantes* lorsqu'elles ont plusieurs points communs.

PROPOSITION LXIX.

(THÉORÈME 1.) *L'intersection de deux sphères est un cercle, et l'intersection de deux surfaces sphériques est une circonférence.*

Soient les deux sphères O et O′ qui se coupent, je dis que la courbe de leur intersection est une circonférence.

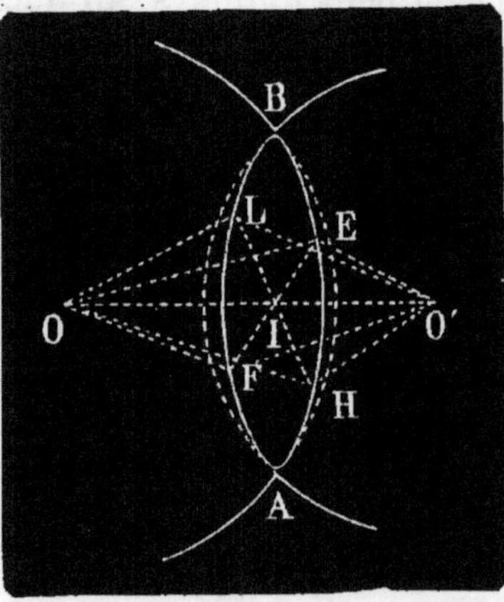

En effet, si l'on joint un point quelconque E de cette intersection avec les centres O et O′, et que du point E on abaisse une perpendiculaire EI sur la ligne des centres, puis que l'on prolonge cette perpendiculaire d'une quantité IF égale à EI, le point F sera un point de la sphère O, car OF = OE, comme obliques équidistantes du pied de la perpendiculaire. Par la même raison le point F sera un point de la sphère O′, car O′F = O′E, donc le point F est un point de l'intersection ; si maintenant au point I, sur OO′, on élève une autre perpendiculaire HL égale de part et d'autre à EI, les deux points H et L seront aussi deux points de l'intersection des surfaces sphériques, car étant équidistants de O, puis de O′, ils appartiennent aux deux sphères, c'est-à-dire à leur intersection ; celle-ci a donc déjà la propriété de la circonférence, d'avoir tous ses points équidistants du point intérieur I. De plus, les deux perpendiculaires EF, LH, élevées sur le même point I de OO′, déterminent un plan, lequel contient tous les points de l'intersection ; donc celle-ci est bien une circonférence, dont le plan est perpendiculaire à la ligne des centres.

(*Corollaire* 1.) Lorsque deux sphères se coupent, la ligne qui joint leurs centres passe par le centre de l'intersection, et est perpendiculaire à son plan.

(*Corollaire* 2.) Si deux sphères sont tangentes, leur point de contact est sur la ligne des centres, car c'est le cas où le cercle de section se réduit à un point, son propre centre.

Les propositions déjà démontrées dans la géométrie plane, relatives aux positions diverses des deux circonférences, et aux relations correspondantes de la distance des centres et de la somme ou de la différence des rayons, sont également vraies pour deux sphères, et se démontrent de même ; il suffira donc d'en rappeler les énoncés.

1° *Si deux sphères sont extérieures l'une à l'autre, la distance des centres est plus grande que la somme des rayons.*

2° *Si deux sphères sont tangentes extérieurement, la distance des centres est égale à la somme des rayons.*

3° *Si deux sphères se coupent, la distance des centres est plus petite que la somme des rayons, et plus grande que leur différence.*

4° *Si deux sphères sont tangentes intérieurement, la distance des centres est égale à la différence des rayons.*

5° *Si deux sphères sont intérieures l'une à l'autre, la distance des centres est plus petite que la différence des rayons.*

Exercices.

1. Deux sphères sont placées de telle sorte que les différences entre la somme des rayons et la distance des centres, la distance des centres et la différence des rayons sont égales à 1, quels sont les rayons de ces deux sphères ?

2. Trouver les centres de deux sphères de rayons donnés, passant toutes deux par un cercle donné.

3. Mener deux sphères tangentes à un plan en deux points donnés et se coupant suivant une section d'un rayon donné.

4. Les rayons de trois sphères A, B et C sont 22, 4 et 7 ; les distances des centres sont de A à B, 7 ; de B à C, 11 ; de A à C, 4 ; quelles sont leurs positions respectives ?

5. Deux cônes droits sont accolés base à base, mener deux sphères dans lesquelles chacun d'eux soit inscrit.

6. Connaissant les rayons de deux sphères, à quelle distance faut-il placer leurs centres pour qu'elles se coupent suivant un cercle d'une surface donnée?

7. Connaissant la distance des centres, la superficie de la section et le rapport des rayons de deux sphères qui se coupent, calculer ces rayons.

THÉORIE

DES LIGNES TRACÉES A LA SURFACE DE LA SPHÈRE,
GRANDS CERCLES ET PETITS CERCLES.

DÉFINITIONS.

Parmi les lignes courbes que l'on peut tracer sur la surface de la sphère, les seules que l'on étudie en géométrie sont les circonférences, résultant, comme on le sait (*Prop. LXVII*), de la section de la surface sphérique par des plans ; ainsi dans les propositions suivantes, comme l'idée de circonférence tracée sur la surface sphérique est inséparable d'un plan sécant et du cercle qu'il détermine dans la sphère, nous emploierons le mot cercle, alors même que la proposition ne s'appliquerait qu'à la circonférence.

Les cercles, considérés comme sections sphériques, se distinguent en grands et petits cercles.

Les *grands cercles* sont ceux que déterminent les plans passant par le centre de la sphère.

Les *petits cercles* sont ceux que détermine tout autre plan.

Les *pôles* d'un cercle sont les extrémités du diamètre de la sphère perpendiculaire au plan de ce cercle.

On appelle *calotte* sphérique les deux portions de la surface sphérique en lesquelles la partage un cercle quelconque.

La *distance polaire* d'un cercle est la distance rectiligne d'un de ses points à un de ses pôles. Chaque cercle ayant deux pôles a aussi deux distances polaires : en général, on ne considère que celle qui se trouve dans le même hémisphère que le cercle.

PROPOSITION LXX.

(Théorème **1**.) *Tous les grands cercles sont égaux entre eux et plus grands que tous les petits cercles.*

Soient deux grands cercles OMM′, ONN′, je dis qu'ils sont égaux.

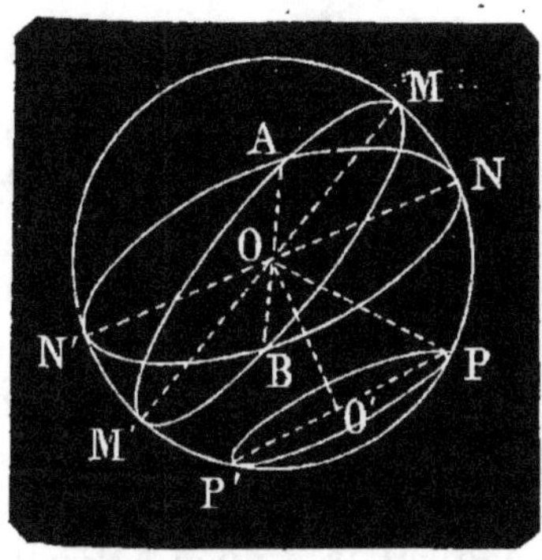

En effet, puisque leurs plans passent tous deux par le centre de la sphère, le centre est un des points de l'intersection AB de ces deux plans, donc cette intersection est un diamètre de la sphère et en même temps un diamètre de chaque cercle ; ces cercles ayant même diamètre, sont égaux, et ont pour rayon le rayon de la sphère.

Soit maintenant un petit cercle quelconque OPP′, je dis qu'il est plus petit que le grand cercle OMM′.

En effet, MM′ est un diamètre de la sphère, et PP′ en est une corde, donc la circonférence MM′ est plus grande que celle PP′.

(*Corollaire.*) Deux grands cercles se coupent en deux parties égales, car leur section est leur diamètre commun.

PROPOSITION LXXI.

(Théorème **2**.) *Tout grand cercle partage la sphère en deux hémisphères égaux ; et la surface sphérique en deux calottes hémisphériques égales.*

En effet, si dans la sphère coupée par un grand cercle on superpose, en faisant coïncider le grand cercle qui leur sert de base, les deux parties en lesquelles la sphère est partagée, les deux surfaces, et par suite les deux volumes doivent coïncider, puisque tous les points des deux surfaces sont également distants du centre.

PROPOSITION LXXII.

(THÉORÈME 3.) *Toute perpendiculaire à un grand cercle inscrite dans la sphère est coupée en son milieu par le plan du grand cercle; et réciproquement, tout plan perpendiculaire sur le milieu d'une ligne inscrite dans la sphère est le plan d'un grand cercle.*

Soient un grand cercle MN, et une ligne AB, inscrite dans la sphère et perpendiculaire au plan du grand cercle, je dis que le pied P de la perpendiculaire est aussi son milieu.

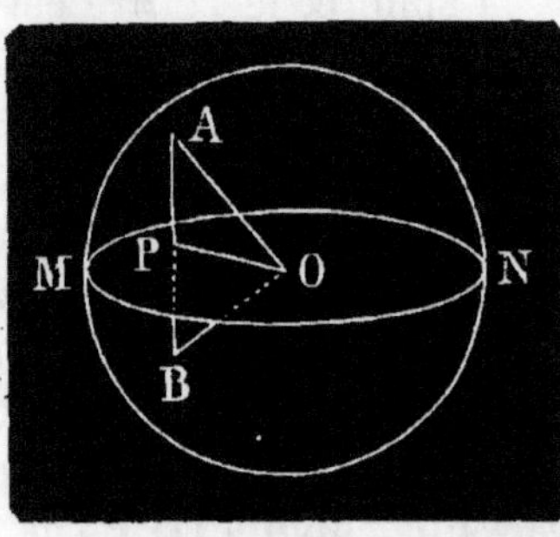

En effet, joignons OA, OB et OP; OP est perpendiculaire sur AB, puisque AB est perpendiculaire au plan; or, OA et OB sont des obliques égales comme rayons d'une même sphère, donc elles s'écartent également du pied de la perpendiculaire, donc AP=PB.

Réciproquement, je dis que si le plan MN d'un cercle est perpendiculaire sur le milieu P d'une ligne AB inscrite dans la sphère, ce plan est le plan d'un grand cercle, c'est-à-dire passe par le centre de la sphère.

En effet, si l'on joint encore les trois points A, P et B au centre O de la sphère, les lignes OA et OB étant égales comme rayons, et équidistantes du point P, la ligne OP est perpendiculaire sur AB, et doit par conséquent se trouver dans le plan MN perpendiculaire à AB au point P; donc ce plan passe par le point O centre de la sphère, et est le plan d'un grand cercle.

(*Corollaire.*) Tous les points du grand cercle MN sont également distants des points A et B, car chaque point, en le joignant au point P, se trouve sur une perpendiculaire élevée sur le milieu de AB.

PROPOSITION LXXIII.

(Théorème **4.**) *Par deux points pris sur la surface sphérique on peut toujours faire passer un grand cercle.*

En effet, les deux points donnés et le centre de la sphère forment trois points non en ligne droite, par lesquels on peut toujours faire passer un plan, et l'intersection de la sphère par ce plan sera un grand cercle passant par les deux points donnés.

PROPOSITION LXXIV.

(Théorème **5.**) *Deux petits cercles égaux sont également distants du centre, et réciproquement.*

Soient les deux petits cercles OA, O'B égaux, je dis que leurs distances du centre CO, C O' sont égales.

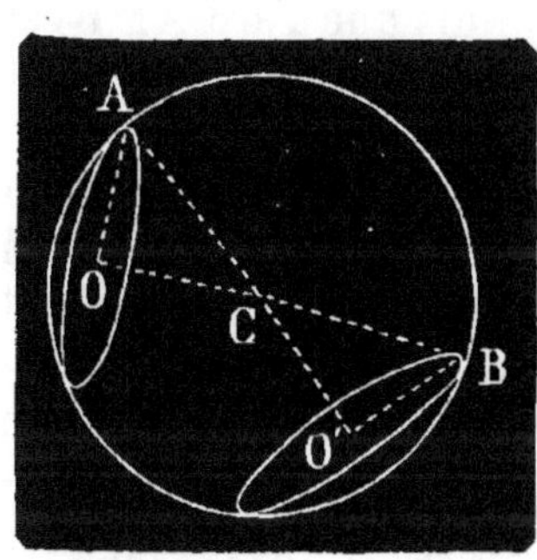

En effet, menant les rayons OA, O'B des cercles, et CA, CB de la sphère, les deux triangles rectangles COA, CO'B sont égaux, comme ayant l'hypoténuse égale, C A = C B, et un côté égal OA=O'B, donc CO=CO'.

Réciproquement, si les deux distances CO, CO' sont égales, les deux triangles COA, CO'B sont encore égaux, et par suite OA = O'B ; donc les deux cercles sont égaux.

PROPOSITION LXXV.

(Théorème **6.**) *De deux petits cercles inégaux le plus petit est le plus éloigné du centre.*

Soit le petit cercle MM', plus grand que le petit cercle N'P, je dis que la distance O O' est plus grande que la distance OH.

En effet, si par le point N′ on mène un petit cercle NN′

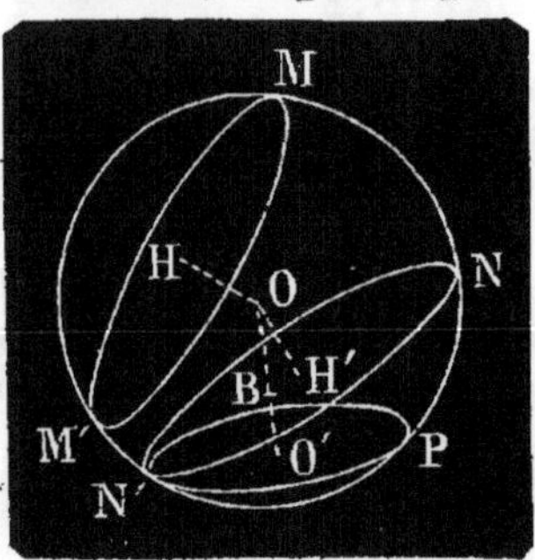

égal au cercle MM′, et par suite équidistant du centre, en menant la distance OH′, on a évidemment OH′, perpendiculaire sur NN′, plus petite que OB, oblique ; or OO′ est plus grande que OB, et, à fortiori, la distance OO′ est plus grande que OH′ ou que son égale OH.

PROPOSITION LXXVI.

(THÉORÈME **7**.) *Le plus court chemin d'un point à un autre sur la surface sphérique est l'arc de grand cercle passant par ces deux points et contenu dans le même hémisphère qu'eux.*

Soit l'arc de grand cercle AMB passant par les deux points A et B sur la surface sphérique ; je dis que l'arc AMB est plus court, 1° que tout arc de petit cercle ANB passant aussi par les points A et B.

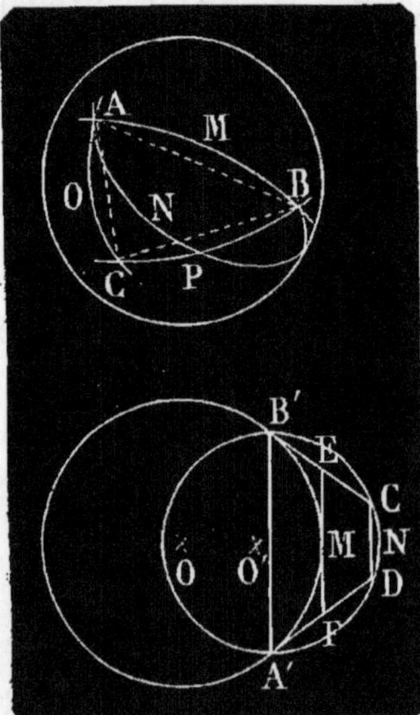

En effet, si je fais sur un plan, avec un rayon égal à celui de la sphère, un cercle O, il représentera un grand cercle, et en y inscrivant une corde A′B′ égale à la distance rectiligne des points A et B, l'arc A′MB′ est bien égal à l'arc AMB. Si de même par A′ et B′, on fait passer un cercle O′ d'un rayon égal à celui du petit cercle ANB, l'arc A′DB′ sera égal à l'arc ANB, il suffira donc de faire voir que sur cette nouvelle construction A′MB′ est plus court que A′DB′.

Je mène les tangentes B′C, A′D, EF, et je joins CD ; on a

$$\text{arc } B'MA' < A'F + FE + EB' \qquad (\textit{Prop. XLIX.})$$

et

$$\text{arc } A'DB' > A'D + DC + CB'$$

mais évidemment

$$A'F + FE + EB' < A'D + DC + CB'$$

donc, à fortiori, arc $B'MA' <$ arc $A'DB'$.

Je dis : 2° (*fig.* 1) que l'arc AMB est plus court que tout assemblage d'arcs de grand cercle BPC, COA passant par les points A et B.

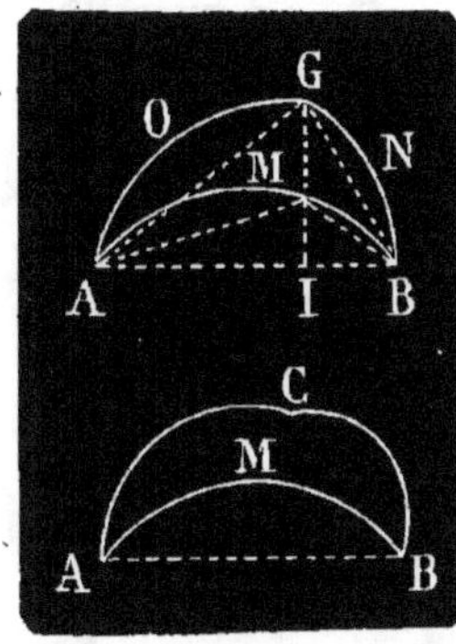

En effet, si dans la sphère (*fig.* 1) je mène les cordes AB, AC, BC, puis que sur un plan (*fig.* 3) je construise le triangle BGA ayant ces cordes pour côtés, si par les points B, G et A je fais passer des cercles ayant pour rayon celui de la sphère, comme, les cordes étant égales, les arcs BNG, GOA, AMB sont respectivement égaux aux trois arcs tracés sur la surface sphérique, il suffira de démontrer que l'arc AMB est plus court que BNG + GOA. Or, si du point G j'abaisse GI perpendiculaire sur AB, et je mène BM et MA, comme on a AM < AG, et BM < BG, il s'ensuit que l'arc AM est plus petit que l'arc AOG, que l'arc BM est plus petit que BNG, et, en faisant la somme, que AMB < BNG + AOG.

Je dis, 3°, que l'arc AMB est plus petit que tout assemblage d'arcs de petits cercles AC, CB (*fig.* 4), passant par A et B.

En effet, par B et C, par C et A, on peut faire passer deux arcs de grand cercle, lesquels seront respectivement plus courts que les arcs de petit cercle AC et CB ; or l'assemblage de ces deux arcs de grand cercle est plus grand que l'arc AMB ; donc, à fortiori, celui-ci est plus petit que l'assemblage des arcs de petits cercles AC et CB.

Donc enfin, l'arc de grand cercle est le plus court chemin d'un point à un autre sur la surface sphérique, il est sur celle-ci ce que la ligne droite est sur les surfaces planes.

PROPOSITION LXXVII.

(THÉORÈME 8.) *Tous les points d'un cercle sont équidistants de chacun des pôles de ce cercle.*

Soient un cercle quelconque MN; PP′ le diamètre perpendiculaire à son plan, et P et P′ ses deux pôles. Je dis que les distances PM, PA, PB, sont égales entre elles, et que les distances P′M, P′A, P′B sont aussi égales entre elles.

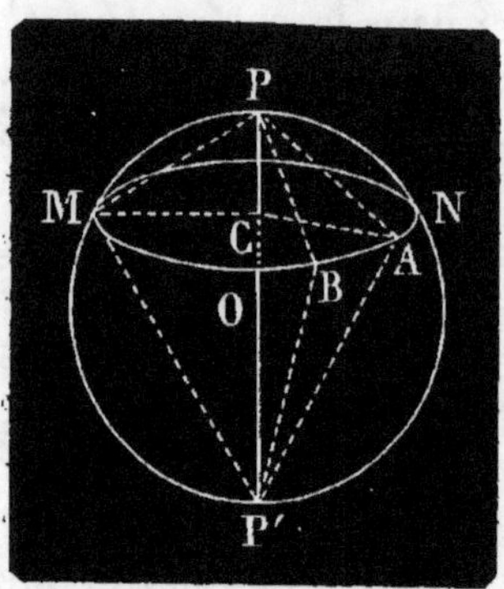

En effet, les trois lignes PM, PA, PB, sont, par rapport au pied C de la perpendiculaire PC, trois obliques s'écartant également du pied de cette perpendiculaire, puisque C (*Prop. LXVII*) est le centre du cercle MN; donc ces trois obliques sont égales entre elles. Il en est de même des trois distances P′M, P′A, P′B.

(*Corollaire 1.*) La distance polaire d'un point d'un cercle est la corde d'un arc de grand cercle.

(*Corollaire 2.*) Les distances polaires d'un grand cercle sont toutes égales, quel que soit le pôle, et elles sous-tendent un arc égal au quart de la circonférence d'un grand cercle : cet arc se nomme *quadrant.*

(*Corollaire 3.*) Quand les plans de deux grands cercles sont perpendiculaires l'un à l'autre, les pôles de chacun d'eux sont sur la circonférence de l'autre, car le diamètre de la sphère perpendiculaire au plan de l'un des grands cercles, et dont les extrémités sont par conséquent ses pôles, est un des diamètres de l'autre.

PROBLÈME I.

Étant donnée une sphère, trouver son rayon.

Je prends sur la sphère deux points quelconques, A et B, puis de ces deux points comme centres, avec des rayons quelconques, mais égaux deux à deux, je décris des arcs de

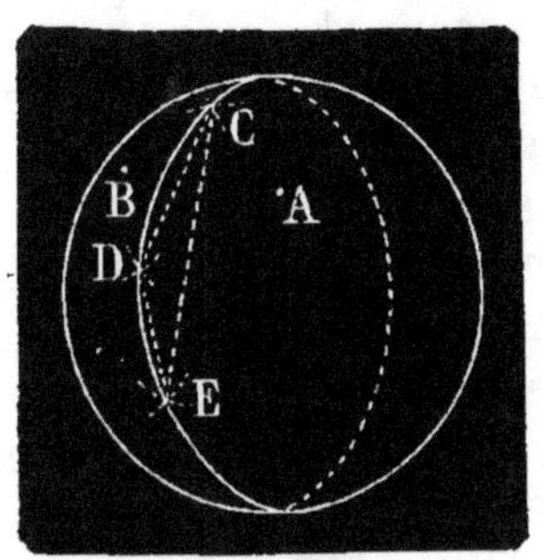

cercles qui se coupent en E, D et C, et déterminent trois points d'un grand cercle, car le plan passant par ces trois points serait perpendiculaire sur le milieu de la ligne AB (*Prop. LXXII*). Prenant ensuite avec un compas les trois distances rectilignes EC, ED, DC, je construis sur un plan un triangle ayant ces trois lignes pour côtés, et je circonscris un cercle à ce triangle ; le rayon de ce cercle sera celui de la sphère, car le triangle inscrit n'est autre que le triangle EDC, inscrit dans la sphère et dans un grand cercle ; donc le cercle circonscrit à ce triangle est égal à un grand cercle, et son rayon est le rayon de la sphère.

PROBLÈME II.

Étant donné un grand cercle, trouver ses pôles.

Je cherche par le problème précédent le rayon de la sphère, ce qui est plus aisé ici, le grand cercle étant tout tracé ; puis, connaissant ce rayon, je détermine la longueur de la corde du quadrant, et, avec une ouverture de compas égale à cette corde, je trace, de deux points quelconques du grand cercle comme centres, et en dessus et au-dessous de celui-ci, quatre arcs de cercle, qui par leur intersection déterminent les deux pôles cherchés, car tous les points du grand cercle sont distants de ces deux points d'une quantité égale à la corde du quadrant.

PROBLÈME III.

Par deux points donnés sur une surface sphérique faire passer un grand cercle.

Soient A et B les deux points donnés ; des points A et B comme centres, avec des ouvertures de compas égales et suffisamment grandes, je décris quatre arcs de cercle qui se

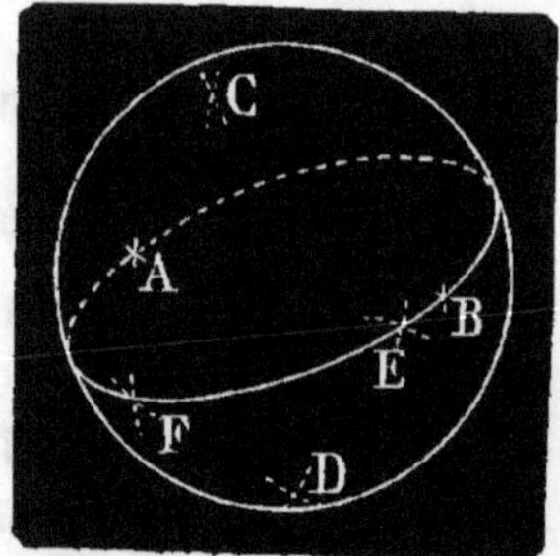

coupent en C et D, puis de ces deux points décrivant, avec des rayons égaux, des arcs de cercle qui se coupent en E, F, etc., je peux décrire, points par points, le grand cercle demandé.

Ou bien, cherchant par le problème I le rayon de la sphère, puis déterminant par le problème II un des pôles du grand cercle, dont on connaît déjà les deux points A et B, il suffira ensuite de ce pôle comme centre, avec un rayon égal à la corde du quadrant, de décrire d'un seul trait le grand cercle demandé.

PROBLÈME IV.

Étant donné un petit cercle, en déterminer les pôles.

Soit MN un petit cercle donné ; prenant deux points quel-

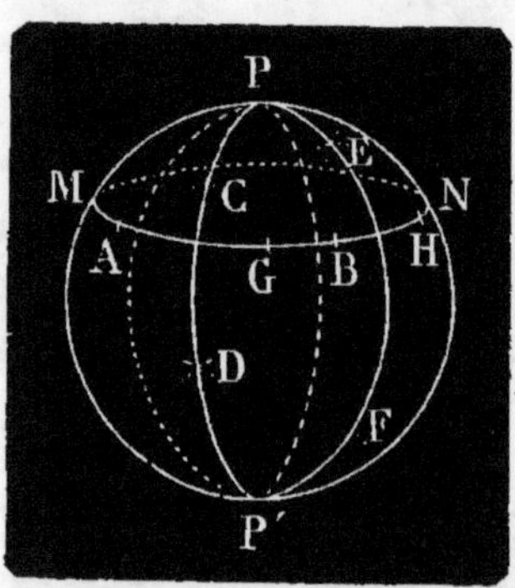

conques A et B sur sa circonférence, de ces points je décris, avec des rayons quelconques et égaux deux à deux, des arcs de cercles qui se coupent en D et C ; puis par le problème III je décris le grand cercle passant par ces points ; répétant la même construction sur deux autres points G et H du cercle donné, je décris un autre grand cercle qui coupe le premier en deux points P et P′, qui sont les pôles du petit cercle, car le diamètre PP′ de la sphère est perpendiculaire au plan du petit cercle. En effet, le plan PCDP′ est perpendiculaire à la ligne AB, et au plan du petit cercle ; de même, le plan du grand cercle PEFP′ est perpendiculaire à la ligne GH, et au plan du petit cercle ; donc l'intersection de ces deux grands cercles, laquelle est un diamètre de la sphère, est aussi perpendiculaire au plan du petit cercle, donc ses extrémités en sont les pôles.

(*Corollaire.*) La même construction donne le moyen de

faire passer par un point donné un grand cercle perpendiculaire à un cercle donné.

PROBLÈME V.

Par trois points donnés sur la surface sphérique faire passer un petit cercle.

Ces trois points suffisent pour, par le problème IV, trouver les pôles du petit cercle cherché ; alors d'un de ces pôles, avec une ouverture de compas égale à sa distance à un des points donnés, on décrit d'un seul coup le petit cercle.

Exercices.

1. Tracer sur une surface sphérique le plus court chemin pour aller d'un point à un autre en passant par un point donné.

2. Tracer sur une surface sphérique un cercle d'un rayon donné.

3. Une sphère est coupée par plusieurs plans passant par une droite donnée, trouver le lieu géométrique des centres des sections qu'ils déterminent.

4. Mener par un point donné sur la surface sphérique un petit cercle distant du centre d'une quantité donnée.

5. Mener une tangente à une sphère par un point extérieur, et démontrer que toutes les tangentes menées d'un même point sont égales, et forment par leur ensemble une surface conique.

6. Mener un plan tangent à une sphère et passant par une droite donnée.

7. Mener un plan tangent à deux sphères.

8. Trouver le centre et le rayon d'une sphère inscrite dans une pyramide triangulaire.

9. Trouver le centre et le rayon d'une sphère circonscrite à une pyramide triangulaire.

THÉORIE

DE LA MESURE DES SURFACES ET DES VOLUMES SPHÉRIQUES.

DÉFINITIONS.

On appelle *zone* la portion de la surface sphérique limitée par deux cercles parallèles. On peut aussi la considérer comme la surface engendrée par la révolution d'un arc de cercle autour d'un diamètre.

Les deux cercles parallèles sont les deux *bases* de la zone, et leur distance en est la *hauteur*.

La zone peut aussi n'avoir qu'une base; telle serait celle qu'engendrerait un arc de cercle tournant autour du diamètre passant par une de ses extrémités.

On appelle *segment sphérique*, le volume compris entre la zone et ses deux bases; en d'autres termes, c'est la portion de la sphère comprise entre deux plans parallèles.

On appelle *secteur sphérique* le volume engendré par la révolution d'un secteur circulaire autour du diamètre.

PROPOSITION LXXVIII.

(THÉORÈME 1.) *La surface sphérique a pour mesure le quadruple de la surface d'un grand cercle, ou le produit du diamètre par la circonférence d'un grand cercle.*

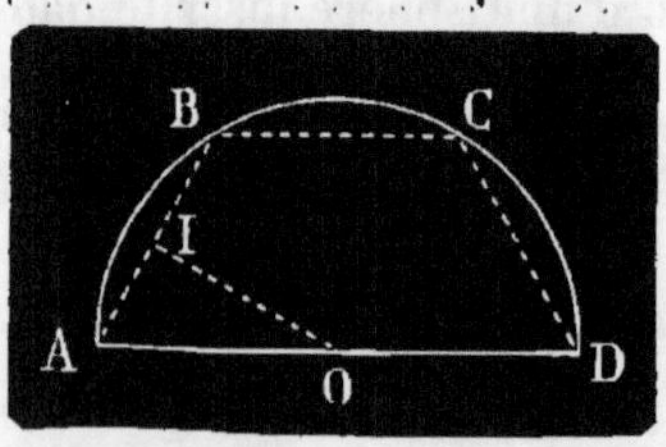

En effet, si dans la demi-circonférence ABCD, qui par sa révolution autour du diamètre AD engendre une surface sphérique, on inscrit un demi-polygone régulier d'un nombre pair de côtés, ABCD, puis que l'on double indéfiniment le nombre des côtés de ce polygone, nous savons que la demi-circonférence peut être considérée comme la limite des demi-périmètres de ces polygones successifs. Or, tandis que dans sa révolution autour de AD la demi-circonférence décrit une surface sphérique, le demi-polygone inscrit décrit une surface dont la mesure, en appelant R le rayon OA, et r l'apothème OI, est exprimée par $4\pi Rr$ (*Prop. LXV*). Mais à la limite, alors que le polygone se confond avec la circonférence, $R = r$, et la surface décrite par le polygone se confond avec la surface sphérique, qui, par suite, a pour mesure $4\pi R \times R$, ou $4\pi R^2$, ou encore $2R \times 2\pi R$.

(*Corollaire.*) Deux surfaces sphériques quelconques sont entre elles comme les carrés de leurs rayons ; car si S et S' sont ces deux surfaces, et R et R' leurs rayons, on a

$$S = 4\pi R^2 \qquad S' = 4\pi R'^2$$

et, par suite,
$$\frac{S}{S'} = \frac{R^2}{R'^2}$$

PROPOSITION LXXIX.

(THÉORÈME **2**.) *La surface d'une zone sphérique a pour mesure le produit de la circonférence d'un grand cercle par sa hauteur.*

Soit la zone décrite par l'arc AB tournant autour du dia-

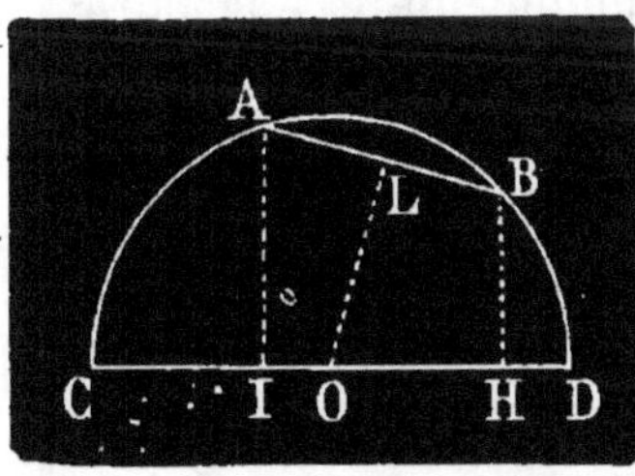

mètre CD, menons la corde AB, puis inscrivons par la pensée dans l'arc AB des portions de polygones réguliers. En doublant successivement le nombre des côtés, l'arc sera la limite des périmètres de ces fractions de polygones, et la surface décrite par l'arc sera la limite des surfaces décrites par ces périmètres ; or, en appelant R l'apothème OL et h la projection IH de ces périmètres sur l'axe, on a pour mesure de la surface décrite par la fraction de polygone $2\pi R \times h$ (*Prop. LXV*), et comme à la limite l'apothème OL devient le rayon de la circonférence, et la surface décrite par la fraction de polygone la surface de la zone, on a pour la mesure de celle-ci $2\pi R \times h$, c'est-à-dire la circonférence $2\pi R$ d'un grand cercle, multipliée par h, hauteur de la zone.

(*Remarque.*) La surface sphérique peut être considérée comme une zone dont la hauteur est 2R, et en lui appliquant la formule de la zone, on trouve pour sa mesure $2\pi R \times 2R$, ou $4\pi R^2$ formule déjà trouvée.

(*Corollaire.*) La surface sphérique est à celle de la zone du même rayon dans le rapport du diamètre de la sphère à la hauteur de la zone; car soient S une surface sphérique et Z une zone de même rayon R et de hauteur H, on a :

$$S = 4\pi R^2 \qquad Z = 2\pi R H$$

d'où
$$\frac{S}{Z} = \frac{4\pi R^2}{2\pi R H} = \frac{2R}{H}$$

PROPOSITION LXXX.

(Théorème 3.) *Le volume de la sphère a pour mesure le produit de la surface sphérique par le tiers du rayon.*

En effet, répétant la construction et le raisonnement déjà faits pour trouver la mesure de la surface sphérique, on voit que le volume de la sphère, engendré par le demi-cercle ABCD tournant autour de AD, est la limite des volumes engendrés par les demi-polygones inscrits successifs; or, en appelant S la surface décrite par ces demi-polygones, on a pour mesure du volume qu'ils engendrent, $S \times \frac{1}{3} OI$ (*Prop. LXVI*), mais, à la limite, S devient la surface sphérique et OI devient R, le rayon de la sphère; donc le volume de la sphère a pour mesure

$$\text{surf. sphèr.} \times \frac{1}{3} R$$

ou, comme la surface sphérique est égale à $4\pi R^2$,

$$\text{vol. sphèr.} = 4\pi R^2 \times \frac{1}{3} R$$

ou enfin
$$\text{vol. sphèr.} = \frac{4}{3} \pi R^3$$

(*Corollaire.*) Souvent on ne connaît que le diamètre

d'une sphère, et il peut être utile d'exprimer le volume en fonction du diamètre ; or, comme $R = \dfrac{D}{2}$ il est aisé de trouver la nouvelle formule, qui est,

$$\text{vol. sphèr.} = \frac{1}{6}\pi D^3$$

(*Corollaire.*) Deux sphères sont entre elles comme le cube de leurs rayons ; car si S et S′ sont deux sphères, et R et R′ leurs rayons, on a :

$$S = \frac{4}{3}\pi R^3 \qquad S' = \frac{4}{3}\pi R'^3$$

donc

$$\frac{S}{S'} = \frac{R^3}{R'^3}$$

PROPOSITION LXXXI.

(THÉORÈME 4.) *Le volume d'un secteur sphérique a pour mesure le produit de la zone qui l'entoure par le tiers du rayon de la sphère.*

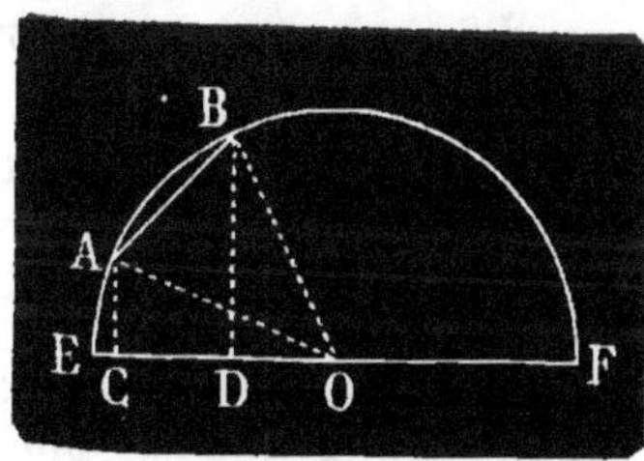

En effet, le volume engendré par le secteur circulaire OAB tournant autour du diamètre EF, est la limite des volumes décrits par les fractions de polygones inscrites dans l'arc AB, et d'un nombre successivement double de côtés ; or on a pour mesure de ce volume (*Prop. LXVI*) :

$$\text{vol. sect. polyg.} = \text{surf. AB} \times \frac{1}{3}\,\text{OC}$$

Mais, à la limite, le volume polygonal devient le volume du secteur sphérique, surface AB devient la surface de la zone engendrée par l'arc AB, et OC devient R, le rayon de la sphère ; donc :

$$\text{vol. sect.} = \text{surf. zone AB} \times \frac{1}{3}R$$

Et comme, surf. zone $AB = 2\pi R \times CD$, en appelant H la hauteur CD de la zone, on a encore :

$$\text{vol. sect.} = 2\pi RH \times \frac{1}{3}R = \frac{2}{3}\pi R^2 H$$

D'où l'on peut dire encore que le volume du secteur sphérique a pour mesure la surface d'un grand cercle multipliée par les deux tiers de la hauteur de la zone qui l'entoure.

(*Corollaire.*) Les volumes de la sphère et d'un secteur sphérique de même rayon sont entre eux dans le rapport du diamètre de la sphère à la hauteur de la zone du secteur ; car si S est le volume d'une sphère, S′ celui d'un secteur de même rayon R, et dont la zone a une hauteur H, on a :

$$S = \frac{4}{3}\pi R^3 \qquad S' = \frac{2}{3}\pi R^2 H$$

donc
$$\frac{S}{S'} = \frac{2R}{H}$$

PROPOSITION LXXXII.

(THÉORÈME 5.) *Le volume engendré par un segment circulaire tournant autour d'un diamètre, a pour mesure le produit de la surface du cercle qui aurait pour diamètre la corde du segment, par les deux tiers de la projection de cette corde sur le diamètre.*

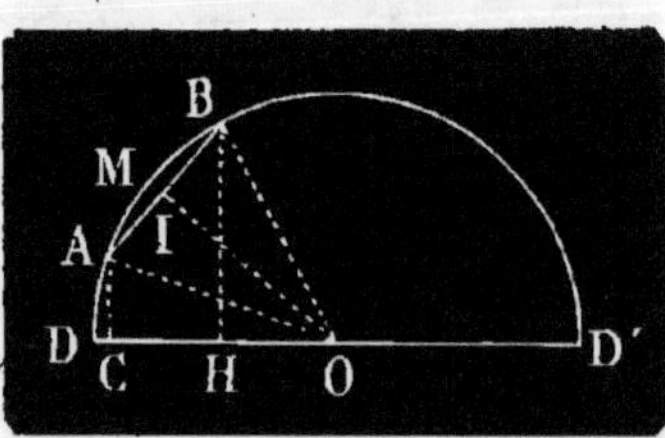

Soit le segment circulaire AMB, je dis que le volume qu'il décrit en tournant autour du diamètre DD′ a pour mesure

$$\pi AI^2 \times \frac{2}{3}CH \quad \text{ou} \quad \frac{2}{3}\pi AI^2 \times CH$$

En effet, on a :

vol. segm. AMB = vol. sect. OAMB — vol. triang. OAB

Or
$$\text{vol. sect. OAMB} = \text{surf. AMB} \times \frac{1}{3}\text{OA}$$

$$= 2\pi\text{OA} \times \frac{1}{3}\text{CH} \times \frac{1}{3}\text{OA} = \frac{2}{3}\pi\text{OA}^2 \times \text{CH}$$

$$\text{vol. triang. OAB} = \text{surf. AB} \times \frac{1}{3}\text{OI}$$

$$= 2\pi\text{OI} \times \frac{1}{3}\text{CH} \times \frac{1}{3}\text{OI} = \frac{2}{3}\pi\text{OI}^2 \times \text{CH}$$

donc

$$\text{vol. seg. AMB} = \frac{2}{3}\pi\text{OA}^2 \times \text{CH} - \frac{2}{3}\pi\text{OI}^2 \times \text{CH}$$

ou

$$\text{vol. segm. AMB} = \frac{2}{3}\pi\text{CH}\,(\text{OA}^2 - \text{OI}^2)$$

mais dans le triangle rectangle OAI,
$$\text{OA}^2 - \text{OI}^2 = \text{AI}^2$$

donc

$$\text{vol. seg. AMB} = \frac{2}{3}\pi\text{CH} \times \text{AI}^2 = \frac{2}{3}\pi\text{AI}^2 \times \text{CH}$$

PROPOSITION LXXXIII.

(Théorème 6.) *Le volume d'un segment sphérique a pour mesure le volume d'une sphère ayant pour diamètre la hauteur du segment, augmenté de la demi-somme de deux cylindres ayant pour bases les deux bases du segment, et pour hauteur la hauteur du segment.*

Soit le segment sphérique décrit par CAMBD tournant autour du diamètre EF; je dis qu'il a pour volume la somme des volumes d'une sphère ayant pour diamètre CD, et de deux demi-cylindres ayant pour hauteur la ligne CD, et pour bases deux circonférences dont les rayons sont CA et BD. Ce qui donne pour formule du volume du segment sphérique CAMBD,

$$\frac{1}{6}\pi\text{CD}^3 + \frac{\pi\,\text{CA}^2 \times \text{CD} + \pi\,\text{BD}^2 \times \text{CD}}{2}$$

En effet, on voit que le volume du segment CAMBD
n'est autre que la somme des
volumes décrits par le secteur
AMB et le trapèze CABD, ce
dernier est un tronc de cône,
donc,

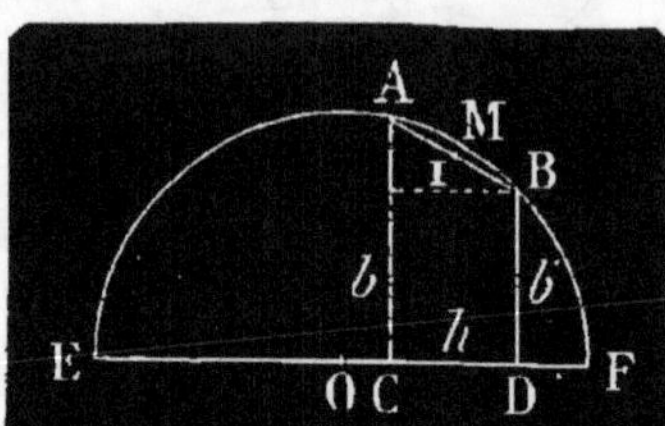

$$\text{vol. segm. CAMBD} = \text{vol. AMB} + \text{tron. con. CABD}$$

or,
$$\text{vol. AMB} = \frac{2}{3}\pi\,\text{AI}^2 \times \text{CD}$$

$$\text{vol. tron. con. CABD} = \frac{1}{3}\pi\text{CD}(\text{AC}^2 + \text{BD}^2 + \text{AC}\times\text{BD}$$

donc,
$$\text{vol. seg. CAMBD} = \frac{2}{3}\pi\text{AI}^2\times\text{CD} + \frac{1}{3}\pi\text{CD}(\text{AC}^2 + \text{BD}^2 + \text{AC}\times\text{BD})$$

ou
$$\text{vol. seg. CAMBD} = \frac{1}{3}\pi\text{CD}(2\,\text{AI}^2 + \text{AC}^2 + \text{BD}^2 + \text{AC}\times\text{BD})$$

or, $\text{AI} = \frac{1}{2}\text{AB}$, et $2\,\text{AI}^2 = \frac{1}{2}\text{AB}^2$, et si l'on mène BK, parallèle au diamètre, on a, dans le triangle rectangle ABK,
$\text{AB}^2 = \text{AK}^2 + \text{KB}^2$, et comme $\text{AK} = \text{AC} - \text{BD}$,
$$\text{AB}^2 = \text{AC}^2 + \text{BD}^2 - 2\,\text{AC}\times\text{BD} + \text{KB}^2$$

donc,
$$\text{vol. seg. CAMBD} = \frac{1}{3}\pi\text{CD}\left(\frac{\text{AC}^2+\text{BD}^2-2\,\text{AC}\times\text{BD}+\text{KB}^2}{2} + \text{AC}^2 + \text{BD}^2 + \text{AC}\times\text{BD}\right)$$

ou
$$\text{vol. seg. CAMBD} = \frac{1}{6}\pi\text{CD}(\text{AC}^2 + \text{BD}^2 - 2\text{AC}\times\text{BD} + \text{KB}^2 + 2\text{AC}^2 + 2\text{BD}^2 + 2\text{AC}\times\text{BD})$$

ou
$$\text{vol. seg. CAMBD} = \frac{1}{6}\pi\text{CD}(3\,\text{AC}^2 + 3\,\text{BD}^2 + \text{KB}^2) = \frac{1}{6}\pi\text{CD}(3\,\text{AC}^2 + 3\,\text{BD}^2 + \text{CD}^2$$

et enfin
$$\text{vol. seg. CAMBD} = \frac{1}{6}\pi\,\text{CD}^3 + \frac{1}{2}\pi\text{CD}(\text{AC}^2 + \text{BD}^2)$$

Or, $\frac{1}{6} \pi\, CD^3$ est le volume de la sphère ayant CD pour diamètre, et $\frac{1}{2} \pi\, CD\,(AC^2 + BD^2)$, qui peut encore s'écrire

$$\frac{1}{2}(\pi\, AC^2 \times CD + \pi\, BD^2 \times CD)$$

n'est, on le voit, que la demi-somme de deux cylindres ayant pour bases les deux bases du volume considéré, et pour hauteur CD, hauteur du segment, ce qui démontre l'énoncé.

Exercices.

1. Dans une sphère de 15 mètres de rayon, une zone a 2 mètres de hauteur, sa surface est 300 mèt. car., le rayon d'une de ses bases est 9 mètres, trouver le rayon de l'autre base.

2. Deux plans parallèles coupent une sphère à des distances de 5 et 7 mètres du centre, le rayon est de 12 mètres, quels sont, dans les deux cas possibles, la surface de la zone, et les rayons de ses bases ?

3. Trouver le rapport entre la surface de la sphère et la surface totale du cylindre circonscrit.

4. D'un cube de 1 mèt. de côté on fait au tour la sphère maximum, en calculer la surface et le volume.

5. Connaissant le rayon d'une sphère, le partager en parties telles, que le plan mené perpendiculairement au rayon par le point de division partage la sphère en deux parties dans un rapport donné.

6. Trouver la surface d'une sphère dont le volume est égal à celui engendré par un segment circulaire d'une hauteur de $0^m,80$ et tournant autour d'un diamètre dont ses extrémités sont distantes de $0^m,75$ et $0^m,92$.

7. Démontrer que lorsque la hauteur d'un tronc de cône est égale à 4 fois la différence des rayons de ses bases, son volume est la différence des volumes des deux sphères construites avec ces rayons.

8. Une calotte sphérique appartient à une sphère dont le rayon est $0^m,027$, et a pour rayon de sa base 0,015, quelle est sa surface?

9. Calculer le volume du secteur sphérique dont le rayon est 4,128, l'angle au centre 45°, et qui tourne autour d'un de ses côtés.

10. Un arc de 30°, dont le rayon est 3^m,261, tourne autour d'un de ses côtés, calculer la surface de la zone engendrée.

11. Dans une sphère on mène un plan perpendiculaire au milieu du rayon, on remplace le petit segment par un cône droit de même base, quelle doit en être la hauteur, pour que la surface du corps total ainsi formé soit égale à celle de la sphère?

12. Trouver le volume d'une sphère, étant donnée une zone de 0^m, 47 de hauteur, et dont la surface est 2 mèt. car.

13. La hauteur d'une zone à une base est 0,032, le rayon de la base est 0,045, calculer sa surface.

14. La terre étant supposée sphérique, et un grand cercle égal à 40,000 kilomètres, trouver la surface de la zone comprise entre l'équateur et le parallèle de 45° de latitude.

15. Le rayon d'une sphère étant R, trouver la formule qui exprime le côté du cube égal à la différence des volumes de la sphère et du cylindre circonscrit.

16. D'un point hors d'un cercle on lui mène une tangente, puis on mène le diamètre du point de tangence, et l'on joint son autre extrémité au premier point ; on fait tourner le tout autour du diamètre, trouver le volume engendré par la partie du triangle extérieure au cercle ; la longueur de la tangente et le rayon sont supposés connus.

17. Déterminer sur le diamètre d'une sphère de rayon donné les points par où il faudrait mener deux plans parallèles et perpendiculaires au rayon pour partager la surface en trois zones dont les volumes soient entre eux comme les lignes m, n, p.

APPENDICE COMPLÉMENTAIRE

A L'USAGE

des candidats aux grades universitaires et aux écoles
du Gouvernement.

NOTIONS

SUR QUELQUES COURBES USUELLES.

THÉORIE

DE L'ELLIPSE.

DÉFINITIONS.

L'*ellipse* est une courbe telle que la somme des distances de l'un quelconque de ses points à deux points fixes est constante.

Ainsi les deux points fixes étant F et F', les sommes des distances MF+MF', et NF+NF', des deux points M, N de la courbe à ces deux points fixes, sont égales.

Les deux points fixes F et F' sont les deux *foyers* de l'ellipse.

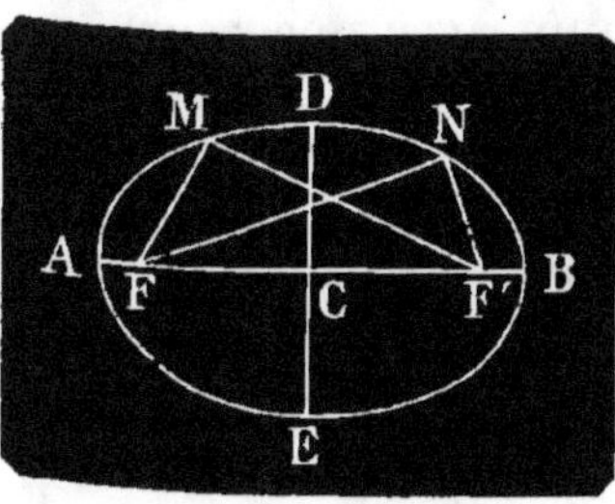

Les distances MF, MF' d'un point quelconque aux foyers se nomment *rayons vecteurs*.

La ligne AB, qui passant par les deux foyers est inscrite dans la courbe, se nomme le *grand axe*.

La perpendiculaire DE, menée

par le milieu de FF', et inscrite dans la courbe, est le *petit axe*.

Le point C, milieu du grand axe, est le *centre* de la courbe.

Toutes les droites inscrites dans l'ellipse et passant par le centre portent le nom général de *diamètres*.

La distance FF' dés deux foyers est l'*excentricité de l'ellipse*.

Les quatre extrémités A, B, D, E, des deux axes sont les *sommets* de la courbe.

On appelle *tangente* à l'ellipse, et en général à une courbe quelconque, la position que prend une sécante, lorsque, tournant dans le plan de la courbe autour d'un des points de contact, le second point de contact vient se confondre avec celui-ci.

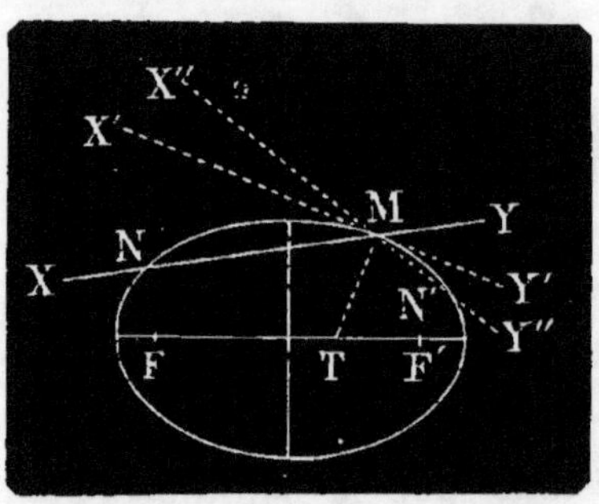

Ainsi supposons une ellipse, et une sécante XY qui la coupe aux points N et M, si, dans le plan de la courbe, on fait tourner cette sécante autour du point M, en éloignant l'extrémité X du grand axe, on voit que dans ce mouvement le point N va se rapprochant de M, et finit par se confondre avec lui dans la position X'Y', pour reparaître ensuite en arrière en N', la sécante ayant alors la position X''Y''. Au moment où les deux points N et M se confondent, la sécante ayant la position X'Y', à ce moment elle est dite tangente, et n'a qu'un point commun avec la courbe. Mais de ce que la tangente n'a qu'un point commun avec la courbe, il faut bien se garder de conclure que toute ligne n'ayant qu'un point commun avec une courbe est tangente à celle-ci; on en verra un exemple dans la courbe suivante.

La *normale* à l'ellipse, et en général à une courbe quelconque, est la perpendiculaire menée sur la tangente par le point de contact.

(*Nota.*) Dans les théorèmes suivants nous employons

prématurément pour abréger le mot *symétrique ;* en voici la signification.

Deux points sont dits symétriques par rapport à une ligne, lorsque cette ligne est perpendiculaire sur le milieu de la droite qui joint ces deux points.

Deux points sont dits symétriques par rapport à un point, lorsque ce point est le milieu de la droite qui joint les deux premiers.

PROPOSITION I.

(Théorème **1.**) *Pour tout point hors de l'ellipse la somme des distances aux foyers est plus grande que la somme des rayons vecteurs ; et pour tout point dans l'ellipse, la somme de ces mêmes distances est plus petite que la somme des rayons vecteurs.*

Soient une ellipse, F et F' ses deux foyers, et un point M hors de la courbe, joignons MF, MF' et IF, IF', je dis que MF$+$MF'$>$IF$+$IF'.

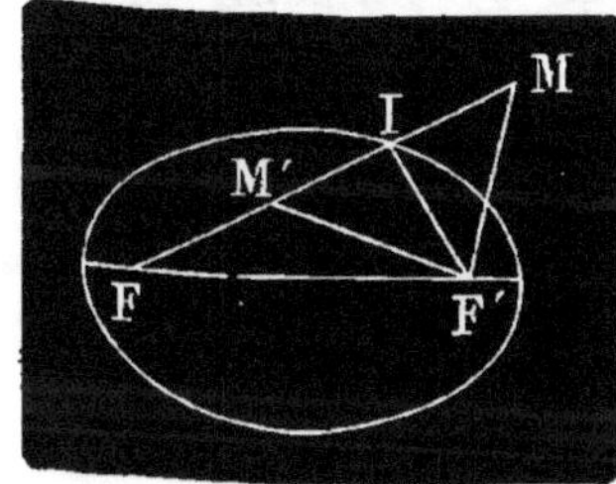

En effet, dans le triangle MIF', on a IF'$<$F'M$+$MI ; ajoutant de part et d'autre IF, il vient

IF$+$IF'$<$F'M$+$MI$+$IF.

ou IF$+$IF'$<$F'M$+$MF.

On démontrerait de même, pour un point M' intérieur à la courbe, que M'F$+$M'F'$<$IF$+$IF'.

PROPOSITION II.

(Théorème **2.**) *Tous les points de l'ellipse sont deux à deux symétriques par rapport au grand axe, au petit axe, et au centre.*

Soient une ellipse, AB son grand axe, F et F' ses foyers, je dis : 1°, que tous les points de la courbe ADB ont leurs symétriques par rapport à AB sur la courbe AEB.

En effet, soit un point M, si de ce point j'abaisse une perpendiculaire sur AB, et si je la prolonge d'une quantité égale à elle-même, le point M' sera le symétrique de M par rapport à AB ; il suffira donc de faire voir que ce point M'

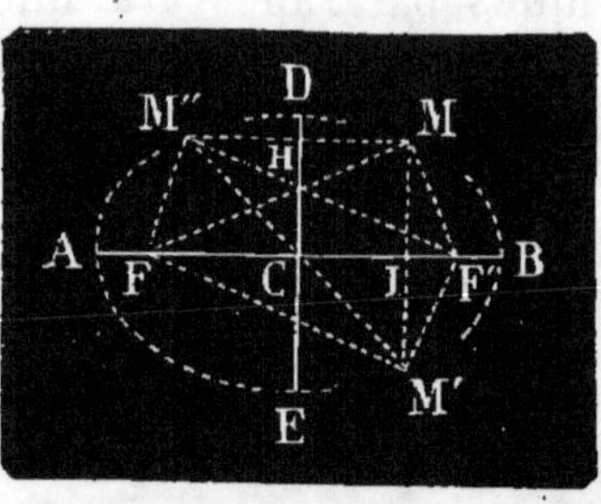

est sur la courbe, c'est-à-dire que la somme des distances FM' et F'M' de ce point aux deux foyers est égale à la somme des rayons vecteurs FM, F'M menés du point M. Or les lignes F'M, F'M' sont égales comme obliques s'écartant également du pied de la perpendiculaire; FM = FM' pour la même raison, donc FM' + F'M' = FM + F'M, et le point M' est un point de la courbe.

Je dis : 2°, que si DE est le petit axe de l'ellipse, tous les points de la courbe DBE ont leurs symétriques sur la courbe DAE.

En effet, si du point M j'abaisse une perpendiculaire sur DE, et si je la prolonge d'une quantité égale à elle-même, le point M'' est le symétrique de M par rapport à DE; il suffit donc de faire voir que le point M'' est un point de la courbe, ou que M''F + M''F' = MF + MF'. Or si l'on plie le trapèze FM''MF' suivant DE, il est aisé de reconnaître que M tombe sur M'', et F' sur F, donc M''F = MF', et que l'angle M''FC est égal à l'angle MF'C; donc les deux triangles M''FF' et MF'F sont égaux comme ayant un angle égal compris entre les côtés M''F et MF' égaux et le côté commun FF', donc aussi MF = M''F', et alors

$$M''F + M''F' = MF + MF'$$

et le point M'' est un point de la courbe.

Je dis : 3°, que tous les points de l'ellipse sont deux à deux symétriques par rapport au point C.

En effet, de l'égalité des triangles M''FF' et MFF', résulte aussi l'égalité des triangles M''FF' et M'FF'; donc la figure M''F'M'F est un parallélogramme, et le point C, milieu de la diagonale FF', est aussi le milieu de l'autre diagonale M'M''; or, comme ceci serait encore vrai, quelle que soit la position du point M et de ses symétriques M' et M'', il s'ensuit que le point C est le milieu de toutes les lignes inscrites dans l'ellipse et passant par C; donc tout point de la courbe a pour symétrique l'extrémité du diamètre passant par ce point.

(*Corollaire.*) Les deux parties du grand axe comprises entre les foyers et la courbe sont égales, puisque le point C, milieu de FF′, est aussi le milieu de AB.

PROPOSITION III.

(THÉORÈME 3.) *Dans l'ellipse, le grand axe est égal à la somme des rayons vecteurs, et la distance de chaque foyer à un des sommets du petit axe est égale au demi-grand axe.*

Soient une ellipse, et F, F′ ses deux foyers, FM + MF′ la somme de deux rayons vecteurs quelconques, je dis, 1°, que AB = FM + MF′.

En effet, A étant un point de la courbe, on a

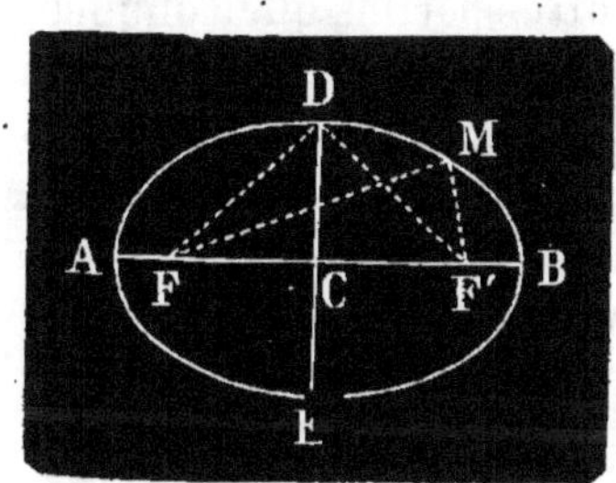

$$AF + AF′ = FM + MF′$$

ou

$$AF + AF + FF′ = FM + MF′$$

ou, comme

$$AF = F′B$$

on a encore

$$AF + F′B + FF′ = FM + MF′$$

et enfin

$$AB = FM + MF′$$

Je dis, 2°, que $FD = \frac{1}{2}AB$.

En effet, D étant un point de la courbe,

$$DF + DF′ = FM + MF′ = AB$$

mais DF = DF′, comme obliques s'écartant également de la perpendiculaire; donc on a 2 DF = AB, et $DF = \frac{1}{2}AB$.

PROPOSITION IV.

(PROBLÈME 1.) *Décrire une ellipse connaissant ses foyers, et la somme des rayons vecteurs, ou le grand axe.*

On peut, avec les données précédentes, décrire l'ellipse par points, ou d'un trait continu.

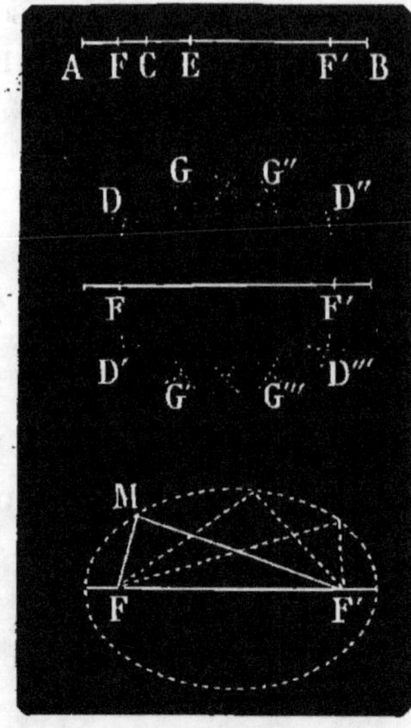

1° *Par points.* Soient F et F′ les foyers donnés, et A B la ligne représentant la somme des rayons vecteurs ou le grand axe; partageant A B en deux parties quelconques A C et B C, du point F′ avec B C, et du point F′ avec A C pour rayons, je décris deux arcs de cercle, en dessus et en dessous de F F′, qui se coupent en D et D′, qui sont deux points de la courbe, puisque F D + F′ D et F D′ + F′ D′ sont deux sommes égales à A B; partageant A B en deux autres parties quelconques, A E et B E, et refaisant la même construction avec ces deux nouveaux rayons, je détermine deux autres points G et G′ de la courbe.

En continuant de même, on voit que l'on peut tracer autant de points que l'on veut, et déterminer d'une manière suffisante la configuration de la courbe. Pour abréger la construction, on eût pu à chaque construction partielle déterminer quatre points de la courbe, par exemple D″ et D‴, en même temps que D et D′; il eût suffi pour cela de décrire des points F et F′ quatre arcs de cercle avec le rayon B C, et quatre autres arcs coupant les premiers avec le rayon A C.

2° *Tracé continu.* Aux points F et F′, je fixe d'une manière invariable les deux extrémités d'un fil d'une longueur égale à la somme des rayons vecteurs donnés; puis tendant ce fil avec la pointe d'un crayon, ou d'un tire-ligne, je fais glisser celui-ci le long du fil, d'abord au-dessus, puis au-dessous de la ligne des foyers; la pointe de l'instrument décrira une ellipse, puisque la somme des distances de chaque position aux deux foyers sera toujours égale à la longueur du fil, c'est-à-dire à la somme des rayons vecteurs.

PROPOSITION V.

(THÉORÈME 4.) *La tangente à l'ellipse fait des angles égaux avec les rayons vecteurs menés au point de contact, et réciproquement, la ligne qui fait des angles égaux avec les rayons vecteurs est tangente à l'ellipse.*

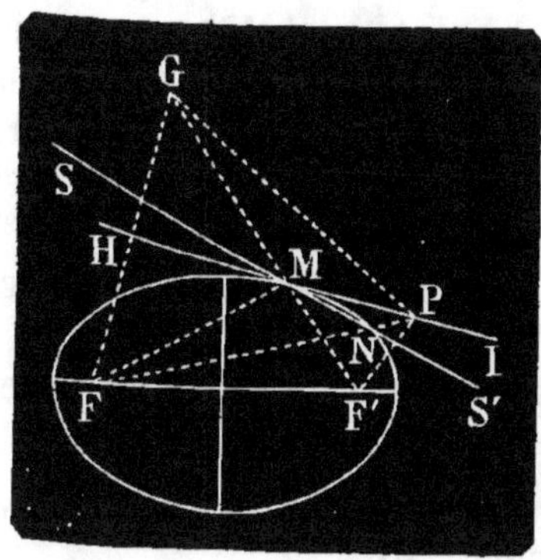

Soient une ellipse, F et F' ses foyers, et une sécante SS', qui coupe la courbe aux points M et N, je dis que si l'on fait tourner cette sécante autour du point M jusqu'à ce que le point N se confonde avec lui, dans cette position, la sécante devenue tangente fera des angles égaux avec les rayons vecteurs FM et F'M.

Prolongeons le rayon F'M d'une longueur MG égale à FM, joignons FG, et menons HI par le point M et le milieu H de FG ; cette droite est perpendiculaire sur FG, puisque MG=MF, et elle fait avec les rayons vecteurs FM et F'M les angles égaux HMF, et IMF', puisque HMF=HMG, et que HMG=IMF'. De plus, tous les points de cette ligne sont extérieurs à la courbe, avec laquelle elle n'a que le point M de commun ; car pour un point quelconque P, par exemple, si l'on joint PG, PF et PF', dans le triangle GPF', on a GP+PF'>GF', ou, comme GP=PF, et GM=MF, FP+PF'>FM+ MF' ; donc le point P, et tout autre point de HI, hors le point M, est extérieur à la courbe. Si maintenant on vient à faire tourner la sécante SS' autour du point M, jusqu'à ce qu'elle coïncide avec HI, dans cette position le point N devra donc se confondre avec M ; la sécante sera donc tangente, et fera alors avec les rayons vecteurs FM et F'M les angles égaux HMF, et IMF'.

Réciproquement, on voit que la ligne HI, construite suivant cette condition d'égalité d'angles avec les rayons vecteurs, est tangente à la courbe.

PROPOSITION VI.

(THÉORÈME 5.) *La normale à un point de l'ellipse est bissectrice de l'angle formé par les rayons vecteurs menés à ce point.*

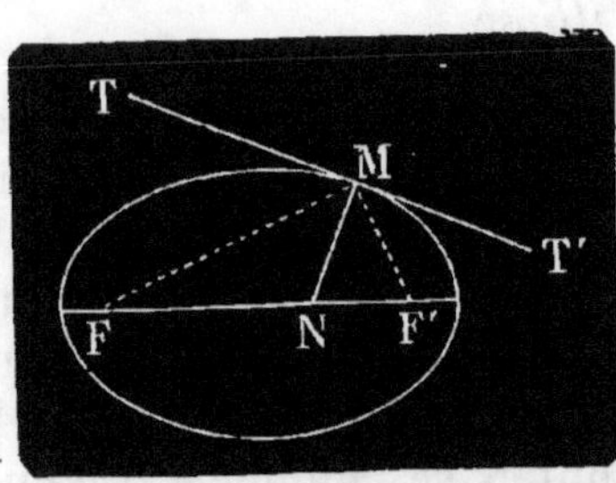

Soient une ellipse, F et F'
ses foyers, TT' la tangente en
un point M, et MN la normale
en ce point; si je mène les
rayons vecteurs FM et F'M,
je dis que la normale MN est
bissectrice de l'angle FMF'.

En effet, les angles TMF et
T'MF' étant égaux (*Prop. V*),
si on les retranche des angles droits TMN, T'MN, les
restes sont égaux, donc FMN = F'MN.

PROPOSITION VII.

(PROBLÈME 2.) *Mener une tangente à l'ellipse par un point
donné.*

Il y a deux cas : premier cas, le point donné est sur la
courbe.

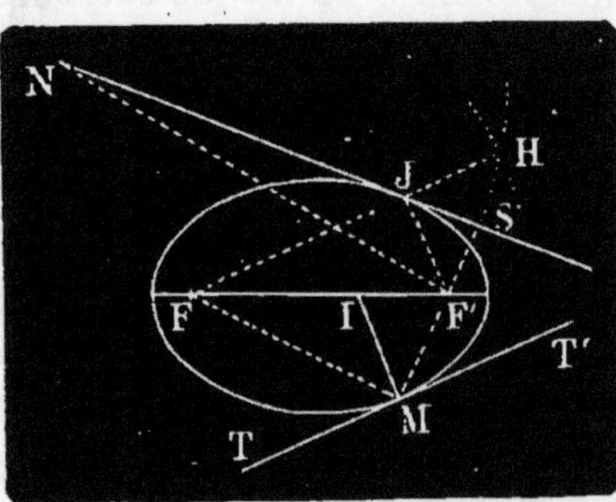

Soit M, ce point, je
mène les rayons vecteurs
FM et F'M, puis la bis-
sectrice MI de l'angle
FMF', et au point M je
mène TT', perpendicu-
laire à MI, ce sera la tangente demandée, car les
angles TMF, T'MF' sont
égaux.

Deuxième cas, le point donné est hors de la courbe.

Soit N ce point, je joins N à un foyer, F' par exemple,
puis du point N, avec NF' pour rayon, et du point F avec un
rayon égal à la somme des rayons vecteurs, je décris deux
arcs de cercle qui se coupent en H ; je joins FH, et le

point J est le point de tangence; il ne reste plus qu'à mener NS, qui sera la tangente demandée. En effet, si l'on joint F'J, on a F'J=JH, puisque FH est égale à la somme des rayons vecteurs; on a déjà NF'=NH, donc la ligne NS, équidistante en deux points de F' et de H, est perpendiculaire sur le milieu de F'H, donc alors l'angle

$$F'JS = SJH = FJN$$

donc la ligne NS est tangente à l'ellipse au point J.

Exercices.

1. Décrire une ellipse, connaissant les deux foyers et un point de la courbe.

2. Décrire une ellipse, connaissant ses deux axes.

3. Décrire une ellipse, connaissant la longueur du petit axe et l'excentricité de la courbe.

4. Décrire une ellipse, connaissant en longueur et positions l'excentricité et un diamètre.

5. Décrire une ellipse, connaissant l'excentricité et la position d'une tangente par rapport au grand axe.

6. Décrire une ellipse, connaissant un foyer, une tangente et le point de contact.

7. Décrire une ellipse, dont on connaît un sommet, un foyer et une tangente.

8. Deux circonférences étant intérieures l'une à l'autre, on mène par le centre de la plus petite des rayons, on prend le milieu de la partie de ces rayons comprise entre les deux circonférences; démontrer que le lieu géométrique de ces points est une ellipse.

9. Démontrer que tout diamètre partage l'ellipse en deux parties égales.

10. Mener à une ellipse une tangente parallèle à une ligne donnée.

11. Démontrer que le produit des distances des foyers au point de tangence est constant, quelle que soit la position de la tangente.

12. Démontrer que si l'on mène à une ellipse deux tangentes rectangulaires, le lieu du sommet de l'angle droit est une circonférence.

13. Trouver le lieu géométrique des points également distants du foyer d'une ellipse et de la courbe.

THÉORIE

DE LA PARABOLE.

DÉFINITIONS.

La *parabole* est une courbe non fermée, telle que chacun de ses points est également distant d'une droite et d'un point fixes.

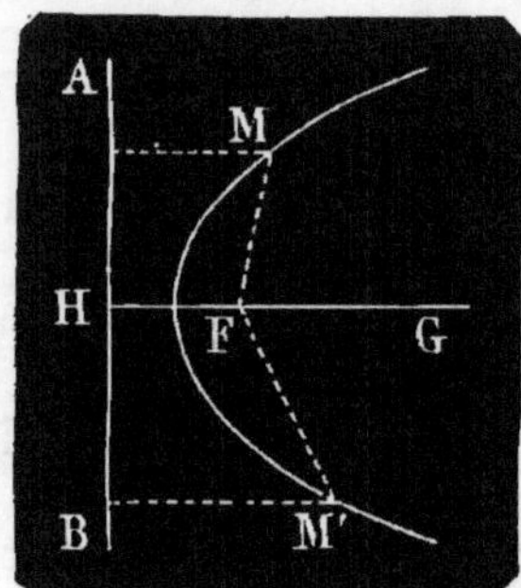

Ainsi étant donnés une droite AB, et un point fixe F, le lieu géométrique des points tels que M et M', pour lesquels MA = MF et M'B = M'F, est une courbe MM' que l'on nomme parabole.

Le point fixe F se nomme le *foyer*.

La ligne fixe AB est la *directrice* de la courbe.

La ligne G H, menée par le foyer et perpendiculaire sur la directrice, est l'*axe* de la courbe.

La distance MF d'un point quelconque de la courbe au foyer se nomme *rayon vecteur*.

Le point où la courbe coupe son axe est le *sommet* de la parabole.

Ce point est le milieu de la distance HF du foyer à la directrice, car étant un point de la courbe, il est équidistant de F et de AB.

PROPOSITION VIII.

(THÉORÈME **1**.) *Pour tout point hors de la parabole la distance au foyer est plus grande que la distance à la directrice, et pour tout point dans la parabole la distance au foyer est plus courte que la distance à la directrice.*

Soient une parabole, XY sa directrice, et F son foyer, soit un point M, hors de la courbe, je dis que $MF > MH$.

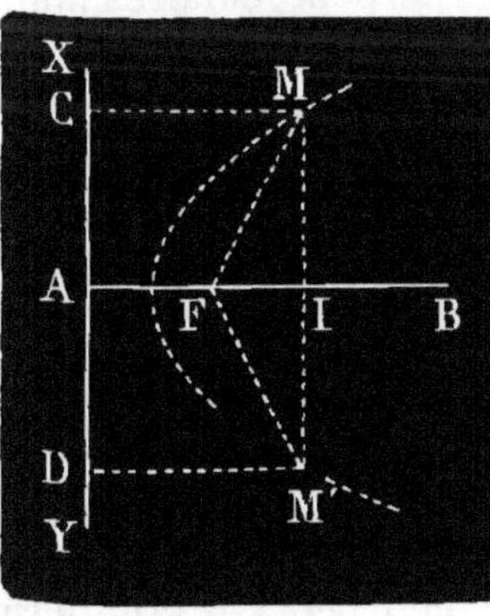

En effet, menons DE, distance du point D à la directrice; le point D étant sur la courbe, on a $DF = DE$; or, si l'on joint EM, on a, dans le triangle EMD, $EM < ED + DM$, ou $EM < FD + DM < FM$ et à fortiori $MH < EM < MF$.

Soit un point M′ dans l'intérieur de la courbe, je dis que pour ce point l'on aura $M'F < M'G$. En effet, joignons DG; dans le triangle GDM′, on a $DG - DM' < GM'$, et DE perpendiculaire étant plus courte que DG oblique, on a, à fortiori, $DE - DM' < GM'$, ou $DF - DM' < GM'$, ou enfin, $M'F < M'G$.

PROPOSITION IX.

(Théorème **2**.) *Tous les points de la parabole sont deux à deux symétriques par rapport au grand axe.*

Soient une parabole, XY sa directrice, AB son axe, je dis qu'un point quelconque M, d'un côté de l'axe, trouve son symétrique par rapport à AB sur la branche de la courbe de l'autre côté de l'axe.

En effet, du point M abaissons MI perpendiculaire sur AB, et prolongeons-la d'une quantité IM′ égale à MI, le point M′ est le symétrique de M par rapport à AB; or, ce point M′ est un point de la courbe, c'est-à-dire que $M'F = M'D$, car $FM = FM'$, AB étant perpendiculaire sur le milieu de MM′; $MC = M'D$ comme côtés opposés d'un rectangle, et comme déjà $MC = MF$, il s'ensuit que $M'D = M'F$; donc le symétrique du point M est un point de la courbe.

PROPOSITION X.

(PROBLÈME 1.) *Décrire une parabole, connaissant son foyer et sa directrice.*

On peut tracer la courbe, 1° par points; 2° d'un trait continu.

Tracé par points. Le tracé par points peut lui-même s'effectuer de deux manières:

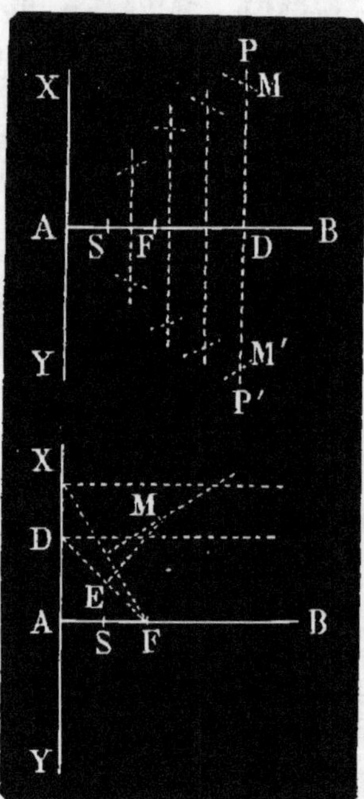

Soient XY la directrice et F le foyer donnés, ayant mené l'axe AB, le milieu S de AF sera le sommet de la courbe; prenant ensuite sur AB une longueur quelconque AD, du point F comme centre, avec AD pour rayon, je mène deux arcs de cercle qui, coupant en M et M' une perpendiculaire PP', préalablement menée sur l'axe au point D, déterminent deux points de la courbe, comme équidistants de XY et de F; il suffit de répéter la même construction sur d'autres points et d'autres perpendiculaires pour déterminer autant de points de la courbe que l'on voudra.

Soient encore XY la directrice et F le foyer donnés, ayant mené l'axe AB, par un point quelconque D de XY, je trace une parallèle à l'axe, puis, menant la ligne DF, sur son milieu j'élève une perpendiculaire qui, par son intersection avec la parallèle à l'axe, détermine un point M de la courbe, car il est équidistant de F et de XY. En répétant la même construction sur d'autres parallèles à l'axe, on déterminerait d'autres points de la courbe. La première construction, déterminant chaque fois deux points de la courbe, est préférable.

Tracé continu. Pour tracer la courbe d'un seul trait, procédé qui du reste ne donne jamais qu'une faible portion de la courbe voisine du foyer, la courbe étant infinie, on applique, comme le montre la figure, une règle le long de la directrice XY, puis fixant un fil par un bout au foyer F, et par l'autre au sommet de l'angle aigu E d'une équerre, en lui donnant une longueur exactement égale au côté D de

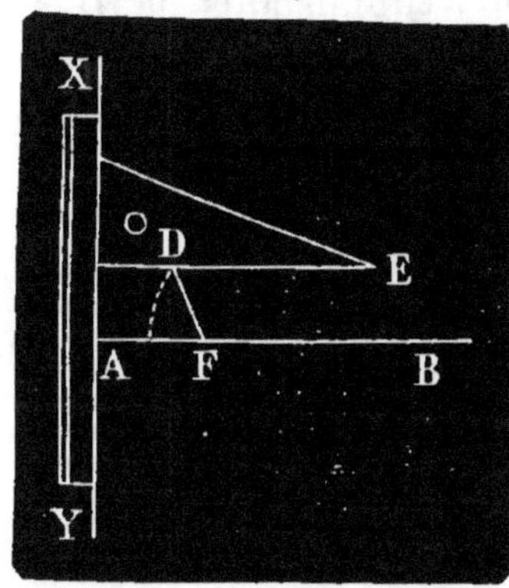

celle-ci, on applique contre la règle l'autre côté de l'équerre, et pendant que, à partir de l'axe AB, on fait monter l'équerre en glissant contre la règle, on maintient avec la pointe d'un crayon le fil appliqué contre le côté ED; par suite du mouvement qui lui est ainsi imprimé, le crayon décrit une demi-parabole; car comme la somme DE + DF reste constante et égale au côté de l'équerre, DE restant toujours commun, la distance DF restera égale à la distance du point D à la règle. Pour décrire l'autre branche de la courbe il suffit de retourner l'équerre, et de recommencer la même construction au-dessous de AB.

PROPOSITION XI.

(Théorème 5.) *La tangente à la parabole fait, d'un même côté, des angles égaux avec le rayon vecteur et la parallèle à l'axe menés par le point de tangence, et réciproquement.*

Soient une parabole, F son foyer, XY sa directrice, AB son axe et une sécante SS', qui coupe la courbe en deux points M et N; je dis que lorsqu'on fera tourner cette sécante autour du point M, jusqu'à ce que le point N se confonde avec lui, c'est-à-dire lorsque la sécante deviendra tangente, elle fera des angles égaux avec le rayon vecteur FM, et la parallèle à l'axe ME.

En effet, ayant construit le rayon vecteur MF et la parallèle DE à l'axe, joignons DF, puis par son milieu élevons une perpendiculaire, elle passera par le point M, car elle est le lieu des points équidistants de D et

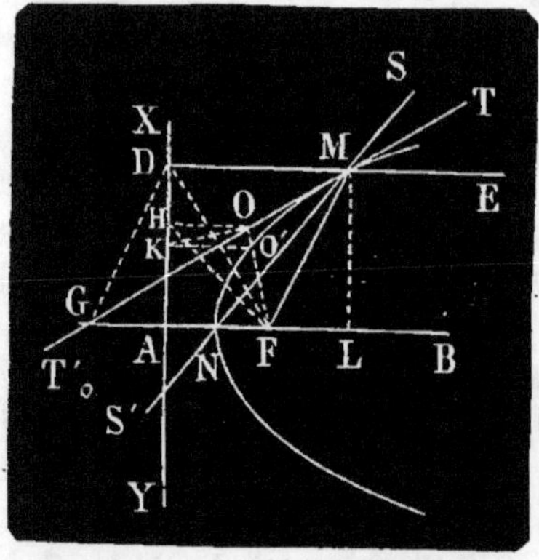

de F, et pour le point M on a DM=MF. De plus, cette droite GT n'a avec la courbe que le point M de commun, car pour tout autre point, O, par exemple, de GT, on aurait OH < OF. En effet, menons la perpendiculaire OH à la directrice; OH est plus courte que toute autre ligne menée du point O sur XY, par conséquent plus courte que la distance OD; mais cette distance OD est égale à OF; on a donc OH< OF; donc le point O et tout autre point de la ligne GT, hors le point M, est hors de la courbe. Si donc on fait tourner la sécante SS' autour du point M, jusqu'à ce qu'elle se confonde avec GT, n'ayant plus à ce moment que le point M de commun avec la courbe, c'est qu'elle est dans la position où les points M et N n'en font qu'un, c'est qu'elle est tangente ; or dans cette position l'angle GMF=DMG, et comme DMG=TME, il s'ensuit que GMF = TME.

Il suit réciproquement de ce raisonnement, que la ligne GT, qui fait avec le rayon vecteur et la parallèle à l'axe les angles égaux GMF et TME, est une tangente à la parabole.

(*Corollaire* 1.) Le point de contact de la tangente et le point G où elle coupe l'axe sont équidistants du foyer. En effet, si l'on mène DG, il est facile de voir d'abord que DM=MF et DG=GF, puis que GM est perpendiculaire sur le milieu de DF, et enfin que DM étant parallèle à GF, la figure DMFG est un losange, dont GF=MF.

(*Corollaire* 2.) La tangente au sommet de la parabole est perpendiculaire à l'axe.

(*Corollaire* 5.) Le sommet de la parabole divise en deux parties égales la projection sur l'axe de la partie de la tangente comprise entre l'axe et le point de contact. (Cette projection se nomme sous-tangente.) En effet, soit GL cette projection, si l'on joint DG, de l'égalité des parallèles DM et GF, suivent le parallélisme et l'égalité de DG et MF, et l'égalité de AG et LF; or N étant le milieu de AF, on a

$$NA = NF, \text{ et } NA + AG = NF + FL, \text{ ou } GN = NL.$$

(*Remarque.*) Si dans une ellipse on transporte un des foyers à l'infini, la courbe n'est plus fermée, et les rayons vecteurs menés au foyer à l'infini deviennent des parallèles à l'axe. De plus, l'ellipse a une propriété, que nous n'avons point démontrée comme sortant du programme, mais dont il est aisé de se rendre compte, c'est que tout point de l'ellipse est équidistant d'un foyer et d'une circonférence décrite de l'autre foyer comme centre avec un rayon égal au grand axe. Or si l'on transporte ce foyer à l'infini, ce cercle devient une droite perpendiculaire à l'axe, c'est-à-dire une directrice, et l'ellipse n'est plus qu'une parabole. On voit donc que la parabole peut être considérée comme une ellipse dont un des foyers serait à l'infini; c'est ce qui explique la similitude des propriétés de ces deux courbes, et permet de les déduire l'une de l'autre.

PROPOSITION XII.

(THÉORÈME 4.) *La normale à un point de la parabole est bissectrice de l'angle formé par le rayon vecteur et la parallèle à l'axe menés au point de tangence.*

Soient une parabole, F son foyer, TT' une tangente au

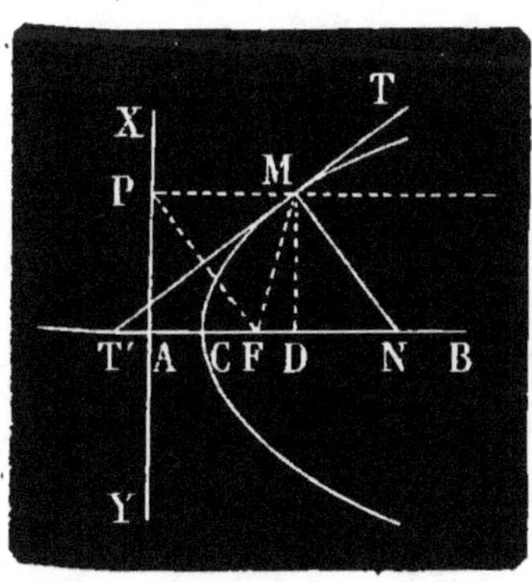

point M, et MN la normale à ce point, obtenue, on le sait, en menant MN perpendiculaire à TT'; si l'on mène le rayon vecteur MF, et la parallèle ME à l'axe, je dis que M N est bissectrice de l'angle FME.

En effet, si des deux angles droits TMN et T'MN, on retranche les angles égaux T'MF et TME, il reste FMN = NME.

(*Corollaire.*) La projection DN de la partie de la normale

comprise entre l'axe et le point de tangence (projection que l'on nomme sous-normale) est constante, et toujours égale à la distance du foyer à la directrice.

En effet, prolongeons E M en P, et menons la ligne PF, perpendiculaire, on le sait, à la tangente, et par suite parallèle à MN; on aura alors PM = FN, mais PM = T"F (*Prop. XI, corol.* 1), donc T"F = FN, et comme T"A = DF, retranchant membre à membre ces deux égalités, il reste AF = DN.

PROPOSITION XIII.

(Théorème 5.) *Les carrés des cordes perpendiculaires à l'axe sont proportionnels aux distances de ces cordes au sommet de la parabole.*

Soient dans une parabole les cordes MM' et NN', perpendiculaires à l'axe A B, je dis que l'on aura

$$\frac{MM'^2}{NN'^2} = \frac{CD}{CG}$$

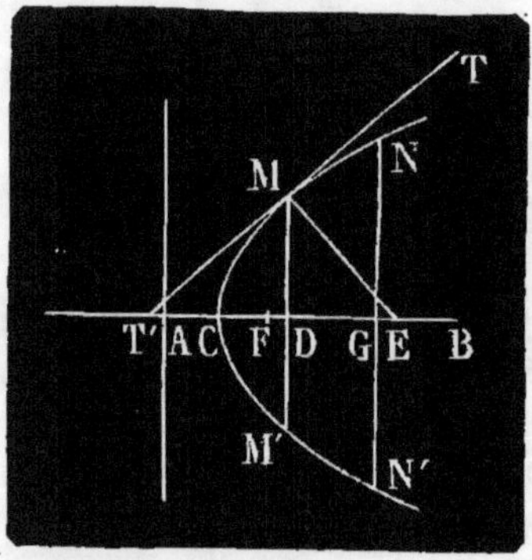

Comme MM' = 2MD et NN' = 2NG, et que, par suite, MM'^{2} = 4MD^2 et NN'^{2} = 4NG^2, il suffira de démontrer que

$$\frac{MD^2}{NG^2} = \frac{CD}{CG}$$

Or, si au point M on mène la tangente T T', et la normale ME, on a dans le triangle rectangle T"ME,

$$MD^2 = T'D \times DE$$

mais DE est la sous-normale, égale à AF; DT" est la sous-tangente, égale à 2CD (*Prop. XI et XII*); donc

$$MD^2 = 2CD \times AF$$

Si pour l'autre corde NN', on faisait la même construction et le même raisonnement, on trouverait de même NG^2 = 2CG × AF, donc

$$\frac{MD^2}{NG^2} = \frac{2CD \times AF}{2CG \times AF} = \frac{CD}{CG}$$

De $MD^2 = 2CD \times AF$, on tire aussi

$$\frac{MD^2}{2CD} = AF$$

donc le rapport entre une corde et la distance au sommet est constant, et égal à la moitié de la distance du foyer à la directrice.

PROPOSITION XIV.

(Problème **2**.) *Mener une tangente à la parabole par un point donné.*

1er Cas. Le point donné est sur la courbe.

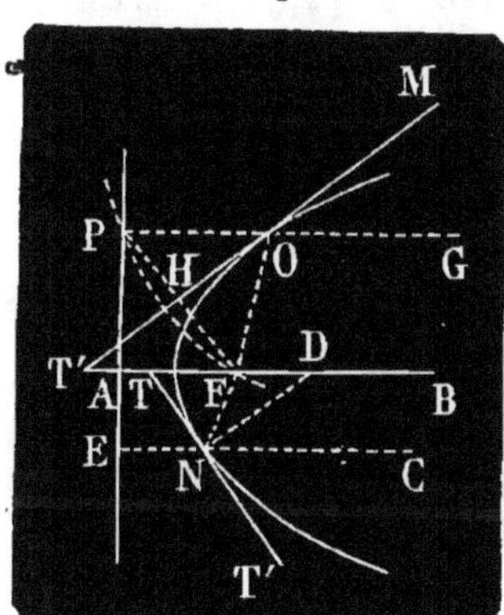

Soit N le point donné ; par ce point je mène le rayon vecteur FN, la parallèle à l'axe NC, ensuite la bissectrice ND de l'angle FNC, et menant au point N une perpendiculaire à ND, cette perpendiculaire TT' sera la tangente cherchée, car les angles TNF T'NC sont égaux.

2e Cas. Le point donné est hors de la parabole.

Soit M le point donné. Du point M, avec la distance MF pour rayon, je décris un arc de cercle qui coupe en P la directrice, puis par le point P menant une parallèle PG à l'axe, je joins le point M au point O où elle coupe la courbe, et la ligne MT' sera la tangente demandée, car, étant équidistante en O et en M des points P et F, elle est perpendiculaire sur le milieu de PF ; donc les angles HOF, MOG sont égaux.

Exercices.

1. Construire une parabole, connaissant sa directrice et deux de ses points.

2. Construire une parabole, connaissant son foyer et deux de ses points.

3. Construire une parabole, connaissant une tangente, l'angle qu'elle fait avec l'axe, et le sommet.

4. Construire une parabole, connaissant une tangente, le point de contact et la directrice.

5. Construire une parabole, connaissant deux tangentes et la directrice ou le foyer.

6. Construire une parabole, connaissant la tangente au sommet et deux autres tangentes.

7. Connaissant le foyer et la directrice d'une parabole, construire ses points de rencontre avec une droite donnée.

8. Mener à une parabole une tangente parallèle à une ligne donnée.

9. Mener à la parabole une tangente faisant avec le rayon vecteur un angle donné.

10. Démontrer que le lieu géométrique des projections du foyer d'une parabole sur les tangentes est la tangente au sommet.

11. Démontrer qu'une sécante quelconque et la bissectrice du supplément de l'angle formé par les rayons vecteurs menés au point de sécance se coupent sur la directrice.

12. On mène à une parabole deux tangentes rectangulaires, trouver le lieu géométrique des sommets de l'angle droit.

13. Trouver le lieu géométrique des sommets des paraboles qui ont même directrice et un point commun.

14. Démontrer que les carrés des perpendiculaires menées du foyer sur deux tangentes sont proportionnels aux rayons vecteurs des points de contact.

15. Démontrer que si l'on circonscrit un angle à une parabole, la distance du sommet de l'angle au foyer est moyenne proportionnelle entre les rayons vecteurs des points de contact des côtés de l'angle.

THÉORIE

DE L'HÉLICE.

DÉFINITIONS.

Si la surface cylindrique, par cela même qu'elle est engendrée par une ligne droite tournant autour d'un axe en lui restant toujours parallèle, est posée sur un plan, il y aura contact parfait entre les deux surfaces suivant une génératrice ; car si par l'axe du cylindre et un des points de contact on fait passer un plan, ce plan coupe la surface cylindrique suivant une génératrice, et le plan suivant une parallèle à l'axe, qui, ayant un point commun avec la génératrice, doit se confondre avec elle. Et il serait aisé de faire voir que tout point pris sur le plan hors de cette ligne de contact serait hors de la surface cylindrique, comme étant plus éloigné de l'axe.

Cela posé, soit un cylindre AB, posé sur un plan, et supposons que sur ce plan l'on trace le rectangle ABCD, tel que les côtés AC et BD soient égaux en longueur aux circonférences des bases du cylindre, AB et CD étant égaux à la génératrice de la surface cylindrique. Supposons ensuite que divisant AB et CD en un même nombre de parties égales, trois par exemple, l'on mène les parallèles EF, GH, aux bases, et les diagonales EC, GF, BH, formant ainsi les triangles rectangles ECF, GFH, BHD. Cela fait, faisons rouler le cylindre sur le plan, en maintenant toujours son axe parallèle à CD. D'après la propriété exposée ci-dessus, tous les points de la surface cylindrique vont successivement se trouver en contact avec tous les points du rectangle, puisqu'à chaque déplacement le contact s'effectuera suivant une nouvelle génératrice. Si donc les lignes EC, GF, BH ont été tracées avec une substance capable de se décalquer sur la surface cylindrique, après une rotation complète cette surface présentera une empreinte formant une courbe ; cette courbe sera continue, car BD et AC étant égales aux circonférences des bases, après une rotation complète les points D, H, F, C, feront leurs empreintes sur celles déjà faites par B, G, E, A, et l'empreinte de la ligne EC fera suite à celle de GF, qui continuera celle de BH. La courbe ainsi produite est une *hélice*.

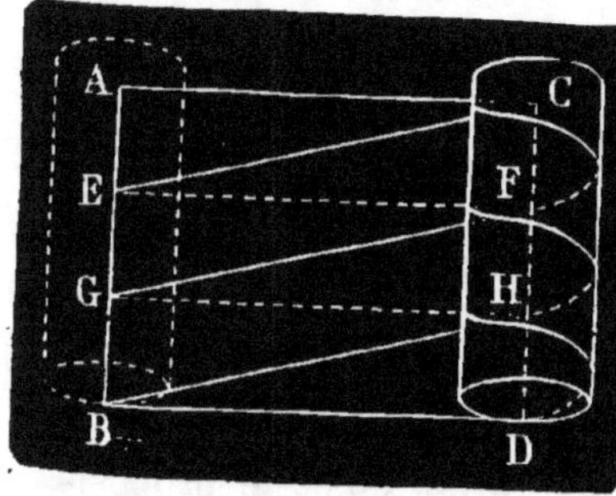

On peut donc définir l'hélice, le lieu des points de contact d'une surface cylindrique avec l'hypoténuse d'un triangle rectangle sur le plan duquel elle roule, son axe restant parallèle à l'un des côtés de l'angle droit.

Chacune des parties de l'hélice décrite par une des hypoténuses BH, GF, EC, prend le nom de *spire*.

La longueur BG de la partie de génératrice comprise entre le commencement et la fin d'une spire se nomme *pas de l'hélice*, et dans une même hélice tous les pas sont égaux.

La longueur de la spire, le pas de l'hélice, et la circonférence de la base du cylindre sont les éléments constitutifs de l'hélice, car deux quelconques d'entre eux étant connus, on peut toujours construire le triangle rectangle générateur, et par suite décrire l'hélice.

PROPOSITION XV.

(THÉORÈME.) *La tangente à l'hélice fait un angle constant avec la génératrice du point de contact.*

Avant d'entrer dans la démonstration de cette proposition, expliquons comment on peut construire la tangente à l'hélice en un point donné.

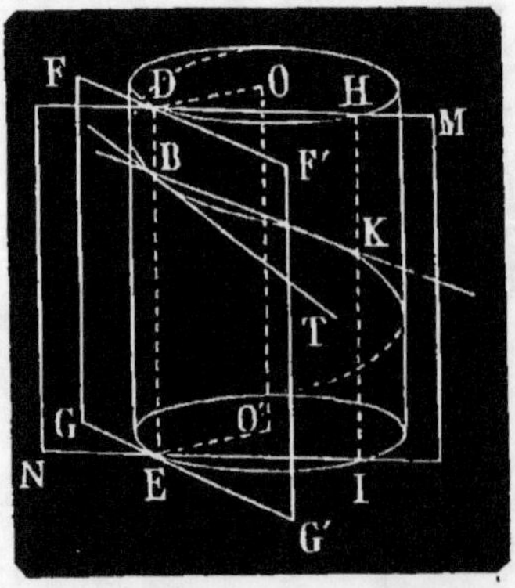

Soit une spire d'une hélice, et supposons qu'on veuille lui mener une tangente au point B. Je mène la génératrice DE du point B, puis une tangente FF' au point D à la circonférence de la base; si par les deux lignes DE et FF' on fait passer un plan, FF'GG', il touchera la surface du cylindre suivant la génératrice ED; car si l'on mène par l'axe le plan OO'DE, l'intersection de ces deux plans sera la ligne DE; et il touchera cette surface seulement suivant DE, car tout autre point de ce plan pris hors de DE sera hors de la surface cylindrique, comme plus éloigné de l'axe, puisque, OD étant perpendiculaire à D F', les deux plans OO'D E et F F'GG' sont perpendiculaires entre eux.

Il suit de là que toutes les lignes menées dans le plan F F'GG' n'auront avec la surface cylindrique qu'un seul point commun, et que ce point sera sur la génératrice D E; donc ce plan contient la tangente cherchée. Menons maintenant une sécante BK à l'hélice, qui la coupe aux points B et K, si nous faisons tourner cette ligne autour du point B, en ayant soin que le point K reste toujours sur la courbe, et jusqu'à ce que cette ligne vienne dans le plan F F'GG', au moment où elle sera dans ce plan, elle n'aura plus avec la courbe que le point B de commun ; donc le point K se sera confondu avec B, et la sécante sera devenue tangente.

Je dis maintenant que la tangente à l'hélice ainsi construite fait un angle constant avec la génératrice du point de contact.

Soient une sécante MN, coupant une hélice aux points M

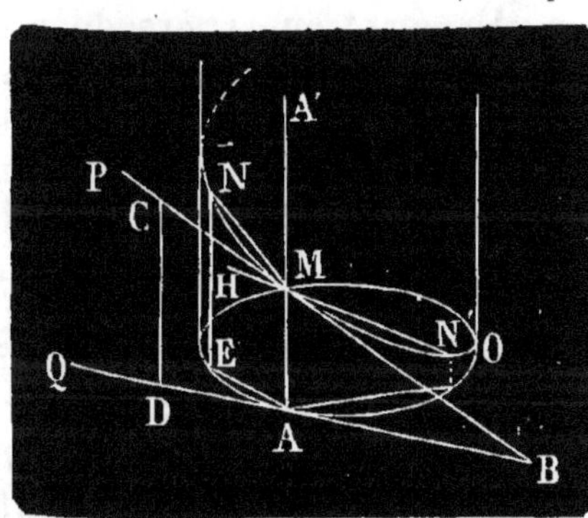

et N, par la génératrice A A' du point M et une tangente Q B à la circonférence de la base au point A, je fais passer un plan, tangent au cylindre suivant A A', et, d'après ce qui précède, contenant la tangente à l'hélice. Prenant AB égal à l'arc AO, je joins M B; il est aisé de reconnaître que le triangle MAB, ainsi construit, n'est autre chose que la fraction du triangle générateur dont l'hypoténuse MB a décrit la portion d'hélice M O, et dont le prolongement MP décrirait le reste de l'hélice. Cela posé, je dis que, lorsque l'on fera tourner la sécante autour du point M jusqu'à ce qu'elle devienne tangente, elle coïncidera avec la ligne BP, et par suite fera comme elle un angle constant avec la génératrice. En effet, dans la position MN actuelle, et dans toutes les positions successives en arrière du plan de PBQ, l'angle NMA que fait la sécante avec la génératrice A A' est plus grand que l'angle PMA que fait avec cette même génératrice la ligne PB. En effet, menons un plan par MN et MA, ce plan coupe le cylindre suivant une autre génératrice NE, et la base suivant EA; cela posé, prenons AD égal à l'arc AE, élevons DC perpendiculaire à AD, et remarquons que puisque PBQ est le triangle générateur, CD = NE, il s'ensuit que les deux trapèzes NMAE, CMAD, ont les côtés DC = NE, et MA commun; et comme, étant tous deux rectangles en A, en E et en D, ils ont le côté AD, plus grand que EA, puisque AD est égal à l'arc EA, dont la ligne EA est la corde, il sera aisé de reconnaître, en les superposant par exemple suivant MA, que l'angle NMA est forcément plus grand que l'angle CMA, et restera plus grand que lui tant que la sécante sera en arrière du plan de PBQ.

Supposons maintenant que NM prenne une position HM en avant de ce plan; hors de ce plan, elle n'est plus tangente, mais sécante, et son prolongement coupe la courbe en un certain point N'; or, MN' étant en arrière du plan de PBQ, on démontrerait comme ci-dessus que *l'angle* N'MA est plus grand que l'angle BMA; donc HMA, supplémentaire du premier, est plus petit que PMA supplémentaire du second. Il résulte de ce qui précède, que, en arrière du plan de PBQ, la sécante fait un angle plus grand que PMA; en avant du plan de PBQ, elle fait un angle plus petit que PMA; donc lorsqu'elle est dans le plan de PBQ, c'est-à-dire lorsqu'elle est tangente, elle fait avec la génératrice AA' un angle égal à PMA, et par suite elle coïncide avec PB. Il en serait de même pour la tangente à tout autre point; donc comme PB fait avec toutes les génératrices un angle constant, puisque PB est l'hypoténuse du triangle générateur, la tangente fait aussi ce même angle avec la génératrice du point de contact.

(*Corollaire.*) La ligne AB, distance de la génératrice du point de tangence au point où la tangente perce le plan de la base du cylindre, distance que l'on nomme *sous-tangente*, est constante et égale à l'arc de la circonférence de la base compris entre cette génératrice et la naissance de l'hélice, dans le cas, bien entendu, où l'on ne considère qu'une spire. Cette propriété importante permet de mener une tangente à l'hélice par un point donné.

(*Nota.*) La proposition qui fait suite à celle-ci dans le programme universitaire nécessitant des notions en dehors de cet ouvrage ne peut être traitée ici ; elle le sera dans le cours de géométrie descriptive, dans lequel est spécialement sa place.

Exercices.

1. Démontrer que par deux points donnés sur la surface d'un cylindre on ne peut faire passer qu'une hélice.

2. Tracer sur un cylindre donné une hélice dont le pas est donné.

3. Étant donné un cylindre sur lequel sont tracées plusieurs spires d'une même hélice, construire le triangle générateur.

4. Mener une tangente à l'hélice par un point donné sur la courbe.

5. Mener une tangente à l'hélice par un point donné sur le plan de la base du cylindre.

6. *Mener une tangente à l'hélice par un point quelconque.*

THÉORIE

DES FIGURES SYMÉTRIQUES.

DÉFINITIONS.

Deux points sont *symétriques* par rapport à un plan, lorsque ce plan est perpendiculaire sur le milieu de la ligne qui joint ces deux points.

Deux lignes, deux figures planes, deux polyèdres sont symétriques par rapport à un plan, lorsque leurs points sont deux à deux symétriques par rapport à ce plan, lequel est dit alors *plan de symétrie.*

Deux points sont symétriques par rapport à un point, lorsque ce point est le milieu de la ligne qui joint les deux premiers.

Deux lignes, deux figures planes, deux polyèdres sont symétriques par rapport à un point, lorsque tous leurs points sont deux à deux symétriques par rapport à ce point, qui prend alors le nom de *centre de symétrie*.

Dans les propositions suivantes, nous désignerons les points, les lignes, les faces, les angles symétriques, soit par rapport à un plan, soit par rapport à un point, sous le nom de points, lignes, etc., *homologues*.

PROPOSITION XVI.

(Théorème 1.) *Toute ligne droite, d'une longueur déterminée, a pour symétrique, soit par rapport à un plan, soit par rapport à un point, une ligne droite égale.*

Soient la droite AB, et le plan de symétrie MN, je dis, 1°, que la ligne symétrique à AB par rapport à ce plan est une droite égale à AB.

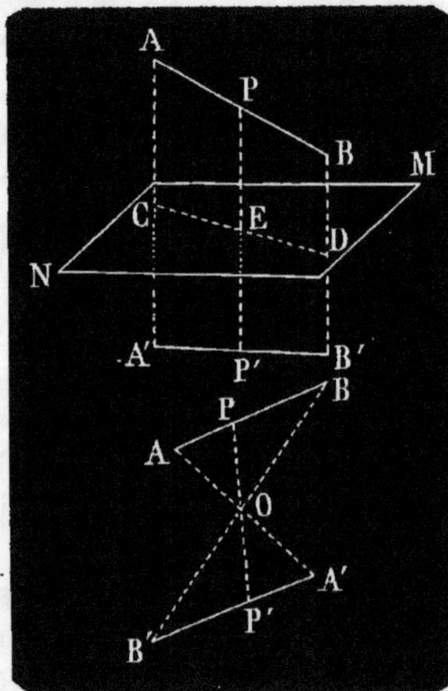

En effet, sur cette ligne doivent être les symétriques des points B et A ; construisons-les, c'est-à-dire abaissons sur le plan MN les perpendiculaires AC, BD, et prolongeons-les de quantités égales CA′, DB′ ; les points A′ et B′ seront les symétriques de A et de B. Joignons A′ B′ ; les deux lignes AA′, BB′, toutes deux perpendiculaires à MN, sont parallèles, donc les deux trapèzes ABCD, A′B′CD sont égaux, car si l'on pliait la figure ABA′B′ suivant CD, ils coïncideraient ; donc A′B′ = AB.

De plus, tout point P de AB a son symétrique sur A′ B′ ; car si l'on abaisse PE perpendiculaire sur MN, et qu'on la prolonge jusqu'à la rencontre de A′B′ en P′, EP′ = EP, l'égalité des trapèzes le prouve ; donc P′ est symétrique de P, et A′B′ est symétrique et égale à AB.

Je dis, 2°, que la ligne symétrique à AB par rapport à un centre O de symétrie est une ligne droite égale à AB.

En effet, si, raisonnant comme ci-dessus, on construit par rapport au centre O les symétriques A′ et B′ des points A et B, puis que l'on joigne A′B′, cette ligne est égale à AB, car les deux triangles AOB, A′OB′ sont égaux comme ayant un angle égal compris entre côtés égaux ; elle est en même temps symétrique à AB, tout point P de A B ayant son symétrique sur A′B′ ; car si l'on mène par le centre O la ligne PP′, P′O=OP, puisque les triangles POB, P′OB′ sont égaux comme ayant un côté égal, OB′=OB, adjacent à deux angles égaux, donc P′ est le symétrique de P, et A′B′ est symétrique par rapport au centre O et égale à AB.

PROPOSITION XVII.

(THÉORÈME **2**.) *Tout triangle ou tout polygone plan a pour symétrique par rapport à un plan ou à un centre de symétrie un triangle ou un polygone égal.*

Soient un triangle ABC et un plan MN, je dis que son symétrique par rapport à ce plan sera un triangle égal.

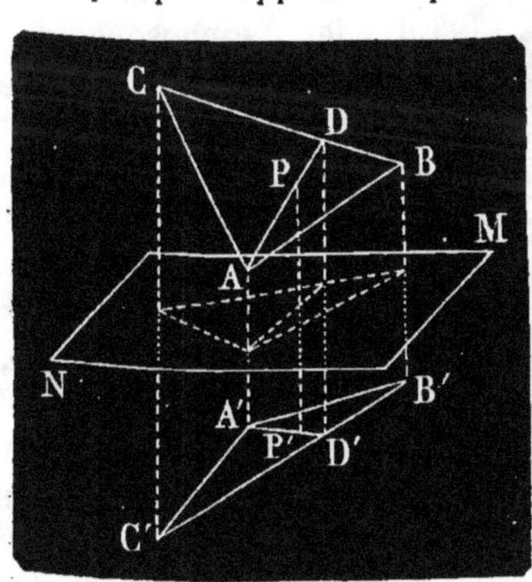

En effet, construisons par rapport au plan MN les points A′, B′, C′, symétriques de A, B, C, joignons A′B′, A′C′, B′C′ ; ces trois lignes seront les symétriques de AB, AC, BC, et le triangle A′B′C′ sera égal au triangle ABC, car ils ont les trois côtés égaux chacun à chacun. De plus, le triangle A′B′C′ est le symétrique de ABC, car tout point P de la surface du premier a son symétrique sur la surface du second. En effet, par le point P menons une ligne quelconque AD, et sa symétrique A′D′, le point P aura son symétrique en P′ sur A′D′, c'est-à-dire sur le plan de A′B′C′; donc ce triangle est bien le symétrique de ABC.

On démontrerait de même le cas de symétrie par rapport à un point.

Toute figure polygonale pouvant se décomposer en triangles qui ont tous pour symétriques des triangles égaux et dans un même plan, toute transversale du premier polygone devant avoir pour symétrique une transversale contenue tout entière dans le second, il s'ensuit que tout polygone a pour symétrique, par rapport à un plan ou un centre de symétrie, un polygone égal.

(*Corollaire* 1.) L'angle de deux droites est égal à l'angle de leurs symétriques.

(*Corollaire* 2.) Un plan a pour symétrique un autre plan, lequel contient les symétriques de toutes les lignes tracées dans le premier plan, et réciproquement.

PROPOSITION XVIII.

(THÉORÈME 5.) *Un angle dièdre a pour symétrique, par rapport à un plan ou un centre de symétrie, un dièdre égal.*

Soient un angle dièdre EABF, et un plan MN, je dis que ce dièdre aura pour symétrique un dièdre égal.

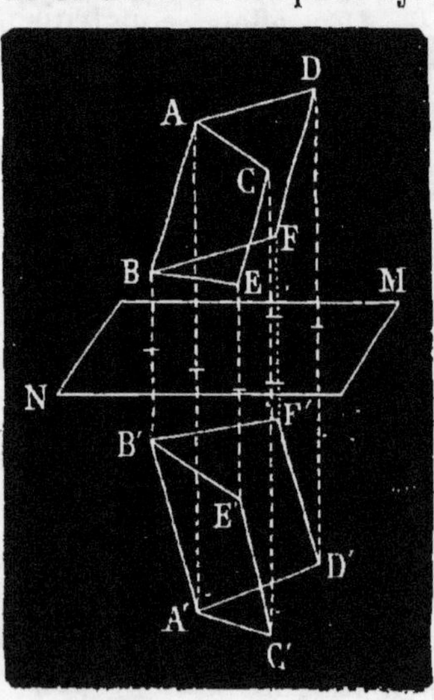

En effet, supposons que dans les deux plans du dièdre on ait mené les lignes AD et AC, perpendiculaires en A à l'intersection BA, puis construisons les symétriques B′A′, A′C′, A′D′, de l'intersection AB et des deux lignes AD, AC, enfin par A′D′ et A′B′; A′C′ et A′B′, faisons passer deux plans, ces plans (*Prop. XVII, corol.* 2), seront les plans symétriques des deux plans du dièdre donné; de plus, si AD et AC sont perpendiculaires à AB, leurs sy-

métriques A′D′ et A′C′ le sont aussi à A′B′, et l'angle D′A′C′
est égal à l'angle DAC ; or, comme ces deux angles sont les
angles plans des deux dièdres, ces deux dièdres symétriques sont égaux.

PROPOSITION XIX.

(THÉORÈME 4.) *Dans deux polyèdres symétriques par rapport à un plan ou à un centre de symétrie : 1° les faces homologues sont égales chacune à chacune ; 2° les angles dièdres
des faces homologues sont égaux chacun à chacun ; 3° les
angles solides homologues sont symétriques.*

Soient au point A un angle solide d'un polyèdre formé par
trois faces ABCD, ADEFG, AGHIB, et au point A′, symétrique de A par rapport au plan MN, l'angle solide homologue de A, et les trois faces qui le forment. Je dis, 1°, que
les faces homologues sont égales, et, 2°, les dièdres égaux.

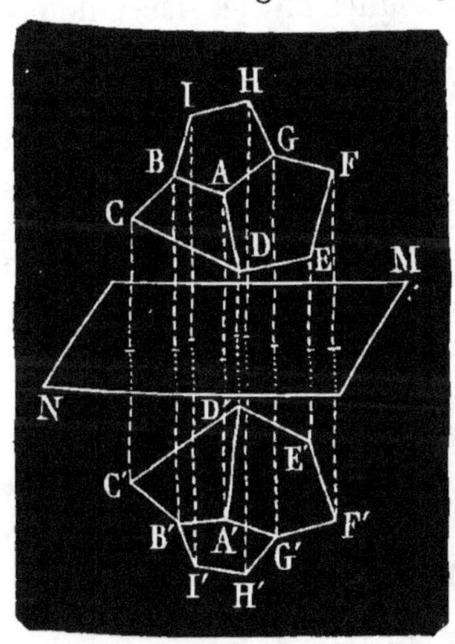

En effet, puisque les deux
polyèdres sont symétriques,
tous leurs points le sont aussi
deux à deux, donc les arêtes
AG, AD, AB, etc., du premier
doivent trouver leurs symétriques dans les arêtes de l'autre ; et puisque A′ est symétrique de A, les arêtes A′G′,
A′D′, A′B′, etc., sont les
symétriques de AG, AD,
AB, etc., et ainsi de suite de
proche en proche ; de plus,
les angles de ces arêtes et les
angles de leurs symétriques
sont égaux, donc les trois faces qui forment l'angle solide
A′ sont homologues et égales à celles qui forment l'angle A.
Il suit aussi de là que le dièdre formé par deux faces quelconques du premier polyèdre est égal au dièdre formé par
les faces symétriques et homologues du second.

Je dis, 3°, que les deux angles solides homologues
A et A′ sont symétriques.

En effet, ils sont formés par des faces symétriques chacune à chacune; donc tout point de l'un a son symétrique dans l'autre.

(*Remarque.*) Ces deux angles polyèdres ont leurs faces homologues égales, et leurs angles dièdres égaux, mais ils ne sont cependant pas égaux, c'est-à-dire superposables, car la disposition des faces n'est pas la même dans chacun, ils ne sont que symétriques.

(*Corollaire.*) Dans deux polyèdres symétriques les diagonales joignant des sommets homologues, et toutes les lignes joignant des couples de points symétriques, sont symétriques et par suite égales.

PROPOSITION XX.

(THÉORÈME 5.) *Deux polyèdres symétriques sont équivalents.*

Comme deux polyèdres symétriques ont les faces homologues égales, les dièdres homologues égaux, et toutes les lignes joignant des couples de points homologues symétriques et égales, il s'ensuit que deux polyèdres symétriques peuvent être décomposés en un même nombre de pyramides symétriques chacune à chacune, pourvu que dans chaque polyèdre on leur donne pour sommet commun deux points symétriques. Il suffit donc de démontrer que deux pyramides symétriques sont équivalentes.

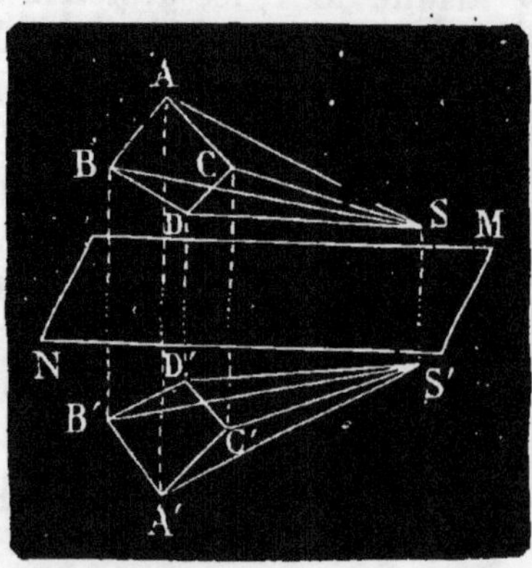

Soient donc les deux pyramides S A B C D, S' A' B' C' D' symétriques par rapport au plan MN; leurs bases ABCD, A' B' C' D' étant deux quadrilatères symétriques sont égales; de plus, ces deux pyramides ont même hauteur; car si SC, ou toute autre ligne, est la hauteur de l'une, puis que cherchant sur l'autre le point symétrique de C, ou du pied de la hauteur, on joigne S' C', cette ligne est égale à SC, et comme elle ferait avec toutes les lignes menées par C′ dans A′B′C′D′ les mêmes angles que SC fait avec leurs symétriques dans ABCD, S′C′ est perpendiculaire sur le plan de A′B′C′D′, et est la hauteur de la seconde pyramide. Donc ces deux pyramides ayant même base et même hauteur sont équivalentes.

THÉORIE

DES FIGURES TRACÉES SUR LA SURFACE SPHÉRIQUE.

DÉFINITIONS.

On n'étudie en géométrie, parmi les figures diverses que l'on peut tracer sur la surface sphérique, que celles que déterminent des arcs de grand cercle.

Cela posé, les arcs de grand cercle peuvent se couper deux à deux, trois à trois, quatre à quatre, etc., et donnent ainsi naissance à des angles, des triangles et des polygones à surface courbe, que l'on nomme angles, triangles et polygones sphériques.

Les arcs de grand cercle en forment les côtés, les portions de surface comprises entre deux côtés en sont les angles, et les points où les arcs se coupent en sont les sommets.

Enfin, parmi les polygones sphériques nous n'étudierons que ceux dits *convexes*, dont la surface est d'un même côté des circonférences des arcs qui les forment, et dont un grand cercle ne saurait couper le périmètre en plus de deux points, c'est-à-dire qui ne présentent point d'angles rentrants.

Expliquons plus clairement notre définition du polygone sphérique convexe.

Soient deux grands cercles AMB, ANB, qui se coupent en A et B sur le diamètre commun AB, pour tailler un polygone sphérique sur la surface AMBN, il faut faire passer un autre arc de grand cercle, COD par exemple, qui coupe

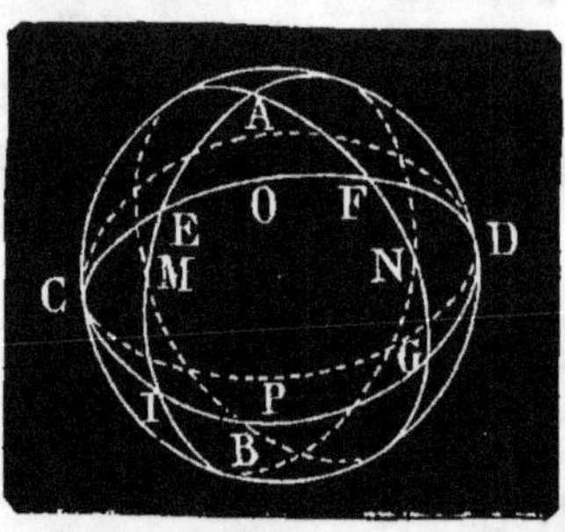

les deux premiers en E et F, puis un autre arc GPI, coupant les deux premiers en I et G, formant ainsi le quadrilatère sphérique EFGI. La portion de surface EFGI, en dedans des quatre arcs, est le polygone convexe, tous ses côtés sont dans les demi-circonférences antérieures des grands cercles qui le forment, et un arc de grand cercle quelconque ne saurait couper son périmètre en plus de deux points. Mais il y a une autre portion de la surface sphérique, celle en dehors du quadrilatère, qui est aussi limitée par le même périmètre, et occupe tout l'hémisphère postérieur, et une partie de l'antérieur ; ce polygone n'est pas convexe, sa surface étant en partie dans la demi-circonférence antérieure et dans la demi-circonférence postérieure des arcs qui le forment. Enfin, de plus, au lieu de l'arc de cercle IPG, qui termine le polygone, on eût pu par les points G et I mener deux arcs de cercle se coupant en un point intérieur à EFIG, formant un polygone sphérique ayant un côté de plus ; mais à cause de l'angle rentrant formé par ces deux nouveaux arcs, un arc de cercle couperait son périmètre en plus de deux points ; ce polygone ne serait pas convexe, et il ne sera point question de ce genre de polygone.

Pendant que les arcs de grand cercle AB, BC, CD, AD,

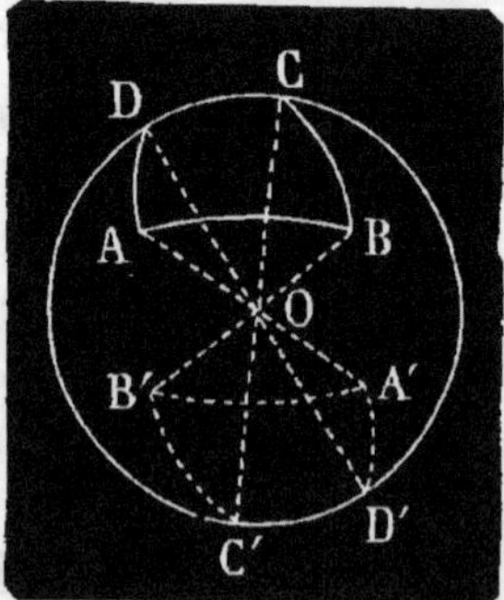

déterminent sur la surface sphérique le quadrilatère ABCD, les plans de ces grands cercles déterminent au centre O de la sphère un angle solide, dont les angles plans ont pour mesure les arcs de grand cercle qui forment les côtés du quadrilatère, et dont les angles dièdres sont intimement liés aux angles sphériques, de telle sorte que si l'un devient double, triple, etc., l'autre le devient aussi, ce dont il serait facile de s'assurer par une simple superposition. Enfin, si l'on prolonge les plans de cet angle polyèdre, leurs intersections entre eux et avec la surface sphérique déterminent un autre angle polyèdre OA'B'C'D', symétrique au premier, et un polygone sphérique A'B'C'D' ayant les côtés et les angles égaux aux angles du premier, mais inversement disposés; ces deux polygones, par analogie, sont aussi dits *symétriques*, et ils le sont ici, en effet, par rapport au centre O; mais dans toute autre position on leur conserve ce nom.

PROPOSITION XXI.

(THÉORÈME 1.) *Le plus court chemin d'un point à un autre sur la surface sphérique est l'arc de grand cercle, moindre qu'une demi-circonférence, passant par ces deux points.*

Cette proposition a été déjà démontrée (*Voir Géom. dans l'esp. prop. LXXVI*).

PROPOSITION XXII.

(THÉORÈME 2.) *L'angle de deux arcs de grand cercle a pour mesure l'arc de grand cercle compris entre ses côtés et décrit du sommet comme pôle; ou la distance des pôles de même sens de ses côtés; ou encore, l'excès d'une demi-circonférence sur la distance des pôles en sens inverse de ses côtés.*

Soit un angle sphérique BAC, je dis qu'il a pour mesure, 1° l'arc de grand cercle BC dont le sommet A est le pôle.

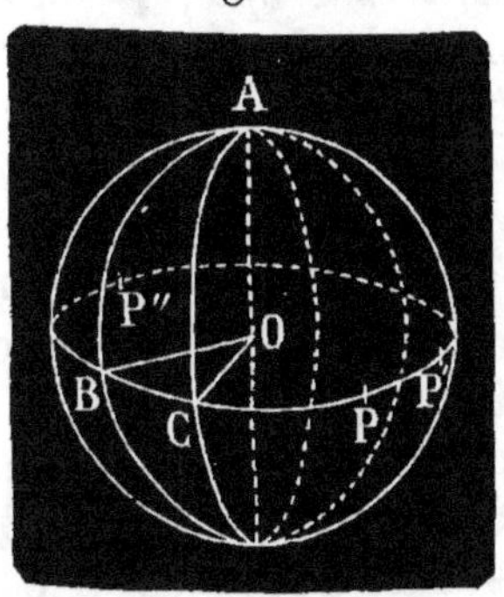

En effet, des points B et C, menons BO et CO au centre de la sphère; ces lignes sont dans les plans des arcs de grands cercles, lesquels plans se coupent suivant le diamètre AA', et elles sont perpendiculaires à cette intersection, puisque les arcs AB, AC qui mesurent leurs angles avec AA', sont des quadrants; donc l'angle BOC, et par suite l'arc BC, est la mesure de l'angle dièdre BAOC;

on peut donc le prendre aussi pour mesure de l'angle sphérique BAC, puisqu'il varie dans le même rapport que l'angle dièdre.

2° Je dis que, si du point B, avec une ouverture de compas égale à un quadrant, je marque sur l'arc de grand cercle BC le point P, pôle de l'arc BA, et du point C je marque de même, et dans le même sens que P, le pôle P′ de l'arc AC, la mesure de l'angle sphérique A est aussi égale à l'arc PP′, distance des deux pôles pris dans le même sens.

En effet, $BP = BC + CP$, et $CP' = CP + PP'$, et comme $BP = CP'$, il vient $BC + CP = CP + PP'$, ou $BC = PP'$.

3° Je dis que si, ayant marqué dans un sens le pôle P de l'arc AB, je marque en sens inverse le pôle P″ de l'arc AC, la mesure de l'angle sphérique A est aussi égale à l'excès d'une demi-circonférence sur la distance PP″ des deux pôles pris en sens inverse, ou à $180° - PP''$.

En effet, la distance circulaire P″P′ est une demi-circonférence, car P″C et CP′ sont deux quadrants, et si l'on en retranche l'arc PP″, il reste PP′ mesure de l'angle A.

THÉORIE

PROPOSITION XXIII.

(Théorème 1.) *Dans tout triangle sphérique, 1° un côté quelconque est plus petit que la somme des deux autres; 2° la somme des trois côtés est moindre qu'une circonférence de grand cercle.*

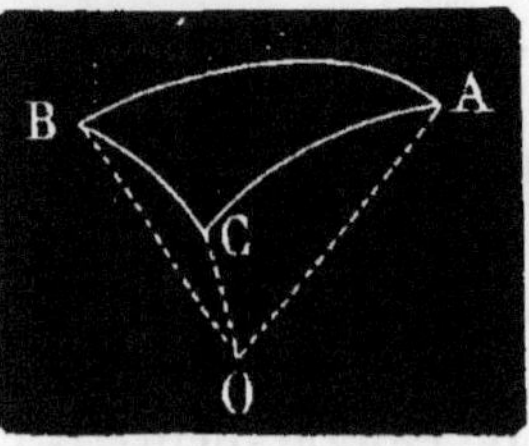

Soit un triangle sphérique ABC, je dis, 1°, qu'un côté quelconque BC, par exemple, est plus court que AB + AC.

En effet, sur la surface sphérique, le plus court chemin du point B au point C est l'arc de grand cercle BC; donc $BC < AB + AC$.

Je dis, 2°, que la somme des trois côtés $AB+AC+BC$ est plus petite qu'une circonférence, ou que 360°.

En effet, si l'on joint A, B et C au centre O de la sphère, on y forme un angle trièdre, dans lequel la somme des angles plans est moindre que 4 droits, ou 360° (*Prop. XXVII, Géom. dans l'esp.*); donc la somme des arcs AB, AC, BC, qui mesurent ces angles plans, est ainsi moindre que 360°, ou qu'une circonférence de grand cercle.

PROPOSITION XXIV.

(THÉORÈME 2.) *La somme des angles d'un triangle sphérique est moindre que six angles droits, et plus grande que deux; de plus la somme de deux angles quelconques est plus petite que le troisième angle augmenté de deux droits.*

Soit le triangle sphérique ABC, je dis, 1°, que

$$A+B+C < 6 \; droits,$$

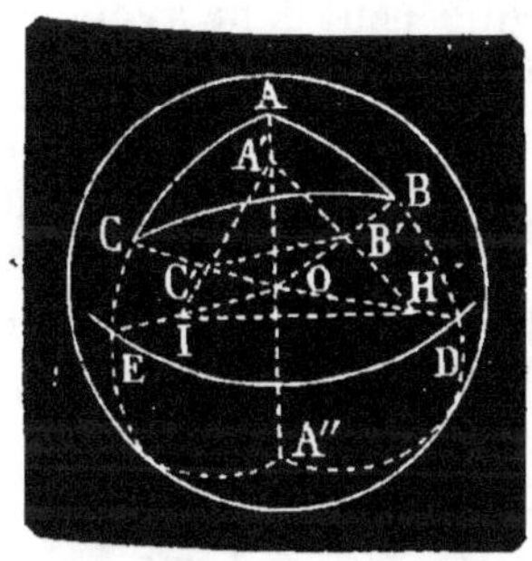

En effet, les angles A, B et C ayant chacun pour mesure un arc moindre qu'une demi-circonférence (*Prop. XXII*), leur somme est moindre que trois demi-circonférences, ou que trois fois 180°, ou que six angles droits; donc

$$A+B+C < 6 \; droits.$$

2° Je dis que $A+B+C > 2 \; droits$.

En effet, si joignant au centre O les trois sommets du triangle, dans le trièdre OABC je mène une section A'B'C' oblique aux trois arêtes, comme dans le triangle A'B'C', $A'+B'+C' = 2 \; droits$, il suffira de faire voir que $A+B+C > A'+B'+C'$, ou que $A > A'$, $B > B'$, $C > C'$. Or, si du point A comme pôle, on décrit l'arc de grand cercle ED, et que l'on joigne EO, DO, on sait que EOD=A, mais EOD > A'; car si l'on prolonge A'C' et A'B' jusqu'à la rencontre de EO et DO en I et H, puis qu'on joigne IH, les deux triangles IOH, IA'H ont le côté commun IH, mais les côtés IA', HA', obliques, sont plus grands que IO et HO perpendiculaires à AA'', et il serait aisé de faire voir que dans ce cas l'angle $IOH > IA'H$, ou, comme $IOH = A$, que $A > A'$.

On ferait voir de même que $B > B'$, $C > C'$; donc

$$A + B + C > A' + B' + C' \text{ ou } A + B + C > 2 \text{ } droits.$$

3° Je dis que $B + C < A + 2 \text{ } droits$, ou $B + C < A + 180°$.

En effet, si l'on prolonge les arcs de grand cercle AC, AB, jusqu'à leur nouvelle rencontre en A″, on forme un triangle sphérique dans lequel les angles BCA″ et CBA″ sont supplémentaires des angles primitifs B et C, et sont égaux à 180° — B, et 180° — C ; or pour ce nouveau triangle la proposition précédente est vraie ; donc, comme l'angle A″ = A, on peut écrire

$$180 - B + 180 - C + A > 180$$

ou $\qquad\qquad 180 - B + 180 - C > 180° - A$

Ajoutant de part et d'autre $A + B + C$, il vient, en faisant les réductions et retranchant de part et d'autre 180°,

$$B + C < A + 180.$$

(*Remarque.*) Un triangle sphérique peut donc avoir un, deux et même trois angles droits, ce qui se conçoit aisément, puisque l'on peut construire un angle trièdre ayant ses plans perpendiculaires deux à deux, et même ayant ses trois dièdres obtus.

(*Corollaire.*) Les mêmes propriétés sont applicables aux angles dièdres d'un trièdre quelconque.

PROPOSITION XXV.

(Théorème 5.) *Deux triangles sphériques, sur la même sphère ou sur deux sphères égales, sont égaux ou symétriques lorsqu'ils ont un angle égal compris entre deux côtés égaux chacun à chacun.*

Soient, dans deux sphères égales, les deux triangles sphériques ABC, DEF, qui ont l'angle A égal à l'angle D, et les côtés qui comprennent l'angle A égaux chacun à chacun à ceux qui comprennent l'angle D, je dis qu'ils sont égaux ou symétriques.

En effet, si on les superpose, de manière que l'angle D coïncide avec son égal A, les côtés DE, DF, prennent la direction de AB, et AC, et si sur AB tombe le côté qui lui est égal dans l'autre triangle, c'est-à-dire si les côtés égaux sont pareillement disposés, le point E tombera sur B, le point F sur C, et les deux triangles seront égaux. Mais si sur AB tombe le côté qui dans

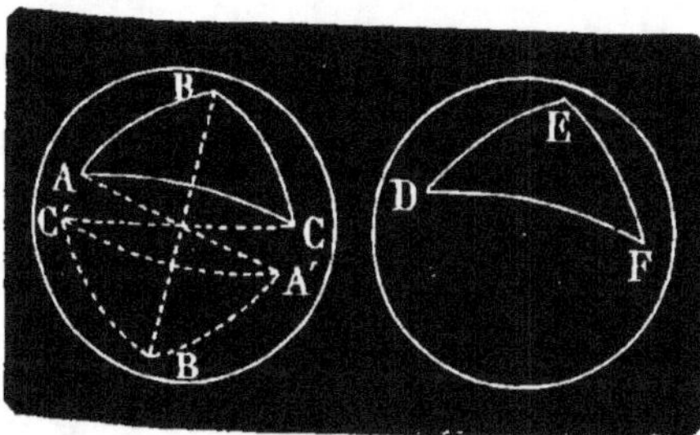

l'autre triangle est égal à AC, c'est-à-dire si les côtés égaux sont inversement disposés, il n'y aura plus coïncidence, ni par suite égalité, mais symétrie; car si l'on construit le triangle sphérique A'B'C', symétrique de ABC, qui a ses angles et ses côtés égaux à ceux de ABC, mais inversement disposés, on voit qu'avec le triangle DEF il rentre dans le premier cas; donc DEF = A'B'C', donc DEF est symétrique de ABC.

PROPOSITION XXVI.

(THÉORÈME 4.) *Deux triangles sphériques, sur la même sphère ou sur deux sphères égales, sont égaux ou symétriques lorsqu'ils ont un côté égal adjacent à deux angles égaux chacun à chacun.*

Soient, sur la figure ci-dessus et dans deux sphères égales les deux triangles ABC, DEF, qui ont le côté AC égal à DF et les deux angles adjacents à AC égaux aux deux angles adjacents à DF, je dis que ces triangles sont égaux ou symétriques.

En effet, si l'on superpose ces deux triangles de manière que DF coïncide avec son égal AC, si sur l'angle A tombe l'angle qui lui est égal dans l'autre triangle, c'est-à-dire si les angles égaux sont pareillement disposés, le côté DE prendra la direction de AB, FE prendra celle de BC, le point E tombera sur le point B, et il y aura égalité des deux triangles. Mais si sur l'angle A tombe l'angle qui dans l'autre triangle est égal à l'angle C, alors il n'y aura plus possibilité de coïncidence, par suite plus d'égalité, mais il y aura symétrie, ce que l'on démontrera aisément comme dans la proposition précédente,

PROPOSITION XXVII.

(THÉORÈME 5.) *Deux triangles sphériques, sur la même sphère ou sur des sphères égales, sont égaux ou symétriques lorsqu'ils ont les trois côtés égaux chacun à chacun.*

Soient, sur deux sphères égales, les deux triangles ABC, DEF, qui ont les trois côtés égaux chacun à chacun, je dis qu'ils sont égaux ou symétriques.

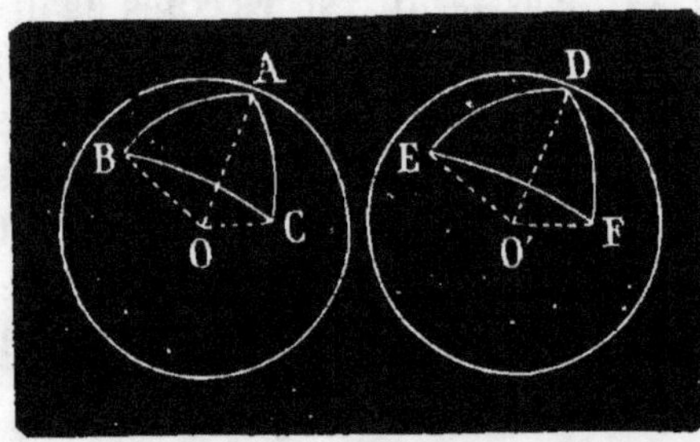

En effet, joignons les trois sommets de chaque triangle aux centres O et O' respectifs de leurs sphères, on forme ainsi deux trièdres dont les angles plans, ayant pour mesure les côtés des deux triangles sphériques, sont égaux chacun à chacun; donc ces trièdres (*Prop. XXX, page* 136) sont égaux ou symétriques. S'ils sont égaux, c'est-à-dire si les trois faces sont pareillement disposées dans chacun d'eux, ils sont superposables, et alors, comme les arêtes sont égales, comme rayons de deux sphères égales, les triangles sphériques coïncident aussi et sont égaux. Si les deux trièdres sont symétriques, c'est-à-dire si les faces sont inversement disposées dans chacun d'eux, les triangles sphériques ne sont plus égaux mais symétriques; on le démontrerait comme précédemment.

PROPOSITION XXVIII.

(THÉORÈME 6.) *Deux triangles sphériques, dans la même sphère ou dans deux sphères égales, sont égaux ou symétriques lorsqu'ils ont les trois angles égaux chacun à chacun.*

Soient dans la figure ci-dessus les deux triangles sphériques ABC, DEF, ayant les trois angles égaux chacun à chacun, je dis qu'ils sont égaux ou symétriques.

En effet, joignant les trois sommets de chaque triangle respectivement aux centres O et O' de chaque sphère, les deux trièdres que l'on forme ainsi ont leurs angles dièdres égaux chacun à chacun ; puisque les angles dièdres sont égaux aux angles correspondants des triangles sphériques. Portons le trièdre O'DEF dans le trièdre OABC, de telle sorte que l'arête O'D coïncide avec son égale OA, et l'angle D avec l'angle A, son égal ; les faces O'DF, O'DE prendront la direction des faces OAC, OAB, et si à l'angle B correspond l'angle qui lui est égal dans l'autre triangle, c'est-à-dire si les angles égaux sont semblablement placés, les deux trièdres, et par suite les deux triangles coïncideront, car tout autre plan ne coïncidant pas avec OBC, et faisant néanmoins le même angle que lui avec OBA et OCA, lui serait parallèle, et ne passerait par conséquent pas par le point O ; donc le plan OEF coïncide avec OBC, et les deux triangles sphériques coïncident aussi et sont égaux.

Si, au contraire, dans la superposition, à l'angle B correspond l'angle égal à C dans l'autre triangle, c'est-à-dire si dans les deux triangles les angles égaux sont inversement disposés, il n'y a plus égalité, mais symétrie, et on le démontrerait comme ci-dessus, car la superposition serait possible avec le trièdre symétrique à ABC.

(*Remarque.*) Dans les triangles sphériques construits sur la même sphère ou sur des sphères égales on voit que les

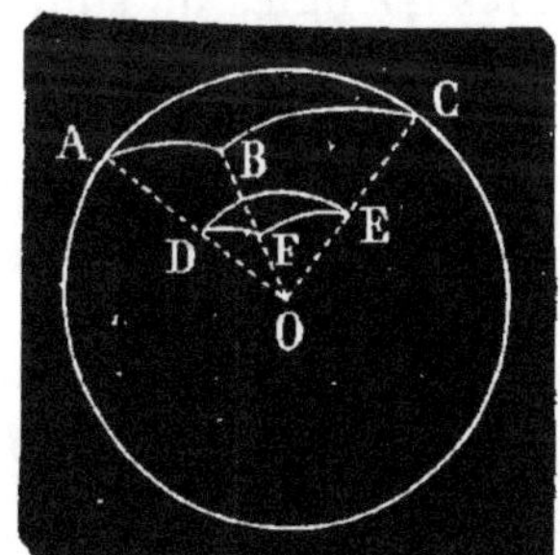

angles égaux chacun à chacun entraînent l'égalité des triangles et non leur similitude, conséquence nécessaire de l'égalité des grands cercles qui forment leurs côtés.

Il y a cependant des triangles sphériques semblables dans le sens que l'on donne à ce mot pour les triangles rectilignes, c'est-à-dire ayant les côtés proportionnels, ce sont ceux qui, ayant les angles égaux chacun à chacun, sont construits sur des sphères de rayons différents.

Ainsi les deux triangles ABC, DEF, construits sur les sphères dont les rayons sont OA et OD, et qui comprenant un même trièdre au centre OABC, ont les angles égaux chacun à chacun, ne sont pas égaux ; mais comme les arcs BA, DE, mesurant le même angle au centre, contiennent le même nombre de degrés, on aurait $\frac{AB}{DF} = \frac{OA}{OD}$, on aurait aussi, $\frac{AC}{DE} = \frac{OA}{OD}$ et $\frac{BC}{EF} = \frac{OA}{OD}$; donc on aurait $\frac{AB}{DF} = \frac{AC}{DE} = \frac{BC}{EF}$, c'est-à-dire que, les côtés étant proportionnels, les deux triangles sont semblables.

(*Corollaire.*) Si les deux triangles sont isocèles, alors, dans une quelconque des conditions précédentes ils sont toujours égaux et non symétriques, car il n'y a plus à considérer la disposition des côtés, ceux-ci étant égaux entre eux, ni celle des angles, car les propositions connues sur les propriétés du triangle plan isocèle sont vraies aussi pour le triangle sphérique isocèle et se démontrent de même.

PROPOSITION XXIX.

(Théorème **7**.) *Deux triangles sphériques symétriques sont équivalents.*

Du corollaire précédent il suit qu'il n'y a lieu de démontrer cette propriété que dans le cas où les triangles ne sont pas isocèles.

Soient donc sur une même sphère deux triangles sphériques symétriques ABC, A'B'C', je dis qu'ils sont équivalents.

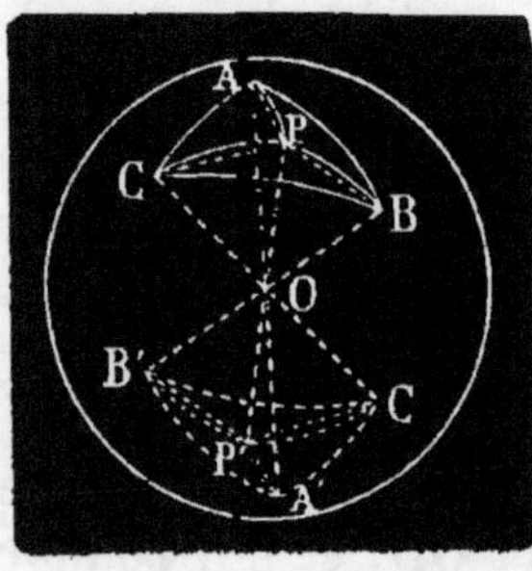

En effet, supposons que sur la surface de ABC on détermine un point P également distant des points A, B et C, puis que construisant sur A'B'C' le point P' symétrique de P, on joigne les points P et P' aux trois sommets de leurs triangles respectifs ; les lignes PA, PB, PC étant égales entre elles, les lignes P'A',

P'B', P'C', étant leurs symétriques, sont aussi égales entre elles et aux premières; et si par le centre de la sphère et chacune de ces six lignes on mène des plans, les arcs de grand cercle qu'ils détermineront sur la surface de chaque triangle seront égaux entre eux comme arcs sous-tendus par des cordes égales; donc les trois triangles sphériques en lesquels ces arcs partagent les triangles primitifs ont deux à deux les trois côtés égaux chacun à chacun, et comme ils sont tous isocèles, ils sont égaux deux à deux; donc la somme des trois triangles qui forment ABC est équivalente à la somme des trois triangles qui forment le triangle A'B'C', donc ces deux triangles sont équivalents.

Quant au point P, équidistant de A, de B et de C, ce point est le pôle du petit cercle circonscrit à ABC. Si ce pôle tombait hors du triangle ABC, la démonstration serait la même, sauf que le triangle, au lieu d'être la somme de trois triangles isocèles, serait l'excès de la somme de deux de ces triangles sur le troisième; et si ce pôle tombait sur un des côtés de ABC, comme il devrait tomber en son milieu, alors ABC serait la somme de deux triangles isocèles et non de trois.

(*Corollaire.*) Les polygones symétriques sont équivalents.

Exercices.

1. Démontrer que dans tout triangle sphérique l'arc de grand cercle qui partage en deux parties égales l'un des angles, est équidistant des deux côtés de cet angle.

2. Démontrer que les trois arcs bissecteurs des trois angles d'un triangle se coupent en un même point, et leurs plans suivant un diamètre.

3. Trouver le lieu des pôles des grands cercles qui font avec un grand cercle donné un angle constant.

4. Trouver les conditions d'égalité des triangles sphériques rectangles, birectangles, trirectangles, et le rapport de la surface de ce dernier à la surface sphérique.

5. Démontrer que dans tout polygone sphérique convexe un côté quelconque est moindre qu'une demi-circonférence, et la somme des côtés moindre qu'une circonférence entière.

6. Que peuvent être, sur la même sphère, des triangles qu
ont les côtés parallèles ou perpendiculaires chacun à chacun?

THÉORIE

DU TRIANGLE POLAIRE.

DÉFINITIONS.

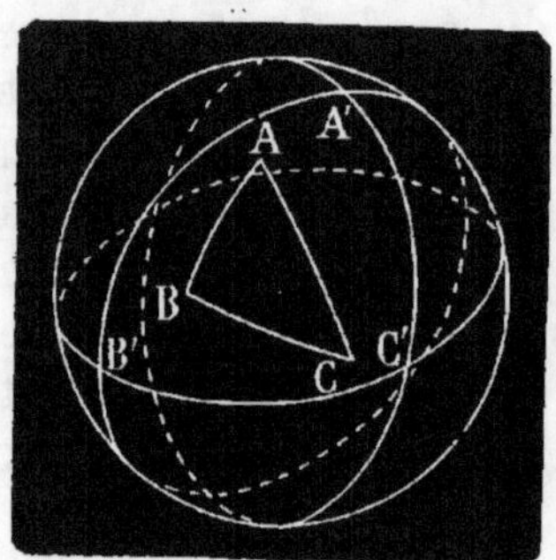

Étant donné sur une sphère un triangle quelconque ABC, si de chacun de ses sommets comme pôles, avec une ouverture de compas égale à un quadrant, on décrit des arcs de grand cercle, ceux-ci, par leurs intersections, forment sur la surface sphérique huit triangles, dont chaque côté est distant d'un quadrant d'un des sommets de ABC; de ces huit triangles nous ne considérerons que celui A'B'C' qui contient ABC, ou serait contenu par lui; ces deux triangles sont tels, que les sommets de chacun d'eux sont les pôles des côtés de l'autre. En effet, ceci est vrai par construction pour les sommets de ABC, et il est aisé de reconnaître que ceci est vrai aussi pour les sommets de A'B'C', car C' par exemple étant distant d'un quadrant de B, pôle de A'C', et de A, pôle de B'C', est bien le pôle de AB.

Ces deux triangles sont dits *polaires* l'un de l'autre.

PROPOSITION XXX.

(Théorème.) *Si deux triangles sont polaires l'un de l'autre, chaque côté de l'un est égal à l'excès d'une demi-circonférence sur l'angle opposé à ce côté dans l'autre triangle ; ou chaque côté de l'un, exprimé en degrés, est supplémentaire de l'angle opposé à ce côté dans l'autre triangle.*

Soient les deux triangles polaires A B C et A′B′C′, je dis que B′C′, par exemple, est égal à 180° — A.

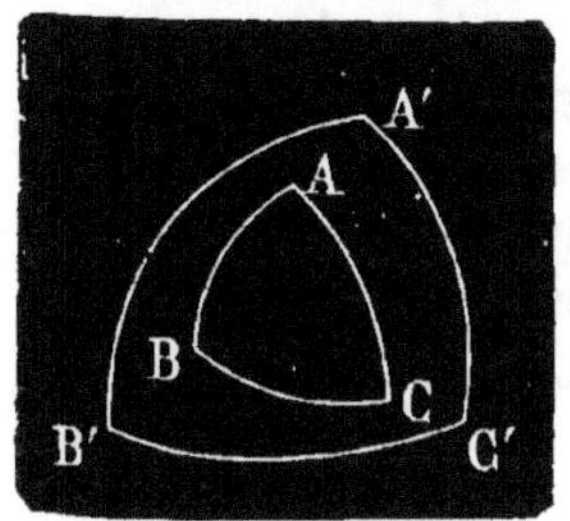

En effet, C′ étant le pôle de B A, et B′ celui de A C, et ces pôles étant pris en sens inverse, on a pour mesure de l'angle A (*Prop. XXII, pag.* 251), A = 180 — B′C′, donc B′C′ = 180 — A.

Or, sur la sphère, les arcs de grand cercle peuvent être exprimés en degrés, et les angles étant de même exprimés en degrés, on voit que B′C′ peut être considéré comme le supplémentaire de A. De là vient que l'on désigne souvent aussi les triangles polaires soùs le nom de triangles *supplémentaires*. On démontre de même que A B = 180 — C′, et ainsi des autres.

(*Corollaire* 1.) On peut donc dire par suite que dans tout triangle sphérique chaque angle a pour mesure l'excès d'une demi-circonférence sur le côté opposé du triangle polaire.

(*Corollaire* 2.) Si l'on joint au centre les sommets de deux triangles polaires, on fait deux trièdres dans lesquels, les dièdres et les faces étant égaux aux angles et aux côtés des triangles sphériques, chaque face de l'un est supplémentaire du dièdre opposé de l'autre, et réciproquement; ces deux trièdres peuvent aussi prendre le nom de supplémentaires.

THÉORIE

DE LA MESURE DES POLYGONES SPHÉRIQUES.

DÉFINITIONS.

On appelle *fuseau* la partie de la surface sphérique comprise entre deux arcs de grand cercle et leurs deux points d'intersection.

L'angle des deux arcs est l'angle du fuseau ; on désigne le fuseau par la lettre du sommet de l'angle.

Il est évident que dans la même sphère ou dans des sphères égales deux fuseaux sont égaux lorsqu'ils ont le même angle, car ils sont superposables.

On appelle *onglet sphérique* la partie du volume de la sphère comprise entre les plans de deux grands cercles et le diamètre suivant lequel ils se coupent. L'onglet a pour base le fuseau compris dans les arcs des deux grands cercles.

L'angle dièdre des plans des grands cercles est l'angle de l'onglet; il est, on le sait, l'angle du fuseau.

Il est évident que dans la même sphère ou dans des sphères égales deux onglets sont égaux lorsqu'ils ont le même angle, car ils sont superposables.

PROPOSITION XXXI.

(THÉORÈME 1.) *Le fuseau est à la surface sphérique et l'onglet est au volume de la sphère comme leur angle est à quatre angles droits.*

Soient un fuseau A formé par les deux arcs de grand cercle

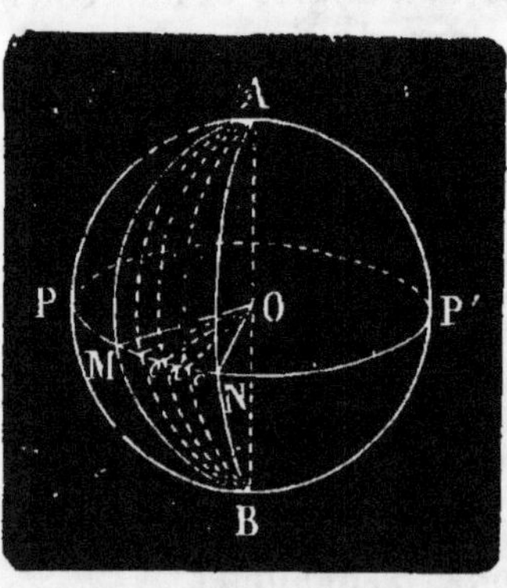

AMB et ANB, et un onglet auquel il sert de base, et dont l'arête est le diamètre AB.

Par le point A comme pôle, et avec une ouverture de compas égale à un quadrant, je décris un grand cercle PMNP′, dont l'arc MN mesure l'angle du fuseau et de l'onglet. Supposons qu'entre le grand cercle PMNP′ et l'arc MN il y ait une commune mesure, contenue par exemple 4 fois dans MN, et 60 fois dans PMNP′, si l'on joint MO et NO, l'angle MNO est à la fois l'angle plan du fuseau et celui de l'onglet, et l'on a :

$$\frac{MON}{4\ \textit{droits}} = \frac{MN}{PMNP'} = \frac{4}{60}$$

or, si l'on partage la circonférence PM NP' en 60 parties égales, 4 de ces divisions seront contenues dans l'arc MN ; et si par chaque point de division et le diamètre AB, on fait passer des grands cercles, ils partageront la surface sphérique en 60 fuseaux, et la sphère en 60 onglets tous égaux entre eux, car ils ont le même angle, et 4 de ces fuseaux et de ces onglets seront contenus dans le fuseau et l'onglet considérés ; on aura donc alors :

$$\frac{\textit{Fus. A}}{\textit{surf. sphér.}} = \frac{4}{60} = \frac{MON}{4 \ \textit{droits}}$$

et

$$\frac{\textit{ongl. A.}}{\textit{vol. sphér.}} = \frac{4}{60} = \frac{MON}{4 \ \textit{droits}}$$

Si on appelle A l'angle du fuseau et de l'onglet, exprimé en degrés, et R le rayon de la sphère, ces relations deviennent :

$$\frac{\textit{Fus. A}}{4 \pi R^2} = \frac{A}{4}$$

et

$$\frac{\textit{ongl. A}}{\frac{4}{3} \pi R^3} = \frac{A}{4}$$

d'où l'on déduit pour la surface du fuseau et le volume de l'onglet :

$$\textit{Fus. A} = \pi R^2 A \quad \text{et} \quad \textit{ongl. A} = \frac{1}{3} \pi R^3 A = \frac{1}{3} R \times \pi R^2 A$$

c'est-à-dire que le volume de l'onglet sphérique est égal au fuseau qui lui sert de base multiplié par le tiers du rayon.

PROPOSITION XXXII.

(THÉORÈME **2**.) *L'aire du triangle sphérique est à la surface sphérique comme la somme de ses angles diminuée de deux angles droits est à huit angles droits.*

Soit le triangle sphérique ABC, je dis que l'on aura,

entre son aire, celle de la surface sphérique, la somme de ses angles et 8 angles droits, la relation

$$\frac{ABC}{surf.\ sphér.} = \frac{(A+B+C)-2\,droits}{8\ droits} = \frac{(A+B+C)-180}{2\times 360°}$$

En effet, traçons tout entier le grand cercle dont BC est

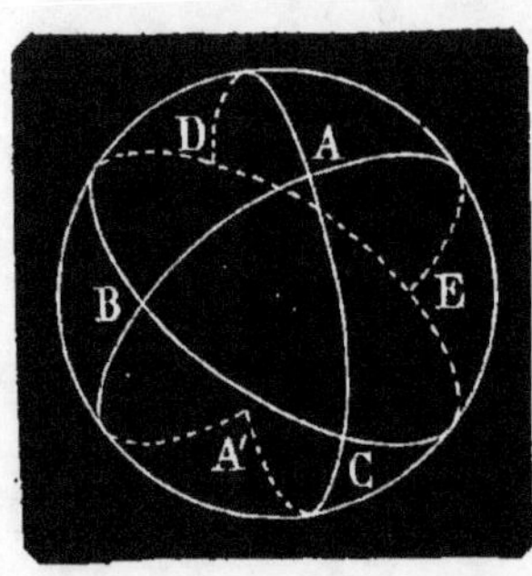

un arc, puis prolongeons les deux autres côtés BA et CA jusqu'à la rencontre de ce grand cercle en D et en E, et jusqu'à leur commune intersection en A. Le triangle ADE ainsi formé est symétrique et, par suite, équivalent au triangle BCA′, formé par le prolongement des arcs AB, AC jusqu'à leur nouvelle intersection en A′ ; car les trois sommets de ces deux triangles étant deux à deux sur les mêmes diamètres AA′, BE, CD, sont symétriques ; donc la somme des deux triangles ABC, ADE, est équivalente au fuseau A, formé des deux triangles A′BC et ABC ; on peut donc écrire

$$ABC + ADE = fus.\ A$$
$$ABC + AEC = fus.\ B$$
$$ABC + ADB = fus.\ C$$

et comme

$$ABC + ADE + AEC + ADB = \frac{1}{2}\ surface\ sphérique$$

faisant la somme membre à membre des trois premières équations, il vient :

$$2ABC + \frac{1}{2}\ surf.\ sphér. = fus.\ A + fus.\ B. + fus.\ C$$

et divisant par 2,

$$ABC = \frac{1}{2}\ (fus.\ A + fus.\ B + fus.\ C) - \frac{1}{4}\ surf.\ sphér.$$

Mais, $fus.\ A = \pi R^2 A$; $fus.\ B = \pi R^2 B$; $fus.\ C = \pi R^2 C$.

et $$\frac{1}{4}\ surf.\ sphér. = \pi R^2$$

donc
$$ABC = \frac{1}{2}\,\pi R^2\,(A+B+C-2)$$

et comme
$$surf.\ sph\acute{e}r. = 4\,\pi R^2$$

on a enfin
$$\frac{ABC}{surf.\ sph\acute{e}r.} = \frac{A+B+C-2}{8}$$

si l'on prend pour unité la surface du triangle sphérique trirectangle, dont la surface est le huitième de la surface sphérique ; on aurait, en l'appelant T

$$\frac{ABC}{T} = A+B+C-2$$

Donc, en prenant pour unité le triangle trirectangle, un triangle sphérique a pour mesure l'excès de la somme de ses trois angles sur deux angles droits.

Cette différence prend le nom d'*excès sphérique*, et l'on dit ordinairement que la mesure du triangle sphérique est égale à son excès sphérique.

PROPOSITION XXXIII.

(Théorème 3.) *Un polygone sphérique quelconque, en prenant pour unité le triangle trirectangle, a pour mesure la somme de ses angles diminuée d'autant de fois deux angles droits qu'il a de côtés moins deux.*

Soit le polygone sphérique ABCDE, je dis que, prenant pour unité de superficie sphérique le triangle trirectangle, il a pour mesure $A+B+C+D+E - 6\,droits$.

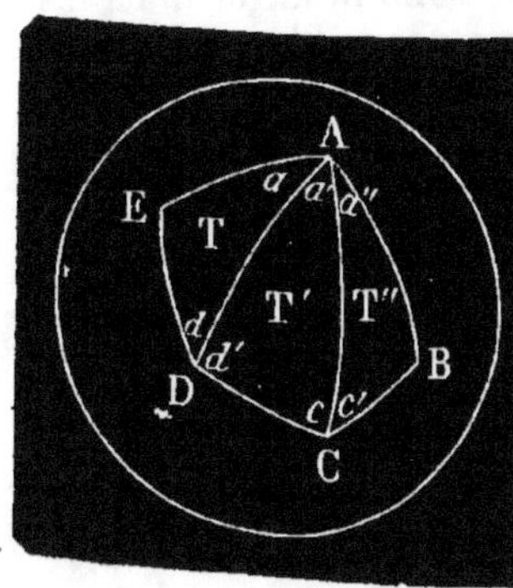

En effet, menons les arcs de grand cercle AC, AD, qui le décomposent en trois triangles sphériques, et, pour abréger désignons par a, a', a'' ; c, c' ; d, d'. les angles partiels en lesquels sont partagés les angles A, C et D, et par T, T', T'', les trois triangles, on aura

$$T = a + E + d - 2$$
$$T' = a' + d' + c - 2$$

$$T'' = a'' + c' + B - 2$$

et faisant la somme :

polyg. $ABCDE = (a+a'+a'') + B + (c+c') + (d+d') + E - 6$.

ou   polyg. $ABCDE = A + B + C + D + E - 6$.

On trouverait de même que le rapport de l'aire du polygone sphérique à la surface sphérique est égal au rapport de la somme de ses angles, diminuée d'autant de fois deux droits qu'il a de côtés moins deux, à huit angles droits.

Exercices.

1. Quelle est la raison de la préférence donnée au triangle polaire sur les 7 autres triangles en lesquels ses arcs de grand cercle prolongés partagent la surface sphérique?

2. Démontrer que la somme des angles dièdres d'un angle polyèdre de n faces est comprise entre $2 (n - 2)$ et $2n$ angles droits.

3. Trouver dans quels cas le pôle du cercle circonscrit à un triangle sphérique sera hors de ce triangle, ou sur un de ses côtés.

4. Quelle est la surface du fuseau compris entre l'équateur et l'écliptique, l'angle de leurs plans étant de 23°, 28'?

5. Quel serait le rayon d'une sphère dans laquelle le volume d'un onglet sphérique, dont l'angle est 8°,15, serait 123 mèt. cub., 258 ?

6. Calculer la surface maximum d'un triangle sphérique dont les angles exprimés en nombres entiers sont dans le rapport de 3, 5, 7, le rayon de la sphère étant 25 mèt.

7. Démontrer que le lieu géométrique des sommets des triangles sphériques qui ont une base commune, et dans lesquels l'angle au sommet diffère d'une quantité constante de la somme des angles à la base, est une circonférence passant par les sommets de la base (Amyot).

8. Démontrer que le lieu géométrique des sommets des triangles sphériques de même base et de même surface est une circonférence.

TABLE DES MATIÈRES.

FIN DE LA TABLE.

* 9 7 8 2 0 1 3 0 5 6 8 4 7 *